江苏高校哲学社会科学研究重点项目"民生共享战略中加快苏北融入长三角经济区的现实路径研究"（项目编号：2017ZDIXM029）成果

Spatial Production of "The Urban Integration Development
of the Southern, Central and Northern Areas in Jiangsu Province"

"三苏同城" 空间生产研究

王梦哲 著

中国社会科学出版社

图书在版编目（CIP）数据

"三苏同城"空间生产研究 / 王梦哲著 . —北京：中国社会科学出版社，
2024. 5

ISBN 978 - 7 - 5227 - 2903 - 9

Ⅰ . ①三… Ⅱ . ①王… Ⅲ . ①长江三角洲—城市空间—空间规划—研究
Ⅳ . ①TU984. 25

中国国家版本馆 CIP 数据核字（2023）第 246031 号

出 版 人	赵剑英	
责任编辑	田 文	
责任校对	张爱华	
责任印制	张雪娇	

出 版	中国社会科学出版社	
社 址	北京鼓楼西大街甲 158 号	
邮 编	100720	
网 址	http://www.csspw.cn	
发 行 部	010 - 84083685	
门 市 部	010 - 84029450	
经 销	新华书店及其他书店	

印刷装订	北京君升印刷有限公司	
版 次	2024 年 5 月第 1 版	
印 次	2024 年 5 月第 1 次印刷	

开 本	710 × 1000 1/16	
印 张	17. 25	
插 页	2	
字 数	248 千字	
定 价	88. 00 元	

凡购买中国社会科学出版社图书，如有质量问题请与本社营销中心联系调换
电话：010 - 84083683

序　言

李炳炎[*]

一

习近平总书记在 2021 年 1 月中共中央政治局第二十七次集体学习时强调，进入新发展阶段，要完整、准确、全面地贯彻创新协调绿色开放共享的新发展理念，就必须更加注重共同富裕问题。^① 接着，2 月份在全国脱贫攻坚总结表彰大会上的讲话中他又明确指出：要"让低收入人口和欠发达地区共享发展成果，在现代化进程中不掉队、赶上来"^②。像这样把共享发展与促进全体人民共同富裕作为因果关系而关联起来进行论述的思维理路，在习近平总书记的重要讲话和党的重要文献中非常普遍。如 2013 年 3 月在第十二届全国人民代表大会第一次会议上的讲话中他指出："不断实现好、维护好、发展好最广大人民根本利益，使发展成果更多更公平惠及全体人民，在经济社会不断发展的基础上，朝着共同富裕方向稳步前进。"^③ "十四五"规划和 2035 年远景目标建议，就有"完善共建共治共享的社会治理制度，

---

* 李炳炎（1945—　），中共江苏省委党校特岗教授，中央财经大学博士生导师，当代著名马克思主义经济学家。

① 《习近平在中共中央政治局第二十七次集体学习时强调　完整准确全面贯彻新发展理念　确保"十四五"时期我国发展开好局起好步》，《光明日报》2021 年 1 月 30 日第 1 版。

② 习近平：《在全国脱贫攻坚总结表彰大会上的讲话（2021 年 2 月 25 日）》，《光明日报》2021 年 2 月 26 日第 2 版。

③ 《习近平谈治国理政》第 1 卷，外文出版社 2018 年版，第 41 页。

扎实推动共同富裕"① 的阐述。可见，以共享发展促进全体人民共同富裕，已经成为我们党矢志不渝的坚定信念和执政理念。一如习近平总书记所指出的，"消除贫困、改善民生、实现共同富裕是社会主义的本质要求，是我们党坚持全心全意为人民服务根本宗旨的重要体现，是党和政府的重大责任"②。

二

脱贫攻坚战的全面胜利，历史性地解决了绝对贫困问题，在中华大地上全面建成了小康社会，标志着在走上了与初衷差距太大的"让一部分人先富起来"的道路并走过一段踟蹰和蹒跚的"先富带动后富"的行程之后，党带领人民在"实现共同富裕的道路上迈出了坚实的一大步"③。那么，如何能够在 2035 年基本实现社会主义现代化的时候，让"全体人民共同富裕迈出坚实步伐"，继而在 21 世纪中叶实现第二个百年奋斗目标、建成社会主义现代化强国的时候，让"全体人民共同富裕基本实现"④？笔者认为，还是要一如既往地、坚持不懈地践行以共享发展来促进共同富裕的政策导向，舍此应是别无他途。因为"中国梦归根到底是人民的梦""是每个中国人的梦"⑤，这是最朴实、最根本的道理。完全可以说，那种将一定地区或区域、一定层面或局部的基层群众幸福生活排斥在外的发展目标，决不是我们的第二个百年奋斗目标。

---

① 《中共中央关于制定国民经济和社会发展第十四个五年规划和二〇三五年远景目标的建议（二〇二〇年十月二十九日中国共产党第十九届中央委员会第五次全体会议通过）》，《光明日报》2020 年 11 月 4 日第 1 版。

② 习近平：《在全国脱贫攻坚总结表彰大会上的讲话（2021 年 2 月 25 日）》，《光明日报》2021 年 2 月 26 日第 2 版。

③ 习近平：《在全国脱贫攻坚总结表彰大会上的讲话（2021 年 2 月 25 日）》，《光明日报》2021 年 2 月 26 日第 2 版。

④ 习近平：《决胜全面建成小康社会，夺取新时代中国特色社会主义伟大胜利——在中国共产党第十九次全国代表大会上的报告（2017 年 10 月 18 日）》，人民出版社 2017 年版，第 29 页。

⑤ 《习近平谈治国理政》第 1 卷，外文出版社 2018 年版，第 40 页。

青年学者王梦哲的新著《"三苏同城"空间生产研究》其"前身"或"雏形"是江苏省高校社会科学重点项目结项成果，关注的正是如何以民生共享促进人民共同富裕进程的时代课题，整个研究采取了学界目前较少运用的空间生产和变革的研究范式。新著以如何消除"三苏壁垒"即苏北、苏中、苏南在地理分界、相互通连、行政区划上的森严壁垒和条块分割等江苏空间生产上的现实梗阻为研究内容，即以"三苏同城"空间生产愿景消除"三苏壁垒"空间权利黏性和经济社会发展的"国情面相"，让处于"苏北（苏中）之相"的苏北、苏中的人民也能够与苏南的人民一样共享江苏经济社会发展的成果。正如该书所指出的，江苏"两个率先""民生共享""两聚一高""'1+3'功能区"以至习近平总书记对江苏"强富美高"美好愿景的殷殷属望①等美好愿景，归根到底应该是整个江苏人民的梦，是每一个江苏人的梦，而不是那种由于种种原因，在苏南五市"坐享京沪（高铁）"多年后，苏北、苏中仍与高铁无缘，与苏南和长三角极核区的上海没有铁路通连的梦。

三

新著从空间变革的视角思考如何以民生共享促进全体人民共同富裕，这是时代发展催生的致思路向，其中最突出和最具创新性的方面，便是在学界率先提出了"三苏同城"这一标示江苏交通一体化以至长三角区域一体化发展研究的标识性概念。"三苏同城"，简言之即苏北、苏中与苏南的交通一体化和同城化。该书研究指出，"三苏同城"这一标识性概念的诞生具有多方面的催化作用。首先，在迈向第二个百年奋斗目标的新征程中，"必须把促进全体人民共同富裕摆在更加重要的位置"②，这是"三苏同城"概念提出的时代坐标和

---

① 2023年"两会"上，习近平总书记在参加江苏代表团审议时，又一次表达了对"强富美高"新江苏的殷殷属望。

② 习近平：《在全国脱贫攻坚总结表彰大会上的讲话（2021年2月25日）》，《光明日报》2021年2月26日第2版。

政策导引倚仗。其次，当代马克思主义空间批判理论包括权利黏性和涂层城市化等批判理论，是"三苏同城"概念提出的基础理论倚仗。当代马克思主义空间批判理论指出，社会时空在根本层面制约着人类社会实践的范围、规模和水平，并决定着社会实践的路向，"压缩时间""突破空间"将成为人们用来不断取得社会发展和进步的重要手段①。由此，生成和发轫于高铁时代同城化语境②的"三苏同城""皖苏一体"等在"社会时间""社会空间"上的积极的建构，便"逃避"不了当代马克思主义空间批判理论的"支撑"。再者，中央政治局在审议《长江三角洲区域一体化发展规划纲要》时的顶层设计以及《规划纲要》的发布，是"三苏同城"概念出场的最直接的国家战略遵循。中央关于长三角一市三省要紧扣"一体化""高质量"两个关键、明确责任主体、坚持问题导向、抓住重点和关键、深入推进重点领域一体化建设等要求，均直接指向"三苏同城"。最后，习近平总书记的重要指示和长三角一市三省各自的规划纲要实施计划，促成了"三苏同城"概念的出场。习近平总书记要求"江苏要做好区域互补、跨江融合、南北联动大文章"，江苏省委根据习近平总书记指示精神，作出了江苏推进一体化"热点在苏南、重点在跨江、难点在苏北"，要"更好地推动苏南苏中苏北南北联动、跨江融合，加快省内全域一体化"③，抓紧推进江苏参与长三角一体化发展"最重要、最紧迫的事情"，把"基础设施一体化"放在"六个一体化"之首④，要"重点补齐苏北高铁短板"⑤ 等决策和指示，均是对"三苏同城"

---

① 郝胤舟：《大卫·哈维对马克思主义哲学的三个新贡献》，北京理工大学出版社2017年版，第93页。

② 王兴平、朱秋诗：《高铁驱动的区域同城化与城市空间重组》，东南大学出版社2017年版，第5—7页。

③ 中国共产党江苏省第十三届委员会：《中国共产党江苏省第十三届委员会第六次全体会议决议》，《新华日报》2019年7月24日第2版。

④ 耿联：《切实扛起长三角一体化发展的重大责任》，《新华日报》2018年12月7日第1版。

⑤ 娄勤俭：《努力做到知其然、知其所以然、知其所以必然》，《人民日报》2020年11月27日第9版。

出场的呼唤。如此，该书提出的"三苏同城"这一核心概念便具有了重要的标识性意味。

该书还总结了"三苏同城"空间变革的时代意蕴。从江苏全域来看，谋求消除"三苏壁垒"以实现"三苏同城"的过程，就是为实现江苏"省内全域一体化"奠定坚实基础的过程，就是为江苏以"民生共享"发展战略促进共同富裕而扫除最大障碍的过程。而从长三角整体来看，"三苏同城"空间生产研究则是国家实施区域发展战略研究中怎么也绕不开的重大时代课题；"三苏同城"空间生产形式的实现，成为长三角交通一体化乃至区域整体高质量一体化进程中的肯綮环节。由此便凸显"三苏同城"空间生产和变革的时代意义。

四

该书研究的创新性不仅突出体现在"三苏同城"这一核心概念上，还体现在其他一系列原创性的标识性概念的提出和论证上，如"三苏壁垒""皖苏壁垒""国情面相""苏北之相""皖苏一体""三苏归一"等，以及一系列改造的标识性概念，如"夺路先行""南北三线网络化高铁走廊""地无寸铁""苏北同城化极核区""苏北区位优势第一特大城市""高铁绕圈""坐享京沪（高铁）"等。这些标识性概念的运用，是积极响应习近平总书记"要善于提炼标识性概念"以引导学术研究和讨论的突出反映。在江苏"省内全域一体化"以至长三角区域一体化研究中均具有重要引领意义，体现出该书研究在话语体系建设上的努力。

该书基于对标识性概念的思考，十分郑重地提出了研究警示。如认为多年来作为实践先导的理论研究在长三角一体化发展方面呈现丰富、深邃、多姿状态的同时，却也在高铁时代的迎面扑来时，在"三苏同城"等上述标识性概念的供给上表现出完全无涉的态势，凸显多年来实践中对具体性、隐秘性、无奈性话题或问题的规避，认为这是在以空间变革促民生共享巨大实践意义上的无意识。该书强调必须尽快改变作为实践先导的空间生产理论（尤其是概念）因其运用于实际研究的"怠慢"而失之于褊狭甚或成为盲区和真空的现状，以马克思主义空间生产理论催生的具有追赶时代脚步的标识性概念的出场和论证为引领，强力促进长三角空间生产的科学性顶层设计和整体性推进。该书还揭示了与江苏省委提出的"九个有没有""发展三问"具有异曲同工作用的那种严重迟滞苏北高铁建设的"涂层城市化"现象，警示如果决胜奠立于以宁淮直线高铁为龙头的南北三线网络化高铁走廊之上的"三苏同城"不能成为开启新征程以实现民生共享的主要着力点并加快强力实施，那么不仅是严重阻滞民生共享战略实施的问题，更是对于国家战略的辜负。显而易见，这些研究警示，充分反映了习近平总书记在全国脱贫攻坚总结表彰大会上的讲话精神，即要围绕立足新发展阶段、贯彻新发展理念、构建新发展格局带来的新形势、提出的新要求，做到持续缩小城乡区域发展差距，让低收入人口和欠发达地区共享发展成果，在现代化进程中不掉队、赶上来。

五

说到该书的研究不足，就是在江苏乃至长三角交通一体化的研究上，除高铁以外的其他交通基础设施的研究则少有涉及，尽管该书研究主旨可以限定在高铁驱动的"三苏同城"之上。若能够在今后的研究中像本书密切联系"三苏同城"空间生产形式去谋求苏北农村开放发展的道路那样，把高铁以外的交通基础设施建设研究充实到"三苏同城"空间生产形式的阐述之中，则是更为科学和完善的以共享发展促进全体人民共同富裕的研究范式。总之，作为提出较多原创性和改造性的标识性、标志性概念的研究，尤其是作为率先运用空间生产范式谋求以民生共享促全体人民共同富裕进程的《"三苏同城"空间生产研究》，我认为该书作出了突出的学术贡献。

自　序

记得还是在研究生求学阶段的 2015 年，与几位老家在淮安的同窗第一次来淮安过暑假，快乐的假期生活之余，不免感到淮安与周边交通通连上的不便。即便是去相邻的扬州也要先"普铁绕圈"，即绕道盐城。而去上海或南京，只好从徐州转车。长期以来，淮安所在的苏北广大地区尽管占江苏整整一半的地理面积，但却一直以"地上缺铁""地无寸铁"而示人。

毕业后有幸在淮安工作，并就职于淮安发展研究院这个专门进行区域发展研究的部门，这促使我对上述交通不便产生了追根究底的念头，并把自己的切身感悟和期盼以申报课题的形式表达了出来，这便有了关涉淮安区域发展的市社科规划一般项目，继而又申报获批省高校社科规划重点项目："民生共享战略中加快苏北融入长三角经济区的现实路径研究"，项目编号为 2017ZDIXM029。该项目的申报受到《京津冀协同发展：演进、现状与对策》（即本书附录 2）[1] 的多方面启发，尤其是习近平总书记关于推进京津冀协同发展提出的"着力构建现代化交通网络系统，把交通一体化作为先行领域"等要求[2]，成为申报课题总的指导思想。尽管在研究过程中曾受到"高铁建设这样的事情不是我们该考虑的问题"等劝诫，但本人和课题组同仁却坚持

---

[1]　参见本书附录 2，即程恩富、王新建《京津冀协同发展：演进、现状与对策》，《管理学刊》2015 年第 1 期；又见中国人民大学复印报刊资料《马克思主义文摘》2015 年第 4 期。

[2]　《习近平在听取京津冀协同发展专题汇报时强调：优势互补互利共赢扎实推进　努力实现京津冀一体化发展》，《光明日报》2014 年 2 月 28 日第 1 版。

1

认为，结合工作实际对苏北交通尤其是高铁建设进行研究，不会没有现实意义。因为这才是"聚焦我们正在做的事情"①的表现，是党的"一个中心，三个着眼于"的马克思主义学风的要求。走上工作岗位后，我阅读的第一本书便是《苏北铁路纪实》②，是经过多方查找之后才得到的。《苏北铁路纪实》由全国人大常委会原副委员长彭冲题写书名、江苏人民出版社于 2000 年出版。该书生动地记录了苏北铁路建设极其漫长而艰苦的历程。6 年多过去了，至今记忆犹新的，除了被作者何希敬等"老革命"、老领导为兴建苏北铁路那种怀着"一股韧劲"而"奔波不息、做了大量卓有成效的工作"③ 每每感动之外，更加难以释怀的，就是该书对"苏北老区人民世世代代期盼有一条致富的铁路"④ 的心迹纪实，以及无论是在过去还是在当下看来都是"很有历史价值"的"苏北铁路的筹建过程"纪实⑤。从开篇对"艰难的起步"的记述中，《苏北铁路纪实》的历史价值和现实启示，可见一斑。

全国人大常委会原副委员长彭冲在为《苏北铁路纪实》撰写的序中，开篇便指出："江苏是我国经济比较发达的省份，但长期以来存在一个南北经济发展不平衡的历史问题。苏北老革命根据地人民为革命战争作出了巨大的牺牲和贡献，解放后经济虽有较快的发展，但经济水平和苏南差距很大。其重要因素是交通滞后，尤其是广大腹地缺少铁路这个国民经济大动脉，在一定程度上制约了苏北经济更快地发展。"⑥ 改革开放后，在党和政府的大力支持下，苏北人民励精图治，1998 年沂淮（新沂—宿迁—淮阴）铁路建成通车，2001 年淮盐通地方铁路宣告建成。在经历了新世纪十几年的努力之后，2019 年底，

---

① 习近平：《关于〈中共中央关于党的百年奋斗重大成就和历史经验的决议〉的说明》，《光明日报》2021 年 11 月 17 日第 1 版。

② 参见何希敬《苏北铁路纪实》，江苏人民出版社 2000 年版。

③ 何希敬：《苏北铁路纪实》，江苏人民出版社 2000 年版，序第 2 页。

④ 何希敬：《苏北铁路纪实》，江苏人民出版社 2000 年版，序第 2 页。

⑤ 何希敬：《苏北铁路纪实》，江苏人民出版社 2000 年版，序第 2 页。

⑥ 何希敬：《苏北铁路纪实》，江苏人民出版社 2000 年版，序第 1 页。

江苏宣布连淮扬镇高铁、连徐高铁阶段性通车，目前，两条高铁线路已全线通车。尽管如此，按照江苏省委省政府的说法，目前在落实习近平总书记"江苏要做好区域互补、跨江融合、南北联动大文章"①的要求和推进《长江三角洲区域一体化发展规划纲要》②（简称《规划纲要》）国家战略实施的过程中，"发现突出的制约在交通，特别是苏北只有徐州通高铁，难以满足一体化发展对人流物流方便性的要求"③。基于这种清晰的认知，江苏省委明确指出：要"在国家规划框架下自主谋划建设现代综合交通运输体系，重点补齐苏北高铁短板，……努力把交通短板拉成发展长板"④，并认为这样才是落实《〈长江三角洲区域一体化发展规划纲要〉江苏实施方案》最迫切、最现实的路径。

没有比较便没有鉴别。在进行上述纵向考量之后，以下的横向比较，则是"坚持问题导向"的进一步申说。在课题研究过程中，本人和课题组同仁坚定不移地坚持"以我国改革开放和现代化建设的实际问题、以我们正在做的事情为中心，着眼于马克思主义理论的运用，着眼于实际问题的理论思考，着眼于新的实践和新的发展"⑤的学风，结合"淮安发展"这个工作中的实际问题和中心问题，进行了驱车逾 5 万公里和乘车 5 万公里的"双 5 万"时空"丈量"，在2016—2017 整整一年的时间和 2018 年、2019 年两个暑假，几乎跑遍了长三角一市三省的所有地级市和主要交通干线，掌握了长三角区域交通通连的详细现状，为课题研究奠定了第一手研究资料。

长三角一市三省之间在交通基础设施建设上的差别，尤其是高铁

---

① 娄勤俭：《努力做到知其然、知其所以然、知其所以必然》，《人民日报》2020 年11 月 27 日第 9 版。

② 《中共中央、国务院印发〈长江三角洲区域一体化发展规划纲要〉》，《光明日报》2019 年 12 月 2 日第 1 版。

③ 娄勤俭：《努力做到知其然、知其所以然、知其所以必然》，《人民日报》2020 年11 月 27 日第 9 版。

④ 娄勤俭：《努力做到知其然、知其所以然、知其所以必然》，《人民日报》2020 年11 月 27 日第 9 版。

⑤ 《十五大以来重要文献选编》上，中央文献出版社 2011 年版，第 11 页。

建设上的差别,在中央审议和发布的《规划纲要》这一国家战略背景下显得更为严峻和扎眼。即不论是纵向考量或横向比较,江苏"省内全域一体化"以至江苏担承促进长三角区域一体化发展主体责任的决胜一步,只能是消除了"三苏壁垒""皖苏壁垒"这两块"最短的短板"的"三苏同城"空间变革愿景。

着眼于新的实践和新的发展,在国家《规划纲要》的启发和催化下,不断把项目研究目标的指向由淮安、苏北向长三角区域一体化扩展,这便大大丰富了我们早在2015年便提出的"三苏同城"① 这一标示江苏"省内全域一体化"的核心标识性概念的内涵,并使之逐渐上升为长三角区域高质量一体化发展研究的核心标识性概念。本书坚持认为,"三苏同城"空间生产和变革将在立足新发展阶段、贯彻新发展理念、构建新发展格局中,愈发显示其在长三角区域高质量一体化发展这一国家战略中的肯綮作用。本书率先推出的诸多标识性概念,多是本人在参与淮安发展研究院日常工作、主持相关课题或项目研究过程中的有感而发,甚至是切肤之痛,更有殷殷期待,并已经得到近两年江苏省委省政府致力于"补齐苏北高铁短板"实践的检验。相信在学习、研究和践行《〈规划纲要〉江苏实施方案》乃至在践行长三角各省市的实施计划中,这些标识性概念将愈加凸显其导引和引领作用。因为这些标识性概念,包括一些改造的标识性概念所反映的客观现实问题,是广大苏北人耿耿于怀的,也是"聚焦"当下"正在做的事情"首先遇到的问题,即习近平总书记所要求的做好"区域互补、跨江融合、南北联动"这篇"大文章"首先碰到且必须直面的问题。

综上所述,有两个方面的认知是需要在自序中强调的。一是2019年6月在"不忘初心、牢记使命"主题教育的专题会议上省委发出的"九个有没有""发展三问"等振聋发聩的考问。这种刀刃向内、自揭疮疤的问题意识,是对新时代党的自我革命精神的典型诠释。由

---

① "三苏同城"亦可表述为"三苏归一""三苏一体"。具体阐释见下文。

此，"三苏壁垒"和"苏北高铁短板"等现实梗阻才逐渐被广泛承认，继而才有可能针对性地"聚焦我们正在做的事情"——"三苏同城"空间生产和变革。二是江苏身为长三角"金北翼"，"走在前列"绝非只是为了"个人秀"，还要充分考虑长三角区域一体化发展这个"团体赛"①。因为，"满足人民对美好生活的向往，是长三角一体化发展的初心，是开创未来的使命"②。若只是考虑"一亩三分地"的耕耘和收获，那么还谈什么休戚与共的"区域共同体""发展共同体""命运共同体"的长三角呢。由此，面对"三苏壁垒"这一长三角区域一体化发展的积年顽疾，习近平总书记寄予"强富美高"厚望的江苏，理应勇敢地承担起消除"三苏壁垒"、实现"三苏同城"的"第一责任主体"的职责。

---

① 参见安蓓、杨玉华、何欣荣、陈刚、屈凌燕《打造我国发展强劲活跃增长极——以习近平同志为核心的党中央谋划推动长三角一体化发展纪实》，《光明日报》2021 年 11 月 5 日第 1 版。

② 齐中熙、何欣荣、樊曦、胡璐、邹多为：《习近平总书记谋划推动长三角一体化发展纪事》，《光明日报》2023 年 12 月 2 日第 1 版。

前　言

　　"三苏同城"空间生产这一研究主题，旨在以长三角区域一体化发展具有首要支撑地位的区域交通一体化为论述视域，以对"三苏同城"这一长三角区域交通一体化发展的肯綮环节为阐释中心，为《长江三角洲区域一体化发展规划纲要》的科学实施建言献策，为贯彻习近平总书记以标识性概念引领学术研究①的号召提供一种可资参考的研究范式。

一　问题提出的背景

　　《光明日报》2019 年 11 月 26 日第 10 版"经济社会新闻"头条刊登了《"高铁全覆盖"将为皖北带来什么》②的报道。而且皖北的"高铁全覆盖"，已是具有现在完成时意味的事实。也就是说，"带来什么"是对"高铁全覆盖"以后由之所必然带来和即将带来的新时代安徽交通一体化发展景观的描画。

　　在皖北"高铁全覆盖"报道之后的一个月，即 2019 年 12 月，江苏宣布苏北与苏中通连的连淮扬镇动车线路将实现年底阶段性通车。三年多过去了，目前苏北、苏中高铁建设的成就是：苏北同城化赖以

---

　　① 习近平：《在哲学社会科学工作座谈会上的讲话》，《光明日报》2016 年 5 月 19 日第 1 版。

　　② 本报记者常河、马荣瑞：《"高铁全覆盖"将为皖北带来什么》，《光明日报》2019年 11 月 26 日第 10 版。

其上的苏北高铁网已初具雏形,连淮扬镇高铁与长三角极核区的上海通连即成现实,江苏境内沿海高铁即连盐通苏沪线路通连在即,宁淮直线高铁已进入施工阶段。再过几年光景,相信只改动了一个"皖"字的《"高铁全覆盖"将为苏北带来什么》也将见诸报端。

到那时,一个美好的愿景将在江苏大地实现。对于本书的研究主题来说,能够使苏北"加快融入"长三角即以民生共享战略促进人民共同富裕的首要的、根本的路径,便只能是加快实现高铁时空压缩效应下的苏北、苏中与苏南的交通一体化和同城化。到那时,苏北、苏中将彻底改写新中国成立70多年来"地上缺铁"甚至大面积"地无寸铁"的历史,倚仗这种交通一体化和同城化"加快融入"长三角。

不仅如此,记者们也将会同时写出《"高铁全覆盖"将为长三角带来什么》这篇报道的。因为苏北主要倚仗"高铁全覆盖"实现"六个一体化"之首的"基础设施一体化"①,以至苏北与皖北在高铁时空压缩效应下的通连,将最终成就长三角交通一体化的美好愿景,为长三角区域一体化发展这一国家战略的实施奠立起最坚实的"基础设施互联互通"②的基础。

二 问题的提出和确认

中共中央政治局在审议《长江三角洲区域一体化发展规划纲要》的会议上强调,扎实推进长三角一体化发展要"坚持问题导向,抓住重点和关键"③。这就是本书在方法论上所遵循的指导思想。

---

① 耿联:《切实扛起长三角一体化发展的重大责任》,《新华日报》2018年12月7日第1版。

② 《中共中央、国务院印发〈长江三角洲区域一体化发展规划纲要〉》,《光明日报》2019年12月2日第1版。

③ 《中共中央政治局召开会议 研究部署在全党开展"不忘初心、牢记使命"主题教育工作 审议〈长江三角洲区域一体化发展规划纲要〉》,《光明日报》2019年5月14日第1版。

"坚持问题导向"是习近平总书记一贯强调的工作方法和研究方法。他在《关于〈中共中央关于全面深化改革若干重大问题的决定〉的说明》中指出："要有强烈的问题意识，以重大问题为导向，抓住关键问题进一步研究思考，着力推动解决我国发展面临的一系列突出矛盾和问题。"① 同时，他还再三强调了 2012 年 9 月在党外人士座谈会上所说的话："改革是由问题倒逼而产生，又在不断解决问题中得以深化"，认为中国共产党人不论是干革命、搞建设，还是抓改革，从来都是为了解决中国的现实问题。

基于以上认识，遵照习近平总书记上述指示精神，《"三苏同城"空间生产研究》要提出的问题或问题链是什么呢？

"三苏同城"，即苏南、苏中、苏北在高铁时空压缩效应下的交通一体化和同城化。《"三苏同城"空间生产研究》要提出的问题或问题链就是："三苏同城"空间生产最大的困难或短板是什么？指认这一短板的存在，会不会遮蔽江苏经济社会发展的巨大成就？"三苏同城"空间生产是为了解决什么问题，实现什么愿景？"三苏同城"空间生产的意义和影响有哪些？

答案简单明了："三苏同城"空间生产最大的困难或短板只能是江苏省委所强调的"苏北高铁短板"②，即苏北、苏中与苏南高铁通连上的困难，或者说是长期以来苏北、苏中的"地上缺铁"和"地无寸铁"；"三苏同城"空间生产是为了解决"三苏壁垒"以至"皖苏壁垒"等问题，实现江苏"省内全域一体化"所赖以其上的交通基础设施互联互通，实现长三角区域一体化所赖以其上的长三角交通一体化；"三苏同城"空间生产将在最根本的意义上打破"三苏壁垒""皖苏壁垒"等严峻局面，为长三角区域一体化国家战略的推进和实施奠定最坚实的交通基础设施互联互通基础。

---

① 习近平：《关于〈中共中央关于全面深化改革若干重大问题的决定〉的说明》，《光明日报》2013 年 11 月 16 日第 1 版。

② 娄勤俭：《努力做到知其然、知其所以然、知其所以必然》，《人民日报》2020 年 11 月 27 日第 9 版。

苏北高铁通连上的落后在民间、学术界乃至苏北政界已多有"先声",如一篇《江苏省委书记首提"省内全域一体化"有何深意?》的报道就列举了以下几方面的看法:

> "不少苏北人士仍普遍认为,交通短板是制约苏北融入长三角一体化发展的主因之一。"有位农技专家对记者说,她曾盛邀几位浙江企业家到苏北某地考察合作项目选址,"去之前信心满满,结果车开到一半企业家们就喊话要放弃。"这位专家懊恼地告诉记者,原本很有戏的合作竟活生生地被四个半小时的车程给"搅黄"了。
>
> 南京大学有位专家认为,"要加快苏北、苏中高铁和沿江地区城际铁路建设,缩短苏北市县与上海及苏南城市的时空距离,使苏北地区真正融入长三角经济圈。"
>
> 另有专家分析,推进一体化基础设施建设必须先行,才能保障要素流动;基本公共服务要落实到位,才能促进人才流动。然而从整个苏中地区的发展来看,却很难融入苏南,"融入苏南发展是必经之路。①

无论人们如何议论,在民主集中制早已成为中国的制度优势和习常决策程序的当下中国,学界与政界的认知互动、民间与官方的意见交融所形成的统一认知尤其是政策取向,才是对问题科学而合理的解答,当然这种解答也必须接受将来社会实践的检验。中央关于长三角一市三省要紧扣"一体化""高质量"两个关键、明确责任主体、坚持问题导向、抓住重点和关键、深入推进重点领域一体化建设等要求,习近平总书记有关"江苏要做好区域互补、跨江融合、南北联动大文章"的要求,江苏省委根据习近平总书记指示精神作出的江苏推

---

① 林元沁:《江苏省委书记首提"省内全域一体化"有什么深意?》(https://news.sina.com.cn/o/2019-08-02/docihytcerm8021408.shtml,2019-08-02/2020-02-03)。

进一体化"热点在苏南、重点在跨江、难点在苏北",要"更好地推动苏南苏中苏北南北联动、跨江融合,加快省内全域一体化"①,要抓紧推进江苏参与长三角一体化发展"最重要、最紧迫的事情",尤其是把"基础设施一体化"放在"六个一体化"之首②,提出"重点补齐苏北高铁短板"③ 等等阐述,均是对"苏北高铁"这一江苏交通基础设施建设短板清晰而明确的指认。

而说到承认苏北高铁短板是否会遮蔽江苏经济社会发展的巨大成就,犹如祖国尚未完全统一并不能否认"久经磨难的中华民族迎来了从站起来、富起来到强起来的伟大飞跃"一样,这该是同一个道理。因此,任何在"苏北高铁短板"上的讳疾忌医或犹抱琵琶,都是完全不必要的,更是对"问题意识"的无意识。江苏省委的"九个有没有""发展三问"④,就是对这种讳疾忌医或犹抱琵琶乃至在"问题意识"上无意识现象的揭示、诚勉和批评,也可以认为是一种自我批评。从这种批评与自我批评中,人们看到的是一种勇于自我革命的精气神,而不是什么对江苏经济社会发展的巨大成就的遮蔽。

三　对问题焦点的辨正

与"苏北高铁短板"密切关联的又是什么?或者说,"苏北高铁短板"的"前世今生"和突出表征是什么?

这便是"三苏壁垒"。

"三苏壁垒"即江苏域内传统意义上的苏南、苏中和苏北在空间

---

① 中国共产党江苏省第十三届委员会:《中国共产党江苏省第十三届委员会第六次全体会议决议》,《新华日报》2019 年 7 月 24 日第 2 版。

② 耿联:《切实扛起长三角一体化发展的重大责任》,《新华日报》2018 年 12 月 7 日第 1 版。

③ 娄勤俭:《努力做到知其然、知其所以然、知其所以必然》,《人民日报》2020 年 11 月 27 日第 9 版。

④ 郁芬、倪方方:《用新思想解放思想统一思想》,《新华日报》2019 年 6 月 29 日第 1 版。

地理分界、行政区划、交流通连乃至经济社会发展水平上的泾渭分明、条块分割和难相"僭越"。说"三苏壁垒"是"苏北高铁短板"的"前世",是说在高铁时代到来之前,便早已存在"三苏壁垒";说"三苏壁垒"是"苏北高铁短板"的"今生"和突出表征,指的是在高铁时代到来之后,因高铁时空压缩效应的强大与实际距离上的"隔江相望"的反差之大,致使"三苏壁垒"这一焦点问题或问题的焦点更加凸显,甚至到了怨声载道和怨声载"会"①的境地。

而把"三苏壁垒"这一焦点问题推到时代前台的,是多方面因素综合发挥作用的结果:首先,高层声音明确地把江苏交通一体化以至长三角区域一体化的"短难痛"指向了"三苏壁垒";其次,一市三省之间比较视域下长三角交通一体化以至区域整体一体化的最大障碍和梗阻难辞"三苏壁垒";再者,以当代空间批判理论尤其是权利黏性和涂层城市化等批判理论审视江苏空间的"区块化""刚性化",其指向只能是"三苏壁垒";最后,以江苏"两个率先""两聚一高""'1+3'功能区""民生共享"等战略设想尤其是习近平总书记对江苏"强富美高"美好愿景的期待来审思发展梗阻,其结论只能归结为"三苏壁垒"。

"三苏壁垒"这一焦点问题,多年来一直是被遮蔽或漠视的。首先,学界描画的长三角交通一体化的美丽"网景"②或掩蔽了"三苏壁垒";其次,江苏多年来仅次于第一名广东的 GDP 等巨大建设成就不自觉地涂抹了"三苏壁垒",即客观上一向成为"三苏壁垒"的美丽涂层;再者,江苏省委"九个有没有""发展三问"等考问的焦点即"三苏壁垒",与对《〈规划纲要〉江苏实施方案》的讨论一起,强力掀揭了"三苏壁垒"的厚重涂层和美丽盖头。

---

① 怨声载"会",指的就是前文脚注《江苏省委书记首提"省内全域一体化"有什么深意?》的报道中所说的,一到开会,会上会下不时会有苏北乃至苏中的城市主官们对苏北交通梗阻的抱怨声。
② 参见张颢瀚、沙勇《"十三五"江苏区域发展新布局研究》,中国社会科学出版社2014年版,第275—299页。

四　解决问题的路向和手段

"苏北高铁短板"以至"三苏壁垒"如何解决？用什么方法或路径、手段来解决？这便是"三苏同城"。当"三苏壁垒"的厚重涂层和美丽盖头被全面掀揭之时，人们思想意识中的"三苏同城"空间生产愿景便靓丽出场了。

"三苏同城"既然是在高铁时空压缩效应下所实现的"三苏"通连上的一体化和同城化，那么补齐了"苏北高铁短板""苏中高铁短板"，便能够让苏北、苏中与"坐享京沪（高铁）"的苏南通过具有时空压缩效应的高铁通连起来。"三苏同城"空间生产愿景倚仗以下几个步骤或路向得以实现：首先，长三角区域一体化发展上升为国家战略实现了对"三苏同城"的呼唤；其次，《规划纲要》各省市实施方案和计划的对接"节点"剑指"三苏同城"；再次，当代空间批判理论强力支撑"三苏同城"；又次，宁淮直线所在高铁线路引领"三苏同城"；最后，南北三线网络化高铁走廊终将托起"三苏同城"。

五　研究意义

"三苏同城"是可能的吗？

2021 年 2 月 25 日，习近平总书记在全国脱贫攻坚表彰大会上宣布，我国脱贫攻坚战取得了全面胜利。7 月 1 日，习近平总书记在党的百年庆典大会上宣布，经过全党全民的持续奋斗，中国实现了第一个百年奋斗目标，全面建成了小康社会，历史性地解决了绝对贫困问题。紧接着在 2021 年 8 月中央财经委员会第十次会议上，中央立即着手研究扎实促进共同富裕的问题，表现出中国共产党对践行自己庄严承诺的坚定决心。那么，在走上"苏南人先富起来"的道路之后，被广为传颂的长三角区域一体化发展战略，是否还会延续因交通建设的滞后、空间生产的偏颇而致事实上"抛开苏北谋发展"的违背

"民生共享"之路？学界至今鲜有关于"三苏同城"甚至是"苏北同城化极核区""宁淮直线所在高铁线路"等方面的研究成果，可谓事实上的"抛开苏北谋发展"在区域发展研究和空间生产研究上的"延续"。

更为重要的原因则在于，一些人至今对中央反复提倡的"坚持问题导向"的科学思维方法，懵懵懂懂，甚或依旧抱着一己情结：不敢承认"三苏壁垒"在江苏空间生产和变革、"江苏省内全域一体化"以至长三角区域交通一体化、长三角区域高质量一体化进程中的首要梗阻地位，如此怎么能够建立起"三苏同城"空间生产和变革的理想目标呢？江苏省委强调要"重点补齐苏北高铁短板"①，反映出面对现实问题的一种最基本的唯物主义态度。况且承认了北高铁短板，承认了"三苏壁垒"，这并不是什么"坏事""丑事"，反而是进步和改变的开始。这就是邓小平同志所说的"认清这个落后是好事"②。

不论是珠三角、京津冀，还是长三角，它们在区域一体化变革中各自都体现出迥然有别的特点，各自都遭遇到与其他区域一体化发展不同的烦恼。但是，有一个方面的烦恼则是珠三角、京津冀、长三角等区域具有"共性"的问题，这就是因行政区划而产生的区域壁垒。可话又说回来，没有这种区域壁垒，还要一体化发展干什么呢？至于长三角，更是因长江阻隔而具有更为突出的"壁垒"现象。尤其是在江苏，这种南北壁垒就突出表现在"三苏壁垒"和"苏北高铁短板"上面。在起步迈向第二个百年奋斗目标伊始，我们应该庆幸"三苏壁垒"被揭示出来，而决不再讳疾忌医，甚或掩耳盗铃。

综上所述，"三苏同城"空间生产研究的意义便可以概括如下：

高铁驱动的"三苏同城"空间生产和变革的研究，对于促进人们思考如何尽快改变苏北、苏中高铁建设严重滞后的局面，以现实性地、可操作性地、可检视性地践行多年来省委省政府"两个率先"

---

① 娄勤俭：《努力做到知其然、知其所以然、知其所以必然》，《人民日报》2020年11月27日第9版。

② 《邓小平年谱1975—1997》（上），中央文献出版社2004年版，第329页。

"两聚一高""'1 + 3'功能区"等战略设想，尤其是习近平总书记对"强富美高"新江苏的殷殷属望，最终迈出以民生共享促进共同富裕的实质性和根本性步伐，对于国家战略背景下长三角区域高质量一体化研究的有效推进，对于尽快改变作为实践先导的空间生产理论因其运用于实际研究的"怠慢"而失之于褊狭甚或已成盲区和真空的现状，以具有追赶时代脚步的标识性概念的提出和论证为引领，强力促进长三角空间生产的科学性顶层设计和整体性推进，均具有重要的启示意义和促进作用。

可以预见的是，中央政治局会议后国家战略的实施，国家"八纵八横"高铁网的加快加密，即将把"三苏同城"空间生产形式推向长三角区域高质量一体化整体进程的前台，为以民生共享促进共同富裕现实进程奠定最重要、最根本的交通一体化和同城化发展平台。

目　　录

Contents

第一章 导言

第一章交代与本书主题主旨直接相关的多方面内容：何谓"三苏"，何以提出"三苏同城"，研究背景和研究意指，研究综述，研究方法和框架思路，重难点和创新点等。

一 何谓"三苏""三苏壁垒""三苏同城"？

（一）何谓"三苏"？

"三苏"，即江苏域内的苏南、苏中、苏北的统称或简称。苏南包括南京、镇江、常州、无锡、苏州5个地级市及所辖的县（市），苏中包括扬州、泰州、南通3个地级市及所辖的县（市），苏北包括徐州、宿迁、淮安、连云港、盐城5个地级市及所辖的县（市）。江苏省被分为苏南、苏中、苏北3个区域，并非仅仅是以长江和淮河为界的地理分界使然，3个区域的经济社会发展呈现出十分明显的梯度特征，气候、生活习性乃至语言等方面的较大差异，具有悠久历史的习常称谓，尤其是人们不约而同且感觉十分便捷的称谓，都是把江苏省行政区划的13座地级市"划分"为苏南、苏中、苏北的依据。比如，解放战争时期便有了"苏中七战七捷"的报道，"苏中七战七捷"的纪念碑就安放在江苏海安。若以长江为界，则可以叫江南、江北，而不是苏南、苏中、苏北；而若以"苏"字开头便很自然地分为苏南、苏中、苏北。而且如果只分苏南、苏北而没有苏中，那么在这种划分之下的"苏北"的地理面积（占全省的3/4）就显得过于庞大了。

(二) 何谓"三苏壁垒"?

这需要首先对"三苏"逐一进行介绍。百度百科对苏南、苏中、苏北的解释分别如下。

苏南是江苏省南部地区的简称,居于中国东南沿海长江三角洲的中心位置,东倚上海市,南邻浙江省,西连安徽省,北依长江和东海,是江苏省经济社会发展水平最发达的区域,同时也是中国经济社会最发达、现代化程度最高的区域之一。自古以来,苏南地区就是名闻天下的"鱼米之乡""人间天堂",是近代中国民族工业和吴文化的重要发祥地。2013年5月,国家发展和改革委员会发布《苏南现代化建设示范区规划》,该规划标志苏南地区将在全国率先实现区域现代化,成为全国现代化建设的示范区。

苏中是江苏省中部地区的简称,地处长江三角洲的北翼,位于长江下游的北岸、黄海之滨,属于上海经济圈、南京都市圈、苏锡常都市圈的三重辐射区,江淮平原的南端,东边抵傍黄海,南边倚邻长江,与上海、苏南地区隔江相望、灯火相邀,北接苏北的广袤地区,西接安徽省滁州市。苏中的扬州、泰州、南通3个地级市均属于长江三角洲的16个中心城市的范畴,同时也是长江三角洲城市群的重要组成部分。

苏北是江苏北部地区的简称,位于以上海为中心的长江三角洲的最北端,地处黄海之滨,海岸线744公里,与日本、韩国隔海相望,处于南下北上、东出西进的重要位置,是中国沿海经济带的重要组成部分。苏北地势以平原为主,处于黄淮平原与江淮平原的过渡地带,地势平坦,拥有广袤的苏北平原。苏北区内河网密布,物产丰富,是中国东部沿海地区重要的制造业基地和生态建设示范区。

若仅仅这样逐一介绍,好似看不出什么问题。一旦从空间地理面积、经济社会发展水平和交通通连几方面来看,问题便凸显出来了。苏北占江苏10.72万平方公里总面积的1/2;从人口数量上看,苏北占江苏8000多万总人口的1/2;苏北和苏中合计约占全省总面积的

3/4，人口接近全省总人口的 4/5。但由于诸多历史的和现实的因素，目前苏北、苏中的 8 个地级市尽管均有所辖县域或市域经济跻身全国百强行列，但也只是水涨船高，苏北、苏中与苏南的差距，是显性的和巨大的。

而若从交通通连和发展政策等方面感受上看，下面一个例子具有典型性和代表性："在苏北某次设区市会议上，该市市委书记毫不掩饰：'我们苏北城市参与长三角一体化积极性很高，但为什么总有被边缘化的感觉？'"报道称，"这位书记一针见血地道出不少苏北城市主官们的心声"①。长期以来，江苏南北长达逾 500 公里的时空距离，多年来被分割为苏南、苏中、苏北三块，地理区位泾渭分明，行政壁垒如楚河汉界，好似各自知足常安、恪守本分而决不谋"僭越"似的。其实质，就是占江苏地理面积 3/4 的苏北、苏中，在与苏南的通连上只能隔江相望而难以跨江相融，可谓"三苏壁垒"。也正是由于这个"三苏壁垒"，在经济社会发展的水平上，如百度百科所说，"三苏"差异较大。

（三）何以提出"三苏同城"？

简而言之，"三苏同城"即苏南、苏中、苏北的同城化和一体化发展愿景。显然，没有"三苏壁垒"，人们便不会期待"三苏同城"。"三苏同城"正是针对"三苏壁垒"而提出的江苏空间生产和变革的一个美好愿景，是"三苏"的同城化和一体化融合发展。在高铁时空压缩效应之于交通一体化的首要地位和交通一体化之于区域一体化的首要地位这两方面普遍性的、常识性的"预设"之下，在长三角区域一体化发展上升为国家战略②的政策背景下，"三苏同城"空间生产理应大踏步地走上实施长三角区域一体化发展这一国家战略的前台。

---

① 林元沁：《江苏省委书记首提"省内全域一体化"有什么深意？》（https：//news. sina. com. cn/o/2019-08-02/docihytcerm8021408. shtml，2019-08-02/2020-02-03）。

② 《中共中央国务院印发〈长江三角洲区域一体化发展规划纲要〉》，《光明日报》2019 年 12 月 2 日第 1 版。

江苏省内全域一体化的发展首先呼唤和倚仗"三苏同城"。消除了"三苏壁垒",自然也就实现了"三苏"的同城化和一体化,即实现了"三苏同城"空间愿景。因而可以说,江苏省内全域一体化发展首先倚赖"三苏同城"、全面建基于"三苏同城"、根本决定于"三苏同城"、首先落脚于"三苏同城"。

长三角区域一体化发展这一国家战略的实施呼唤"三苏同城"。在目前长三角一市三省中,安徽高铁里程全国第一、浙江仅有宁波与舟山市的海底高铁线路尚未通车。在这种情况下,唯有"三苏壁垒"才是长三角区域一体化发展的头号梗阻。变"三苏壁垒"为"三苏同城",早已上升为长三角区域一体化发展的肯綮环节。

习近平总书记有关长三角一体化发展的高层指示指向"三苏同城"。在谈到长三角一体化发展规划纲要的实施时,习近平总书记十分明确地要求江苏,要切实做好区域互补、跨江融合、南北联动的大文章[①]。"区域互补、跨江融合、南北联动"毫无疑问地指向了"三苏同城",呼唤着"三苏同城"。"三苏同城"其要旨、宗旨就是要实现"区域互补";"三苏同城"其关键环节就是要实现"跨江融合";"三苏同城"其运行机制就是要做到"南北联动"。可见"三苏同城"在较为全面的层面综合了习近平总书记对江苏的要求,高度概括了"区域互补、跨江融合、南北联动"之于长三角区域一体化的重大奠基作用。

江苏省委省政府有关"重点补齐苏北高铁短板"的认识定位和决策谋划趋向"三苏同城"。2020年11月27日,江苏省委明确提出了要"重点补齐苏北高铁短板"的认识定位和决策谋划。这正是对习近平总书记要求江苏推进区域协调发展的明确性回应,是对习近平总书记要求江苏"以省内一体化更好服务长三角一体化"的针对性应答。江苏省委认为:"在落实推进过程中,我们发现突出的制约在交通,特别是苏北只有徐州通高铁,难以满足一体化发展对人流物流方

---

① 娄勤俭:《努力做到知其然、知其所以然、知其所以必然》,《人民日报》2020年11月27日第9版。

便性的要求。因而，在国家规划框架下自主谋划建设现代综合交通运输体系，重点补齐苏北高铁短板……努力把交通短板拉成发展长板。"① 这些认识和谋划，正是"三苏同城"空间生产和变革的主要环节。

安徽东向发展战略的落地实施期盼"三苏同城"。"三苏同城"不仅是破解"三苏壁垒"的决胜一招，而且是破解"皖苏壁垒"的决胜一招。早在2006年，安徽省委省政府便在国家区域发展战略的启发之下提出了"东向发展"战略。但由于江苏与安徽尽管如两只并排伸向北方的巴掌却似楚河汉界般的交通阻隔，以致"东向发展"战略竟然挪不动半步，16年来，除了自2011年6月依托京沪高铁的开通在皖南有所突破之外，东向发展战略在皖中、皖北可谓壁垒森严，这种局面便是"皖苏壁垒"。从根本上说，皖中、皖北与苏中、苏北的交往，尤其是继而通过苏北、苏中与苏南和上海的交往，只能倚仗"三苏同城"空间生产形式。可见，"皖苏壁垒"的根子在于"三苏壁垒"，"皖苏壁垒"的消除从根本上来说最终取决于"三苏壁垒"的消除，即取决于江苏实现"三苏同城"。

由此可见，"三苏同城"空间生产愿景才是消除"三苏壁垒""皖苏壁垒"的决胜一招，是补齐长三角区域交通一体化发展最后一块短板的决胜之举。"三苏同城"是时代的呼唤，是历史发展的必然。

二 研究背景和研究意指

申报课题是在5年多前。目前，若不重新来写研究背景和研究意指，总觉恍若隔世。新时代的脚步太快了！中国的高铁建设，速度太快了！

时代层面。新世纪以来，发轫于中国大陆的高速铁路建设，好似把人们带到了另一种时空隧道。高铁对区域空间格局、空间结构、空

---

① 娄勤俭：《努力做到知其然、知其所以然、知其所以必然》，《人民日报》2020年11月27日第9版。

间关系和空间利用的改头换面，深刻地影响和改变着人们的生产和生活方式，促使关于空间生产和变革的空间批判理论成为时代显学。学界惊呼，高铁时代到来了，21 世纪将是一个高铁的世纪。① 十几年砥砺前行，高铁为中国经济社会发展带来了显著效益，助推和加快中国迈出强起来的步伐，中国高铁名片惊艳世界。

2019 年 12 月 1 日，一篇题为《3.5 万公里：中国高铁的新跨度》的报道出现在《光明日报》头版。文章在"点评"中指出，高速列车的开行带来了前所未有的时空压缩效应，根本改变了以往陈旧的时空位置和地理格局，大大缓解了物理时空等因素在区域经济一体化中的阻滞作用，大大压缩和缩短了落后区域与其向往的较远的区域发展极核区的追赶时空。②

还是 2019 年 12 月 1 日这天，中央广播电视总台《新闻联播》节目以《我国三条高铁今日开通 织密"八纵八横"高铁网》为标题进行报道，指出跨越河南、安徽、湖北三省的郑渝高铁郑襄段、郑阜高铁、京港高铁商合段于当日同时开通运营，新增高铁里程超过 1000 公里。由此，西连京广高铁线路，北接徐兰高铁线路，东南以合肥为中介连接京沪高铁线路，形成了中原与江淮和长三角的快速高铁通道，进一步密织了"八纵八横"高速铁路网络。

2019 年 12 月 8 日的《新闻联播》首条新闻，是以"在习近平新时代中国特色社会主义思想指引下——新时代 新作为 新篇章"为主题、以《京津冀交通一体化格局基本成型》为案例所作的报道。报道指出：年初习近平总书记考察京津冀时作出了推进要素市场一体化和交通一体化的重要指示。今年，随着大兴国际机场、京雄城际铁路北京段开通运营，京张高铁开始试运行，一张覆盖三地所有地级以上城市的综合立体交通网初步建成，京津冀交通一体化格局基本成型。

---

① 张学良、聂清凯：《高速铁路建设与中国区域经济一体化发展》，《现代城市研究》2010 年第 6 期。

② 本报记者訾谦：《3.5 万公里：中国高铁的新跨度》，《光明日报》2019 年 12 月 1 日第 1 版。

时代背景为"三苏同城"空间生产的现实路径擘画了不容他顾的时代坐标。高铁在联结区域各城市板块、疏畅并加速推进人流物流信息流等要素市场一体化、抹平经济高地与洼地，促进区域内部的差异发展、协调发展和融合发展方面的显著助推作用，为苏北乃至苏中"洼地"提供了当下最应该抓住的时代机遇。这便是课题研究必须满腔热忱迎面接纳的时代信号。

以高铁建设为切入点来论证课题的主题——"三苏同城"空间生产研究，我们在课题申报两年多之后也得到了同样的论说方式支撑。以下论说方式就是以高铁思维理路来论述空间生产和变革的方式：

据江苏省铁路局供稿、江苏城市论坛网 2019 年 9 月 25 日以《徐宿淮盐铁路、连淮扬镇铁路连淮段开始联调联试，预计 2019 年 12 月 15 日通车》为题进行的报道，该文结尾指出："徐宿淮盐铁路、连淮扬镇铁路连淮段开通后，将拉近沿线城市与长三角各中心城市间的时空距离，对于进一步方便苏北地区沿线人民出行，推动苏北地区加速融入长三角快速交通圈、更快融入长三角经济圈，实现更高质量一体化发展，具有重要意义。"①

政策层面。随着我国区域发展战略的不断推进，长江三角洲区域一体化发展被推向了历史的前台。2018 年 11 月 5 日，习近平总书记在首届中国国际进博会上宣布，支持长江三角洲区域一体化发展并上升为国家战略②。2019 年 5 月 13 日中央政治局召开会议，审议《长江三角洲区域一体化发展规划纲要》。会议要求长三角一市三省要紧扣"一体化""高质量"两个关键，明确责任主体，坚持问题导向，抓住重点和关键，深入推进重点领域一体化建设。③ 2019 年 12 月 1

---

① "江苏城市论坛"：《徐宿淮盐铁路、连淮扬镇铁路连淮段开始联调联试，预计2019年12月15日通车》（https://baijiahao.baidu.com/s? id = 1645575338770069882&wfr = spider&for = pc）。

② 姜微、白洁、刘红霞：《习近平出席首届中国国际进口博览会开幕式并发表主旨演讲》，《光明日报》2018年11月6日第1版。

③ 《中共中央政治局召开会议 研究部署在全党开展"不忘初心、牢记使命"主题教育工作 审议〈长江三角洲区域一体化发展规划纲要〉》，《光明日报》2019年5月14日第1版。

日，中共中央、国务院正式印发了《规划纲要》。

本书就是紧扣中央"一体化""高质量""责任主体""问题导向""重点和关键""重点领域"等关键词，以此为引领而展开"三苏同城"空间生产的研究的。

长三角层面。2017 年 8 月 29 日《光明日报》第 7 版图片新闻报道：《甬舟铁路基础勘测忙》[①]，目前已处于正式施工阶段。在此之前，浙江陆上全域已实现高铁全覆盖。2019 年 11 月 26 日《光明日报》第 10 版"经济社会新闻"头条刊登《"高铁全覆盖"将为皖北带来什么》[②]的报道。而且这种"高铁全覆盖"，已是具有现在完成时意味的事实。也就是说，"带来什么"是对已经"高铁全覆盖"所必然带来和即将带来的区域高质量一体化发展景观的描画。

相较于江苏域内在上述时间节点即 2019 年 11 月 26 日尚有 2/3 面积不通高铁的现状，一市三省高铁建设的短板，可谓了然一目。高铁建设在国家层面如火如荼，日新月异，密上加密；在长三角层面，浙皖两省"高铁全覆盖"。而江苏，显然暂时还没有办法发表一篇只改动一个"皖"字的《"高铁全覆盖"将为苏北带来什么》。不仅如此，若改动几个字，即发表一篇题为《江苏"高铁全覆盖"将为长三角带来什么》，恐怕要等更远一些的将来时了。

尽管是更远一些的将来时，但到那个时候，一个美好愿景将在江苏大地实现，这应是国家战略和顶层设计所说的整个长三角的"重点领域"——"三苏同城"空间生产愿景。"三苏同城"空间生产的现实路径，或说倚仗加快实现高铁驱动的具有时空压缩效应的"三苏同城"空间生产愿景为长三角区域一体化奠定最根本的交通一体化基础，正是本书的首要研究意指。

"三苏同城"空间生产愿景的实现，将使苏北乃至苏中"加快融入"长三角，江苏全域将一改多年以来因交通建设短板而客观上拖拽

---

① 姚峰：《甬舟铁路基础勘测忙》，《光明日报》2017 年 8 月 29 日第 7 版。

② 常河、马荣瑞：《"高铁全覆盖"将为皖北带来什么》，《光明日报》2019 年 11 月 26 日第 10 版。

长三角高质量一体化发展这一国家战略后腿的局面。

"三苏同城"空间生产愿景的实现，将一改安徽16年来皖北、皖中在"东向发展"上难以挪动半步的局面，以其"高铁全覆盖"张臂以待，拥抱和对接"三苏同城"，实质性地迈开皖苏高质量一体化发展的"第一步"①。

"三苏同城"空间生产愿景的实现，才能使《江苏"高铁全覆盖"将为长三角带来什么》这篇文章写得客观而精彩，江苏也将真正走上以"三苏同城"促进长三角区域高质量一体化发展的"高铁快车道"。

本书的研究意指还在于：学术上，积极响应和遵循习近平总书记在哲学社会科学工作座谈会上有关"要善于提炼标识性概念"以引导学术研究和讨论的号召，为学术界在长三角区域高质量一体化发展研究上提供标识性概念和范畴引领。如"三苏同城""三苏壁垒""国情面相""苏北之相""皖苏壁垒"等，均是学界至今尚未提出的概念和范畴；以及在改造之后赋予新时代新意指的概念，如"夺路先行""三苏归一""皖苏归一""苏北同城化极核区""南北三线网络化高铁走廊"等。本书强调：有效概念的供给，是作为时代显学的空间批判理论以及建基其上的空间生产和变革研究的关键一环，对于深化以空间变革促进民生共享研究的深入，具有引领性意义。② 鉴此，本书提出警示：多年来在不乏深刻性、权威性、前瞻性的长三角空间生产研究成果中，学界在一些反映区域内空间生产现状和前景的标识性概念上竟是无涉的。应尽快改变作为实践先导的空间生产理论（尤其是概念）因其运用于实际研究的"怠慢"而失之于褊狭甚或成为

---

① 这个"第一步"是为了突出"皖苏壁垒"的严峻。许多年以来，皖北、皖中在与苏北、苏中通连上仅有的一个普通列车车次，在开通很短的一段时间（大约1年）之后，便又无限期地取消了。

② 当代"地理—历史唯物主义"空间批判理论建构者大卫·哈维指出，"压缩时间""突破空间"将成为人们用来不断取得社会发展和进步的重要手段；社会时空在根本意义上制约着人类社会实践的范围、规模和水平，并决定着社会实践的路向和手段。这一观点将在下文中作详细解读。

盲区和真空的现状，以空间生产理论催生具有追赶时代脚步的标识性概念的出场和论证为引领，强力促进长三角空间生产的科学性顶层设计和整体性推进。

本书的研究意指还在于：努力促进人们对当下发展肯綮的认知和实践自觉，即促进人们在国家战略和江苏民生共享战略背景下对消除"三苏壁垒"空间生产权利黏性和涂层城市化倾向的重要性认知上的深化和自省自察；启发人们在以"三苏同城"空间变革促进民生共享路径认知上的深化和实践上的自觉自为；促进人们在"三苏同城"空间变革对于消除"皖苏壁垒"等长三角区域高质量一体化发展障碍的肯綮作用认知上的深化和实践自觉。

三 研究述评

（一）有关江苏空间生产状况的介绍

这方面的情况十分清晰。为避免与相关内容的重复，这里以时间节点为引领，对江苏以铁路为主的空间生产和变革状况进行如下列示。

1987 年铁道部第四勘测设计院提出苏北"一纵""一横"的铁路规划，纵向从沂淮接轨，经盐城、海安再至靖江，过江至无锡（石塘湾）；横向即宁通线，经扬州、泰州在海安与纵向交叉至南通。当年 10 月，淮、盐、通三市政府一致决定，兴建"淮盐通地方铁路"；苏南宜兴市也作出兴建"宜兴地方铁路"的决定。

1998 年 3 月 5 日，即在新中国成立 50 周年的前夕，在徐州、宿迁和淮阴三市人民的共同努力之下，103.3 公里的新淮地方铁路在经历了 15 年的艰苦曲折之后，终于建成通车。这是苏北（徐州作为国家交通枢纽除外）有史以来的第一条铁路。

1998 年 9 月 16 日，江苏省与浙江省铁道部合资兴建的新沂至长兴的铁路工程在周恩来总理的故乡淮安举行开工典礼。《苏北铁路纪实》的作者何希敬先生认为，正是因为沂淮地方铁路的建设，才推动了新长铁路这一江苏所在的陆海铁路通道的开工建设。①

进入新世纪，在国家和江苏省政府的大力支持下，连徐铁路、连盐铁路相继建设并通车。但仅此而已，整个苏北广大地区的人们若想去长三角极核区的上海，只能倚仗从连云港发车途经徐州的一趟"K字头"列车，一般需要一个白昼才能到达。

2011年6月，京沪高铁建成通车，苏南5个城市"坐享京沪（高铁）"，徐州也身居其"线"。在这之前，徐州至省会南京的普通列车作为国家铁路干线是一直开通的。

2019年12月，连淮扬镇高铁线路阶段性通车。

2020年，连淮扬镇高铁、连徐高铁和连盐高铁等线路通车，标志着一个类似等腰三角形的苏北同城化高铁网初具雏形，其中三角形高铁网的"高"即连淮高铁线路。这是苏北空间生产以至江苏空间生产上具有巨大历史意义的空间变革。

2021年，皖北的淮北至上海的高铁在连淮扬高铁的引领下开通，途经徐州、宿迁、淮安、扬州、常州、苏州等城市。这是长三角北部最具里程碑意义的空间变革。

以上列示属于完全统计。在不同的时间节点之下，淮安与扬州、连云港与盐城、盐城与泰州、连云港与淮安等等两个相邻的城市，没有铁路相连；南通、泰州、扬州乃至淮安等城市与南京隔江相望，但却没有铁路相连。而作为"苏北区位优势第一特大城市"的淮安与省会南京通连的宁淮直线高铁，只是刚刚开始施工。

鉴于以上情况，苏北、苏中若想实现各城市之间的高铁公交化运营，实现像浙皖两省早已实现的"高铁全覆盖"，只能假以时日，预计在"十四五"末宁淮直线所在高铁线路开通之后，江苏公交化运营的"高铁全覆盖"或能够实现。

由此可见，江苏省委明确指出的"苏北高铁短板"，即广为悉知的苏北"地上缺铁"现象，是不容置辩的。全国人大常委会原副

① 参见何希敬《苏北铁路纪实》，江苏人民出版社2000年版，第14页。

委员长彭冲题写书名和作序的《苏北铁路纪实》一书中的一段话，
能够较全面地概括苏北"地上缺铁"的局面：经济要发展，交通要
先行，苏北经济之所以长期落后于苏南，交通落后是一个重要因
素。苏北原有普通公路和航运密度并不比苏南低，关键是苏北没有
铁路。省里虽然对苏北铁路也作过几次规划，但由于种种原因，均
未能走到决策的实施阶段。[①]

（二）有关对长三角概念演化和"涂层化叙事"的理解问题

首先介绍一下政策演化。2006年国务院提出建立以沪、苏、
浙、皖一市三省为合作主体的超级经济区，2008年初，胡锦涛视察
安徽时首次明确提出"泛长三角"概念。同年9月国务院发布《关
于进一步推进长江三角洲地区改革开放和经济社会发展的指导意
见》，2010年6月国务院又出台《长江三角洲地区区域规划》，均
对"长三角"或"泛长三角"概念等进行了界定。以上文件指出，
到2020年，长三角将形成以上海为中心，北至江苏连云港、徐州，
西至安徽安庆、六安，南至浙江温州、丽水的"超级经济区"，整
体包括一市三省的41个城市。而《长江三角洲城市群发展规划
(2016)》则进一步提出要"建设具有全球影响力的世界级城市
群"，即要建成最具经济活力的资源配置中心、具有全球影响力的
科技创新高地、全球重要的现代服务业和先进制造业中心、亚太地
区重要国际门户、全球新一轮改革开放排头兵、美丽中国建设示范
区等。[②] 由此，长三角或长三角经济区概念的提出和演化发展已近
15年。

概念的提出和演化过程，原本是事物发展阶段性特征的自然呈
现，倘若不顾这种阶段性特征而东拉西扯、张冠李戴，那么必然造
成认识上的错位、实践上的贻害。上述演化过程客观上为一些人解

---

① 何希敬：《苏北铁路纪实》，江苏人民出版社2000年版，第14—15页。
② 黄群慧、石碧华：《长三角区域一体化发展战略研究——基于与京津冀地区比较视
角》，社会科学文献出版社2017年版，第4页。

读学界对长三角重要地位和发展成就的描画，好似提供了任其"空间移植"以至"时空错位"式的解读的理由，于是便不自觉地把学界的描画硬生生地变成了违背作者写作初心的"涂层化叙事"①，如此也就不难理解可能会对社会认知和社会实践产生的危害性了。比如，学界所说的"线性关联—指状延伸—网格化"的"网景"描画②，只能被限定在长三角区域初始阶段一市二省计16座城市范围内，岂能把这种"网景"用"空间移植"的办法嫁接到扩容后的一市三省计26座城市的区域范围，甚或一市三省41座城市的区域范围呢？也就是说，如果苏北的人们尤其有关决策者认为自己以及自己所处的时空位置和发展成就也身处"网景"之中，或认为这个"网景"讲的就是自己身处其间的时空区间，那么这显然是不自觉地犯了"涂层化叙事"中的"空间移植"的错误。由此怎么能够正确发现自己身边的问题并从问题出发去进行科学决策和社会实践呢？这种导致认识上问题意识淡漠，实践上危害严重的所谓"事实"，正是本书在第二章所揭示的在理论（政策）与事实的矛盾运动上的无意识。

在多年的研究中，有关江苏空间生产现状和长三角地区空间生产现状的研究一向表现出一种极其显性的倾向：溢美之词较多，却鲜有问题揭示；展望和前瞻较多，却提不出"三苏同城"。个中缘由，一是因为长三角概念经过多年演化，地理范围的扩容信息并不能被及时地纳入研究之中，使得长三角的经济社会发展的巨大成就被"泛化"，继而遮蔽了"三苏壁垒""苏北高铁短板"等发展洼地；二是在长三角的重要地位、发展成就等方面，人们多年来总是"自我感觉良好"，怎么也提不出"九个有没有"和"发展三问"③，于是学

① 参见陈忠《关于"涂层"叙事的哲学批判》，《哲学研究》2021年第5期。
② 张颢瀚、沙勇：《"十三五"江苏区域发展新布局研究》，中国社会科学出版社2014年版，第275—299页。
③ 郁芬、倪方方：《用新思想解放思想统一思想》，《新华日报》2019年6月29日第1版。

界在研究中便很少出现类似"九个有没有"那样的反思，研究成果自然难以触碰到"苏北高铁短板"这样实质性的、突出性的、根本性的问题。

（三）有关长三角区域一体化研究中缺失标识性概念的问题

多年来，学界对国家层面处于"第一位"的"长三角"或"泛长三角"经济区给予广泛关注，可谓"名人著述，鸿篇巨制，贡献于学界者，固自不少"[1]。如王兴平、朱秋诗的《高铁驱动的区域同城化与城市空间重组》（2017），朱舜、高丽娜的《泛长三角经济区空间结构研究（修订本）》（2014）和《泛长三角区域合作背景下的江苏经济创新发展研究》（2014），王振的《长三角地区经济发展报告》（分年度），黄群慧、石碧华的《长三角区域一体化发展战略研究》（2017），张颢瀚、沙勇的《"十三五"江苏区域发展新布局研究》（2014），上海财经大学区域经济研究中心的《中国区域经济发展报告——同城化趋势下长三角城市群区域协调发展》（分年度），以及中国知网所收录的 500 余篇以"长三角＋空间"为关键词的研究成果等，多为在深刻性、权威性和前瞻性方面较为突出的力作。

但是，不论是在 2008 年"泛长三角"经济区概念提出之前，还是这一概念提出十多年以来，尤其是近几年在飞驰而至的高铁时代这一时代节点下的研究中，学界在一些能够反映长三角经济区空间生产现状的标识性概念供给上是贫乏的，突出表现在反映问题意识方面的概念或范畴供给严重不足并脱离实际，如"国情面相""三苏壁垒""苏北之相""普铁绕圈"等，而在前瞻性和溢美性方面的概念或范畴供给上，好似又过于"充足"，只是怎么也提不出"三苏同城"。针对长三角一市三省高铁建设现状，尤其是反映空间生产和变革上各自的着力点的概念，更是鲜有论及。一些概念学界仿佛已经提出，却或犹抱琵

---

① 梁启超：《进化论革命者颉德之学说》，《新民丛报》1902 年 10 月 28 日（第 18 号）。也是在此文中，梁启超称马克思为"社会主义之泰斗"。

琶，或止步于提出，而没有稍作针对严峻或肯綮问题的深入研究，如"苏北同城化""地无寸铁""京沪高铁东线""连淮宁直线高铁"等。

明确地说，在空间批判理论成为时代显学并与高铁时代历史性深度交融的大背景下，长三角区域一体化研究在空间生产概念和范畴的供给上，总体上说是十分滞后的。这种状况与长三角经济区在国家区域协调发展战略中的地位是极不相称的。本书的一方面宗旨即在于强调，在今后的研究中应以具有追赶时代步伐的标识性概念的提出和论证为引领，尽快改变作为实践先导的空间生产理论（尤其是概念）因其运用于实际研究的"怠慢"而失之于褊狭甚或成为盲区或真空的现状，以强力促进长三角空间生产上的科学性顶层设计和整体性推进。

四 研究方法和框架思路

（一）研究方法

调查比较方法。对长三角一市三省各自的高铁通连现状和互通互联状况进行全面、深入的实地调查。在此基础上进行一市三省交通一体化现状的比较研究，以及高铁时空压缩效应下的空间变革与经济社会发展、民生共享水平等方面的关联度研究。这是以问题意识为引领进行研究的基本路向。

马克思主义整体性思维方法。对长三角整体交通现状进行综合分析，在长板短板、优势劣势、显性隐性等问题及影响范围层面上，作出符合江苏全域交通一体化、"省内全域一体化"以及长三角区域交通一体化、长三角区域高质量一体化发展的科学认知。

马克思主义空间批判思维方法。包括哈维的历史—地理唯物主义方法，苏贾、列斐伏尔等人的空间批判理论和方法，国内较为前卫的权利黏性理论思维方法、涂层城市化批判方法等。本书仅仅是率先实现了这些方法与长三角区域交通一体化研究的"联结"，但却已鲜明地揭示出长三角区域交通一体化的现实梗阻和发展肯綮。

15

标识性概念引领方法。这一研究方法是本书的首要研究方法,因而有必要详细阐述。

2016 年 5 月,习近平总书记在哲学社会科学工作座谈会上深刻论述了"要善于提炼标识性概念"以引导学术研究和讨论的重要性。① 高铁时代空间生产话语体系的构建,同样离不开特定的概念和范畴作为研究导引。"有效概念的供给,是中国话语体系自主性建构的关键一环"②,同样是作为时代显学的空间批判理论以及建基其上的空间生产和变革研究的关键一环。以在学界率先提出的"三苏同城""国情面相""苏北之相""三苏壁垒""皖苏壁垒"等系列标识性概念为引领,突出它们与江苏全域交通一体化、"省内全域一体化"、长三角区域交通一体化、长三角区域高质量一体化发展等方面的内在逻辑关联,正是对习近平总书记有关以标识性概念引领学术研究等号召的积极响应。

以下对标识性概念的特性及其在引领学术研究中的作用作出简要阐释。

概念是人们思维的基本要素之一,它与判断(命题)、推理等一样,都是人们借以进行逻辑思维的基本形式。辩证唯物主义在批判继承人类思维经验和概念理论的基础上,强调概念不是人的头脑凭空产生的,也非什么"天赋观念",而是对客观事物的本质、规律的反映。概念的生成,标示人类思维已从原始思维形态或阶段跨越到逻辑思维形态或阶段,即运用概念进行判断和推理的概念思维或理论思维阶段。在此阶段,"通过概念所做的劳动"便能够获得"真正的思想""科学的洞见""完满的知识"③。也就是说,如果要"把人类理性呈现其活动的必需形式和原则自觉地表现出来",就必须"把这些形式和原则从原始的知觉、感情和冲动的形式转化为概念的形式"④。

---

① 习近平:《在哲学社会科学工作座谈会上的讲话》,《光明日报》2016 年 5 月 19 日第 1 版。

② 崔唯航:《中国话语体系建设必须实现"中国化"》,《人民论坛》2018 年第 34 期。

③ [德]黑格尔:《精神现象学》(上卷),贺麟、王玖兴译,商务印书馆 1979 年版,序言第 54 页。

④ [德]文德尔班:《哲学史教程——特别关于哲学问题和哲学概念的形成和发展》(上卷),罗达仁译,商务印书馆 1987 年版,第 18 页。

总之，"概念熔铸着人类对现实生活的理性思辨与生命体验，是世界观、认识论、历史观、价值观、人生观内在统一的产物"，"人们以概念的形式来把握和表征世界，实则就是赋予思想以必然性、规律性、确定性、客观性"。①

而标识性概念或话语不仅赋予思想以客观性、必然性、规律性、确定性，同时还能够在一种理论或思想中起着标志性和典型性的作用。"标识"可以理解为具有画龙点睛、提纲挈领和一语中的之效，是能够把理论或思想体系"多样性的统一"的内涵完全纳入其中的一种"具体概念"，即能够提高主体对对象的具体同一性和具体普遍性的认识的概念。根据马克思主义的辩证逻辑理论，就概念与客观现实的关系来说，概念具有摹写和规范现实的双重作用。"摹写"是指概念对客观现实的反映，以人的思维活动的创造性来揭示事物的本质，即"概念来自本质，而本质来自存在"②；"规范"指的是以概念的内涵和外延为标准去衡量、辨识、规范和"矫正"客观对象。

故而，或可把标识性概念或话语在宏大实践叙事中的作用和特点概括为以下方面：其一，突出或深化讨论主题的作用。作为理论体系或叙事体系的"眼睛"，人们以凝练标识性概念来表征和诠释所讨论的主题，突出事物现象背后的本质内涵，以赋予思想的真理性。即标识性概念能够把人们对人与自然、人与社会、人与他人以及人与自我等关系的认知"逻辑性地"凝练和提升为"真知"，赋予客观事物或现象以"灵魂"。其二，提纲挈领的叙事引领作用。当代社会实践场面宏大、涉及面广泛、内容繁复，尤其是自媒体时代各式兴观群怨、各类兴讹造讪可谓信息芜杂，须要以标识性概念来引领人们对实践的记录和宣讲、评判和辨正，以起到提纲挈领之效。其三，矫正讨论路径和方向以达到统一思想和实现共识的作用。这是从马克思主义认识论视角来看待概念规范现实

---

① 王海锋：《打造当代中国马克思主义哲学的标识性概念——基于新中国成立以来学术史的考察》，《哲学动态》2020年第4期。

② 列宁：《哲学笔记》，人民出版社1993年版，第147页。

的作用，即这种规范体现了人类认识的选择性。因人们的认识过程始终渗透着主体的目的性、计划性和选择性，概念对客观对象的规范正是这种认识过程的外化和建构。其四，寄托人们的殷殷属望，促进人们实现对事物的理想形态的认知。辩证逻辑理论认为，具体概念是具有理想形态的概念，即"概念（或概念体系）体现了对象发展的规律性和人的目的、意愿的有机结合，体现了人的本质力量，渗透了人的情感，并且或多或少形象化地勾画出了对象发展的图景"①。

（二）思路和框架

第一步，阐释以民生共享战略促进共同富裕进程的理论基础，提出两组标识性概念，以之对民生共享战略中苏北"加快融入"长三角相关因素之间的重大关系进行综合辨正，对江苏全域交通一体化、长三角区域交通一体化发展相关因素间重大关系进行深入辨析，以凸显"三苏壁垒"这一江苏民生共享乃至长三角区域高质量一体化发展的最短的"短板"，凸显"三苏同城"空间生产这一江苏交通一体化、长三角区域一体化发展现实路径的不可规避性和唯一性。

第二步，全面阐释"三苏同城"概念的生成和出场，对"三苏同城"空间生产相关重大关系进行深入细致的辨正。

第三步，论证江苏在"三苏同城"空间生产和变革中的"第一责任主体"地位；着重阐释《规划纲要》印发后江苏高铁建设的赶超路径，即苏北"加快融入"长三角的首要的、根本的路向——"三苏同城"。"三苏同城"这一苏北、苏中、苏南的高铁交通一体化和同城化建设图景，包含苏北同城化建设，沿海高铁走廊建设，尤其是奠立在以宁淮直线高铁为主线和首要抓手、以连盐通苏、徐宿淮扬苏高铁为辅线的"三苏同城"网络化高铁走廊建设上，并指出这才是苏北、苏中"加快融入"长三角继而打造民生共享和共同富裕根本支撑平台的首要的、主要的、根本的路径；阐述"三苏同城"空

---

① 彭漪涟：《概念论——辩证逻辑的概念理论》，学林出版社1991年版，第227页。

间生产的时代意蕴。

第四步，进行一种关联性或扩展性研究，即倚靠"三苏同城"空间生产愿景进行苏北乡村南向开放发展之路的讨论。

第五步，对进入新时代前后江苏空间生产状况进行比较研究，以得出在空间生产乃至类似社会实践活动上的多方面重要启示。

第六步，对研究进行总结和概括，提出几方面须要清晰辨正的观点，提出研究警示。

五 重难点和创新点

（一）重难点

1. 重点

"三苏同城"概念的生成和出场、"三苏同城"空间生产的现实路向。

2. 难点

对本书率先提出的系列标识性概念及其所反映的客观现象之间的诸对重大关系进行在长三角空间生产时代意蕴上的多方面辨正；对宁淮直线高铁在加快和提升长三角高质量一体化发展中的肯綮地位的论证，其中淮安作为苏北同城化极核区的集聚和辐射作用的发挥条件问题，是这一难点中的重点问题。

（二）创新点

1. 学术思想创新

（1）在学界率先提出"三苏同城""国情面相""三苏壁垒""皖苏壁垒"等标识性概念，以有效标识性概念的供给来引领和建构本书逻辑框架，旨在对学界关于长三角区域高质量一体化整体进程的研究发挥其鉴示作用。其中"三苏同城"是首创概念、核心概念、统领本书主题的概念。提出必须尽快改变作为实践先导的空间生产理论（尤其是概念）因其运用于实际研究的"怠慢"而失之于褊狭甚或成为盲区和真空的现状，以空间生产理论催生具有追赶时代脚步的标识性概念的出场和论证为引领，强力促进长三角空间生产的科学性顶层设计和整体性推进，并对学界有关长三角交通一体化发展的研究进路进行科学性纠偏。

（2）把马克思主义空间批判理论等时代显学率先运用于长三角空间变革即交通一体化发展研究。生成和发轫于高铁时代同城化语境的"三苏同城"在"社会时间""社会空间"上的"积极的建构"，正是哈维等人空间批判理论在"压缩时间""突破空间"上的现实版呈现。以空间生产权利黏性和涂层城市化等批判理论审视江苏空间生产和变革现状，那么"三苏壁垒"这一长三角区域交通一体化以至长三角整体高质量一体化发展的现实梗阻和"三苏同城"发展肯綮，便了然一目、昭然若揭。

2. 学术观点创新

（1）在空间批判等理论渐成显学并与高铁时代同频共振、深度融会的大背景下，在浙、皖两省高铁建设夺路先行，当下均已在与极核区上海的通连上实现"全覆盖"并致力于域内高铁的公交化通连，江苏亦在 2019 年 12 月 16 日宣布苏北 5 市进入动车时代①，而作为苏北地理中心的淮安至今与省会南京却还是"地无寸铁"（既无高铁亦无普铁通连）的情势下，高铁驱动的"三苏同城"空间生产形式以及建基其上的"皖苏交通一体化"美好愿景实现的快慢，已成长三角区域交通一体化以至整体高质量一体化发展能否顺利推进的肯綮环节。

（2）必须以辨证施治、综合调适的高标准要求，致力于长三角北

---

① 2019 年 12 月 16 日，中央广电总台新闻联播报道苏北五市将进入动车时代。进入动车时代，改变不了苏北、苏中在与长三角极核区、苏南五市通连上的"壁垒"。宁淮直线至今"地无寸铁"的局面说明，"三苏同城"任重而道远，江苏赶上浙皖两省高铁建设的标志性节点事件只能是未来几年宁淮直线高铁的通车。这是遵照习近平总书记"做好区域互补、跨江融合、南北联动大文章"重要指示，以及江苏省委关于江苏推进一体化"热点在苏南、重点在跨江、难点在苏北"更好地推动苏南苏中苏北南北联动、跨江融合，加快省内全域一体化""补交通体系之短"，抓紧推进江苏参与长三角一体化发展"最重要、最紧迫的事情"，并把"基础设施一体化"放在"六个一体化"之首等重要论述的必然选择。

翼（江苏）以及北翼在与长三角尾部（安徽中北部）通连上的空间生产制度、空间生产文明和空间生产心理等层面的弹性建设，以强力破除"三苏壁垒""皖苏壁垒"等空间生产的权利黏性，进而倚仗破除了"三苏壁垒"的"三苏同城"空间生产愿景，为苏北"加快融入"长三角、江苏"省内全域一体化"、安徽"东向发展"、长三角区域交通一体化以至区域整体高质量一体化等发展战略的实施，作出在补上"最大短板"方面的"决胜"贡献。

（3）一体化必须也只能被理解为整体一体化，而非小部分或大部一体化。高铁时代聚焦"苏北高铁短板"的变长，才是"交通一体化发展""区域高质量一体化发展"的题中先义。多年来江苏励精图治、纵横捭阖，"两个率先""两聚一高""民生共享""1+3功能区"等战略设想积极而靓丽，但若失却"三苏同城"空间生产形式对"社会构造"的变革，则长三角区域的交通一体化以致区域高质量一体化就只能被异化为"部分一体化"，或永远被定性为抛开"短板"的褊狭一体化。

3. 研究方法创新

以整体性思维强化一盘棋意识，紧扣"高质量"和"一体化"要求；以一系列标识性概念或范畴的有效供给，引领本书逻辑框架的建构；以比较研究凸显"三苏壁垒"交通一体化现实梗阻，体现问题意识；以空间批判理论审思"三苏壁垒"空间现状，寻求时代显学的支撑；以具体概念分析法揭示"三苏同城"发展肯綮，明确第一责任主体；以指出学界标识性概念供给不足的倾向，提出空间讨论的研究警示。以下对研究方法中有关"以一系列标识性概念或范畴的有效供给，引领本书逻辑框架的建构"，作出简要说明。

在本书研究中，标识性概念或范畴的有效供给，体现在每一章、每一节的阐释内容和思维理路上，较为集中地体现在第三章"'三苏同城'概念的生成和出场"、第四章"'三苏同城'空间生产相关重大关系辨正"的阐释内容和研究方法上。而且附录1把"以标识性概念引领长三角空间生产研究"作为副标题，拟提供一个较为集中地以标识性概念引领学术研究的案例。研究指出，标识性概念或话语不仅赋予思想以客观性、必然性、规律性、确定性，同时还能够在一种理论或思想中起着标志性和典型性的作用。其中有关标识性概念或话语在引领学术研究中的作用的阐述，以马克思主义辩证逻辑的概念理论为指导，较为全面、深刻地论述了标识性概念的引领作用，并得到了多位学界前辈的肯定和鼓励。本书把标识性概念在宏大实践叙事研究和阐述中的引领作用总结为以下几个方面：一是突出讨论主题、深化讨论旨归的作用；二是提纲挈领的叙事引领作用；三是矫正讨论路径和方向以达到统一思想和实现共识的作用；四是寄托人们的殷殷属望、促进人们实现对事物的理想形态的认知作用等。

第二章 "三苏同城"空间生产的 理论倚仗

"三苏同城"空间生产愿景提出的理论基础，包括经典马克思主义理论，如马克思主义共同体思想、公平正义思想和共同富裕思想，中国化马克思主义理论中的共同富裕思想和五大发展理念，当代马克思主义空间批判理论，马克思主义事实观等。其中，当代马克思主义空间批判理论、马克思主义事实观是最直接的学理支撑。

"三苏同城"概念的提出，针对的是"三苏壁垒"及其给江苏带来的"国情面相""苏北之相"。而江苏"民生共享"战略的提出，正是为了消除"三苏壁垒""国情面相"和"苏北之相"。由此，"三苏同城"概念生成的理论倚仗，便转化为江苏以"民生共享"战略促进共同富裕现实进程的理论依据。

一 经典马克思主义理论

（一）马克思主义共同体思想

经典马克思主义理论的共同体思想，尤其是马克思主义共同体思想关于个体与共同体的关系这一核心思想，是江苏提出"民生共享"战略以消除"三苏壁垒"而实现"三苏同城"的深厚理论指征。

共同体思想是马克思在对人类生产生活方式的不断反思中逐渐生成的。探究人与人之间、人与社会之间究竟该是一种怎样的关系，这是马克思始终坚守的"人的解放""人类的幸福"的理论致思路向。

通过对资本主义社会劳动异化现象的铺陈，马克思剖析了"现实的个人"① 在"虚幻的共同体"中"新的桎梏"②，揭示了个体与共同体关系上的现代性困境及其生成根源，并以人民大众的现代性生存境遇为事实依据，在唯物史观视域下对资本逻辑假共同体之名对工人阶级实行抽象统治之实的现代性困境进行揭露，彻底厘清了人的本质与利益之间的内在关联，创立了以最终实现每个人自由而全面发展的"自由人的联合体"为理论旨归的共同体思想。由此，人与其共同体之间的相互生成和相互制约关系，成为马克思解读个人与共同体关系的基本准则。

在对旧的哲学传统的清算之中，马克思通过对德国古典哲学中有关极端个人主义哲学思想如"抽象的人""思辨的人"的反思和批判，逐渐揭开了人们在对人的本质理解上习以为常的诸多"假象"，鲜明地确立了从作为实践主体的、"历史前提"的"现实的个人"的社会物质实践中回答"人是什么""人会怎样""人能如何"等认知原则，即"个人怎样表现自己的生命，他们自己就是怎样。因此，他们是什么样的，这同他们的生产是一致的——既和他们生产什么一致，又和他们怎样生产一致。因而，个人是什么样的，这取决于他们进行生产的物质条件"③。正是在这一解读理路之上，马克思从人的本质切入，思考和追索个体与共同体之间的关系，认为"人的本质是人的真正的共同体"④，并且指出人的这种最具现实性的共同体本质只有也只能通过"人的真正的社会联系"⑤ 才能得以彰显，即所谓人的本质在其现实性上是"一切社会关系的总和"⑥。马克思明确指出，人的社会本质并非什么与单个人相对立的一种抽象的或一般的力量，"而是每一个单个人的本质，是他自己的活动，他自己的生活，他自

---

① 《马克思恩格斯文集》第 1 卷，人民出版社 2009 年版，第 519 页。
② 《马克思恩格斯文集》第 1 卷，人民出版社 2009 年版，第 571 页。
③ 《马克思恩格斯文集》第 1 卷，人民出版社 2009 年版，第 520 页。
④ 《马克思恩格斯全集》第 3 卷，人民出版社 2002 年版，第 394 页。
⑤ 《马克思恩格斯全集》第 42 卷，人民出版社 1979 年版，第 24 页。
⑥ 《马克思恩格斯文集》第 1 卷，人民出版社 2009 年版，第 501 页。

己的享受，他自己的财富"①。这就说明，人只能是一种社会关系性的存在，只有在社会生产实践中，人们才能生成和发展自己的社会关系，即只有建立在现实的、具体的每个人的自由而全面发展的基础上，才能建立起"自由人的联合体"这种真正的共同体，个体的解放以至人类的解放才能说被赋予了普遍性、现实性和彻底性。正如学界所指出的："人结合成共同体的自然性、必然性和必要性决定了共同体是人的本质和基本存在方式的体现。"②

由此可见，在马克思看来，人与其共同体之间的关系，就是一种相互促成与生成、相互支撑与确证、彼此互为中介、相互制约且辩证统一的共生共存的关系。一方面，个体必然要追求其个人的自由和人格的独立，希望个人价值的实现；而另一方面，个体由于自身存在的共同主体性维度，也决定其无法离开共同体而孤立地存在和发展。即有资格成为"历史前提"或历史主体的个体，只能是以一定的规则或方式共存于一定的共同体之中的"人能群"视域下的个体，只能是在共同体中得到生存和发展的物质乃至精神条件支撑的"人必群"视域下的个体。即如马克思、恩格斯在《德意志意识形态》中所鲜明指出的，个人才能的全面发展所倚仗的手段以及个人自由的实现，只有在共同体中才能获得。③ 不仅如此，作为人的本质的真正体现的"真正的共同体"也只能是保证其个体利益得以实现的共同体，只能是表征个体的"真正的社会联系"的共同体。否则，对于组成共同体的个体来说，这种共同体就会异化为一种"冒充的共同体"或"虚假的共同体"。马克思、恩格斯明确指出：只有在"真正的共同体"的条件之下，人们在联合中以及通过这种联合，才能获得自己的自由。④ 在《资本论》手稿中，马克思还基于他一向对人的自由个性

---

① 《马克思恩格斯全集》第 42 卷，人民出版社 1979 年版，第 24 页。
② 赵坤：《论马克思共同体思想研究的三重视域》，《马克思主义理论学科研究》2021年第 4 期。
③ 参见《马克思恩格斯文集》第 1 卷，人民出版社 2009 年版，第 571 页。
④ 《马克思恩格斯文集》第 1 卷，人民出版社 2009 年版，第 571 页。

的追求禀赋，认为人的自由而全面的发展是一种建立在个体主体性与共同主体性两者同向共进、个体价值与共同价值两者同向互促基础之上的，其实质是人的历史发展的第三种社会形式：即建立在个人全面发展基础上的自由个性，人的自由而全面的发展。[1]

马克思主义共同体思想是江苏省委省政府在新时代闪亮提出"民生共享"战略决策的根本理论依据。江苏经济社会发展中的突出矛盾，在新时代同样表现为"人民日益增长的美好生活需要和不平衡不充分的发展之间的矛盾"[2]，具体表征为苏北、苏中的人们对美好生活的向往与其经济社会发展水平明显滞后于苏南的问题，即苏北、苏中与其生活于其间的"共同体"如何协调发展的问题。以马克思主义共同体思想审视江苏"民生共享"战略的实施，就必须大力弘扬共生共存理念，下大气力消除在个体与共同体之间的存在关系、权利关系和价值关系等方面两极对立的思维情结；必须秉持以人民为中心的理念，从制度基础层面筑牢消除苏北、苏中在与苏南的存在关系、权利关系和价值关系等方面的不合理现象，逐步消除因资本逻辑的顽固惯性所导致的类似"冒充的共同体"或"虚假的共同体"现象，使社会主义制度基础和社会主义集体主义价值观得到充分彰显。近年来江苏"民生共享"战略的实施，尤其是省委省政府关于"重点补齐苏北高铁短板""努力把交通短板拉成发展长板"[3] 等清晰认知和重大决策，充分反映出决策者对江苏具体而特殊的省情的深刻洞察，体现了决策者对新时代我国社会主要矛盾在江苏域内特殊表现形式和特点的精准把握。由此可见，"三苏同城"空间生产和变革愿景的实现过程，同时也是被"三苏壁垒"分割了的苏北、苏中与苏南之间深度融会并向"真正的共同体"的演进过程。

---

[1] 《马克思恩格斯文集》第 8 卷，人民出版社 2009 年版，第 52 页。

[2] 习近平：《决胜全面建成小康社会 夺取新时代中国特色社会主义伟大胜利——在中国共产党第十九次全国代表大会上的报告》，人民出版社 2017 年版，第 19 页。

[3] 娄勤俭：《努力做到知其然、知其所以然、知其所以必然》，《人民日报》2020 年 11 月 27 日第 9 版。

（二）马克思主义公平正义思想

经典马克思主义理论的公平正义思想，是江苏提出"民生共享"战略以消除"三苏壁垒"而实现"三苏同城"的又一理论倚仗。

作为科学社会主义的创始人，马克思、恩格斯毕生都在为实现人类社会的公平正义而努力。他们认为，公平和正义从来都不是抽象的，而是历史的、具体的，世界上没有那种超越特定历史发展条件、社会制度和不同阶级的所谓抽象的或永恒的公平。早在《德意志意识形态》中，马克思、恩格斯对资本主义社会出现的不公平问题已经提出了制度层面的剖析。在《政治经济学批判》中，马克思十分细致地对资本主义的公平和平等假象进行了分析。他首先指出等价交换的那种平等其实只是一种表面上的平等，在资本主义生产中，那种所谓个人之间的表面上的平等便消失了。继而马克思指出，在资本主义条件下，工人是不可能通过节约而实现与资本家的平等的，因为从表面上看好似是资本家与工人的平等，然而"事实上这种平等已经被破坏了"①，即那种忽悠工人可以通过勤劳或节约而达到与资产阶级收入和财富上平等的说辞，无异于麻痹和暂时安慰工人的梦呓。接着，马克思揭示出资本主义生产关系将以扩大的方式不断地再生产出工人阶级和资本家阶级之间的不平等。因为随着资本主义生产方式的发展，工人阶级本身的贫困和对资本的依附性也将随之发展。这种对于资本家阶级一方越来越有利却对于工人阶级一方越来越不利的情况，怎么能算是公平和平等呢？在《哥达纲领批判》中，马克思对公平、平等作出进一步的揭示，认为被限制在"资产阶级的框框里"的那种虚幻的、用同一尺度去衡量个人天赋原本就有差异的公平和平等②，只是形式上的公平和平等，而且即便是这种形式上的公平和平等，在资本主义社会中也是难以实现的。

---

① 《马克思恩格斯全集》第30卷，人民出版社1995年版，第243页。
② 《马克思恩格斯文集》第3卷，人民出版社2009年版，第435页。

马克思、恩格斯在论述公平和平等时，并没有忘记与之密切关联的正义问题，认为公平和正义都是人类社会发展进程中必须着力解决的重大问题，因为它体现着对人类的终极关怀。恩格斯明确指出，古老的观念认为，在人们的"共同点所及的范围内，他们是平等的"，"但是现代的平等要求与此完全不同；这种平等要求更应当是从人的这种共同特性中，从人就他们是人而言的这种平等中引申出这样的要求：一切人，或至少是一个国家的一切公民，或一个社会的一切成员，都应当有平等的政治地位和社会地位"①。恩格斯认为公平和平等是正义的集中表现，是政治制度或社会制度趋向于完善所必须坚持的原则，指出"真正的自由和真正的平等只有在共产主义制度下才可能实现；而这样的制度是正义所要求的"②，即未来社会中真正的公平正义只能建立在生产力高度发达、社会全体成员共同占有生产资料、实现了人的自由而全面发展的基础之上。可见，马克思、恩格斯有关公平正义的根本依据，主要是社会生产力的发展水平和与其相适应的"经济事实"，以及在这种经济事实中的人们的生存和发展样态。一言以蔽之，一个社会的经济、政治乃至法律等制度究竟是促进其生产力的发展还是阻滞生产力的发展，是促进还是阻滞人的自由全面发展，才是衡量一个社会公平正义的基本标准。一如马克思、恩格斯所强调的"从事实际活动的人"③ 这一出发点，正是从这种现实的人出发，而不是从什么"思辨"或"抽象"的视角出发④，马克思主义经典作家才坚定地指出："只有在现实的世界中并使用现实的手段才能实现真正的解放"，即实现人的现实的、真正的解放，才能"使现存世界革命化，实际地反对并改变现存的事物。"⑤

新时代中国的"基本国情""最大实际"依然是社会主义初级阶

---

① 《马克思恩格斯文集》第 9 卷，人民出版社 2009 年版，第 109 页。
② 《马克思恩格斯全集》第 1 卷，人民出版社 1956 年版，第 582 页。
③ 《马克思恩格斯文集》第 1 卷，人民出版社 2009 年版，第 525 页。
④ 参见《马克思恩格斯文集》第 1 卷，人民出版社 2009 年版，第 526 页。
⑤ 《马克思恩格斯文集》第 1 卷，人民出版社 2009 年版，第 527 页。

段，即"仍处于并将长期处于社会主义初级阶段"。这一基本国情和最大实际决定了我国的公平正义问题大多出现在民生领域。2018年"两会"期间，习近平总书记参加广东代表团审议时深情地指出："共产党就是为人民谋幸福的，人民群众什么方面感觉不幸福、不快乐、不满意，我们就在哪方面下功夫，千方百计为群众排忧解难。"[①]尽管发展水平在全国处于前列，但由于历史的、现实的、客观的、主观的等各方面原因，现阶段江苏经济社会发展中同样存在诸多发展不平衡、不充分包括不协调、不可持续等深层次矛盾和问题，其中最突出的就是区域发展不平衡问题、基本公共服务供给不足和不平衡问题。而且这两个方面的问题又集中表现为"三苏壁垒""国情面相""苏北之相"。"三苏壁垒"以致"国情面相""苏北之相"等最突出的矛盾和问题，鲜明地表现出江苏在空间生产和变革方面严重滞后于江苏经济社会整体发展水平，这种极其显性的权利不公平、非正义的现象，是与马克思主义公平正义思想相悖的，是与江苏"两个率先"等多重发展目标和"走在前列"等发展理念相悖的。显然，要解决这些问题，即解决江苏空间生产缺乏公平正义的问题，需要以马克思主义公平正义价值观念来指导新时代江苏地理空间的变革。

（三）马克思主义共同富裕思想

经典马克思主义理论的共同富裕思想，是江苏提出"民生共享"战略以消除"三苏壁垒"而实现"三苏同城"的重要理论指征。

首先，共同富裕必须具备一定的物质生产基础，这便是生产力的不断进步和发达。马克思、恩格斯认为，物质生活资料的生产方式是人类社会不断发展的决定力量，人类社会的前进和发展是一个自然历史过程。在生产方式中，生产力是推动人类社会发展和进步的最终的、根本的动力，生产力与生产关系的矛盾、经济基础与上层建筑的

---

① 《习近平李克强栗战书汪洋王沪宁赵乐际韩正分别参加全国人大会议一些代表团审议》，《光明日报》2018年3月8日第1版。

矛盾构成人类社会发展和前进的基本矛盾，这一社会基本矛盾的运动推动着人类社会由低级到高级发展演进。在《德意志意识形态》中，他们在论述生产力的不断进步和发达之所以是消除异化和促进人们"普遍交往"的"绝对必需的实际前提"时指出，一是若缺失了这样的发展，那么便只能是贫困的极端化和普遍化。而在这种贫困的极端化和普遍化之下，争夺生活必需品的争斗便会重新出现，那些污浊陈旧的东西便又会死灰复燃；二是"只有随着生产力的这种普遍发展，人们的普遍交往才能建立起来"；三是"地域性的个人为世界历史性的、经验上普遍的个人所代替"。而"共产主义只有作为占统治地位的各民族'一下子'同时发生的行动，在经验上才是可能的，而这是以生产力的普遍发展和与此相联系的世界交往为前提的"①。鉴此，江苏处于全国第二位的 GDP 水平和经济发展能力，为江苏通过跨江融合而实现共同富裕奠定了雄厚的物质基础。

其次，共同富裕倚仗社会制度的根本变革，即共同富裕的社会制度前提只能是整个社会占有生产资料，这便是社会主义和共产主义的社会制度，而私人占有生产资料的资产者社会是与共同富裕格格不入的。马克思、恩格斯强调，资本主义社会生产资料的私人占有制度是社会不平等的总根源，而资本积累的结果必然导致社会的两极分化。社会主义和共产主义的生产资料社会所有制，从根本上消灭了那种借重生产资料的私人占有而无偿占有雇佣工人劳动成果的剥削制度，消除了资本主义社会私有制条件下异化劳动的各种现象，尤其是消除了人与人之间的根本对立关系，为全体社会成员进入共同富裕的理想社会确立了根本的社会制度基础。恩格斯在《社会主义从空想到科学的发展》一书中，根据对大不列颠和爱尔兰的社会财富增长历史的考察，十分欣慰和自信地指出，社会化的生产不但可以保证所有社会成员一天胜似一天的充裕生活，还能够保证其体力、智力等得到充分

---

① 《马克思恩格斯文集》第 1 卷，人民出版社 2009 年版，第 538—539 页。

的、自由的发展和运用①，"一旦社会占有了生产资料，……人们第一次成为自然界的自觉的和真正的主人，因为他们已经成为自身的社会结合的主人了。……只是从这时起，人们才完全自觉地自己创造自己的历史；只是从这时起，由人们使之起作用的社会原因才大部分并且越来越多地达到他们所预期的结果。这是人类从必然王国进入自由王国的飞跃"②。显然，这里的"自由王国"，自然包含着极其浓郁的共同富裕意涵。

再次，应该把共同富裕视为一个逐步实现而非一步到位的过程。马克思、恩格斯指出，共产主义社会的实现是一个长期的历史过程，只有在生产力的高度发达以及社会成员精神境界极大提高的基础上才能实现。社会主义社会作为共产主义社会的初级阶段，劳动还是人们谋生的基本手段，因而在物质生活资料的分配上只能实行"各尽所能，按劳分配"的分配制度，这个时候共同富裕的实现程度也是较低的。而到了共产主义社会，由于物质文明和精神文明的高度发展，在物质生活资料的分配上将实行"各尽所能，按需分配"的分配制度，如此才能实现全体人民真正的共同富裕。因而，既不能希望共同富裕一步到位，同时也不能因为我国还处于社会主义初级阶段而对促进共同富裕的现实进程有所懈怠。

经典马克思主义理论的共同富裕思想给予江苏经济社会发展的启示是，在全面建设社会主义现代化国家新征程中奋力书写走在前列"答卷"的江苏，已经具备了在中国走向共同富裕的现实进程中同样"走在前列"的强大经济基础。而下一步，就是加大实现共同富裕力度的问题了。

二 中国化马克思主义理论

习近平总书记在党的百年庆典大会上指出："中国共产党一经诞

---

① 《马克思恩格斯文集》第 3 卷，人民出版社 2009 年版，第 563—564 页。
② 《马克思恩格斯文集》第 3 卷，人民出版社 2009 年版，第 564—565 页。

生，就把为中国人民谋幸福、为中华民族谋复兴确立为自己的初心使命。一百年来，中国共产党团结带领中国人民进行的一切奋斗、一切牺牲、一切创造，归结起来就是一个主题：实现中华民族伟大复兴。"① 具体地说，中国化马克思主义理论中以人民为中心的执政理念，尤其是关于共同富裕的思想和五大发展理念，是江苏提出"民生共享"战略以消除"三苏壁垒"现实梗阻、实现"三苏同城"美好愿景的主要理论倚仗。

（一）中国化马克思主义的共同富裕思想

作为我们党第一代中央领导集体的核心，毛泽东始终把为人民服务作为党的根本宗旨，在如何实现全体人民共同富裕方面提出了一系列重要观点。一是只有坚持走社会主义的道路才能实现人民的共同富裕。他指出，实行了社会主义制度，就可以一年一年地走向更富更强，而"这个富，是共同的富，这个强，是共同的强"，认为相较于资本主义，社会主义的共同富裕因其制度优势"是有把握的"。② 二是只有大力发展生产力才能实现国家的社会主义工业化，继而逐步实现共同富裕。他认为，"社会主义革命的目的是为了解放生产力"③，"必须实现国家的社会主义工业化""建设一个具有现代工业、现代农业和现代科学文化的社会主义国家"④。三是要注意防范两极分化的现象。他认为："过分悬殊也是不对的。我们的提法是既反对平均主义，也反对过分悬殊。"⑤

邓小平作为党的第二代中央领导集体的核心，在领导改革开放伟大实践中对社会主义本质的认识不断深化，提出了社会主义的本质就是解放和发展生产力并最终实现共同富裕的著名论断。他强调："社

---

① 习近平：《在庆祝中国共产党成立 100 周年大会上的讲话（2021 年 7 月 1 日）》，人民出版社 2021 年版，第 3 页。
② 《毛泽东文集》第 6 卷，人民出版社 1999 年版，第 495、496 页。
③ 《毛泽东文集》第 7 卷，人民出版社 1999 年版，第 1 页。
④ 《建国以来重要文献选编》第 10 册，中央文献出版社 1957 年版，第 111 页。
⑤ 《毛泽东文集》第 8 卷，人民出版社 1999 年版，第 130 页。

会主义最大的优越性就是共同富裕,这是体现社会主义本质的一个东西。"① 邓小平把实现共同富裕看作是目标与过程的统一,指出"走社会主义道路,就是要逐步实现共同富裕。如果富的愈来愈富,穷的愈来愈穷,两极分化就会产生,而社会主义制度就应该而且能够避免两极分化。解决的办法之一,就是先富起来的地区多交点利税,支持贫困地区的发展"②;"一部分地区、一部分人可以先富起来,带动和帮助其他地区、其他的人,逐步达到共同富裕"③。邓小平借鉴中国传统文化,提出了"小康""小康之家""小康生活""小康水平"以至"小康社会"等概念,为我们党带领人民实现全面建成小康社会的百年目标指明了方向。

随着改革开放事业的深入发展,以江泽民、胡锦涛为代表的中国共产党人恪守以人为本的价值理念,牢固坚持立党为公、执政为民,带领人民坚持走共同富裕的道路,十分注重实现好、维护好、发展好最广大人民的根本利益,强调由全体人民共享改革发展的成果。江泽民指出:"实现共同富裕是社会主义的根本原则和本质特征,绝不能动摇。"④ 胡锦涛强调要妥善处理各种利益关系,认为改革越深化就越要正确认识和处理各种利益关系,把个人与集体的利益、局部与整体的利益、眼前与长远的利益、少数人与多数人的利益正确地统一和结合起来,把社会各阶层、各方面群众的切身利益实现好、维护好、发展好,指出"我们的各项政策措施都要正确反映和兼顾不同阶层、不同方面群众利益,使全体人民朝着共同富裕的方向稳步前进"⑤。

进入新时代以来,以习近平同志为核心的党中央把"人民对美好生活的向往就是我们的奋斗目标"作为执政誓言,开启了富有时代特

---

① 《邓小平年谱》(下),中央文献出版社 2004 年版,第 1324 页。
② 《邓小平年谱》(下),中央文献出版社 2004 年版,第 1343 页。
③ 《邓小平年谱》(下),中央文献出版社 2004 年版,第 1091 页。
④ 《江泽民文选》第 1 卷,人民出版社 2006 年版,第 466 页。
⑤ 《胡锦涛文选》第 1 卷,人民出版社 2014 年版,第 562 页。

征的实现共同富裕的发展道路。习近平总书记关于实现共同富裕的一系列重要论述，为我们党率领人民逐步实现共同富裕擘画出努力方向和路径。首先，把共同富裕上升为中国特色社会主义的根本原则和社会主义的本质要求。习近平总书记指出，中国特色社会主义只能是科学社会主义，而不是别的什么主义，共同富裕是社会主义的本质要求和价值取向，"共同富裕是中国特色社会主义的根本原则，所以必须使发展成果更多更公平惠及全体人民，朝着共同富裕方向稳步前进"①。在全国脱贫攻坚总结表彰大会上的讲话中他指出："我们始终坚定人民立场，强调消除贫困、改善民生、实现共同富裕是社会主义的本质要求，是我们党坚持全心全意为人民服务根本宗旨的重要体现，是党和政府的重大责任。"② 其次，认为实现共同富裕的制度基础就在于坚持社会主义的基本经济制度。习近平总书记指出，要毫不动摇地巩固和发展社会主义公有制经济，夯实共产党执政的制度基础和物质技术基础，强调"国有企业是壮大国家综合实力、保障人民共同利益的重要力量，必须理直气壮地做强做优做大，不断增强活力、影响力、抗风险能力，实现国有资产保值增值"③。第三，把坚持以人民为中心的发展思想作为实现共同富裕的根本指针。在全国脱贫攻坚总结表彰大会的讲话中，习近平总书记把"坚持以人民为中心的发展思想，坚定不移走共同富裕道路"作为中国特色反贫困理论的重要内涵，认为只要这样一年接着一年干，就一定能够实质性地、更为明显地促进共同富裕历史进程。④ 第四，把促进共同富裕作为一个不断进步的渐进过程。习近平总书记指出，社会主义初级阶段不能超越，但并不是说在共同富裕上就无所作为，而是尽可能地要把能做的事情

① 《习近平谈治国理政》第 1 卷，外文出版社 2018 年版，第 13 页。

② 习近平：《在全国脱贫攻坚总结表彰大会上的讲话（2021 年 2 月 25 日）》，《光明日报》2021 年 2 月 26 日第 2 版。

③ 《习近平对国有企业改革作出重要指示强调　理直气壮做强做优做大国有企业　尽快在国企改革重要领域和关键环节取得新成效》，《光明日报》2016 年 7 月 5 日第 1 版。

④ 习近平：《在全国脱贫攻坚总结表彰大会上的讲话（2021 年 2 月 25 日）》，《光明日报》2021 年 2 月 26 日第 2 版。

给做起来,由小胜到大胜。① 他告诫全党,促进全体人民共同富裕既是现实任务也是长期任务,必须做到脚踏实地,久久为功,向着共同富裕目标作出更加积极有为的努力。② 第五,把坚持党的坚强领导作为实现共同富裕的根本保证。习近平总书记指出:"党政军民学,东西南北中,党是领导一切的。"③ 共产党的责任就是要努力地去解决人民群众在生产、生活等方面的困难,坚定不移地走全体人民共同富裕的道路。④ 在全国脱贫攻坚总结表彰大会的讲话中,他把"坚持党的领导,为脱贫攻坚提供坚强政治和组织保证"⑤ 作为中国特色的反贫困理论的第一条。

(二)中国化马克思主义的五大发展理念

中国化马克思主义政治经济学的标志性创新成果——五大发展理念,尤其是作为五大发展理念归结点的共享发展理念,是江苏民生共享战略最直接、最切近的理论倚仗和重要遵循。进入新时代,党中央号召必须坚持人民主体地位,深入贯彻以人民为中心的发展思想。在全面深化改革的新征程中,党的十八届五中全会提出创新、协调、绿色、开放、共享等五大发展理念,并把共享发展作为五大发展理念的根本点和归结点;党的十九大和二十大报告均强调要坚定不移贯彻新发展理念,让改革发展成果更多更公平地惠及全体人民。在江苏诸多发展战略中,不仅是"民生共享"战略,其他如"聚力创新、聚焦富民,高水平全面建成小康社会"(即"两聚一

---

① 《习近平在省部级主要领导干部学习贯彻十八届五中全会精神专题研讨班开班式上发表重要讲话强调 聚焦发力贯彻五中全会精神 确保如期全面建成小康社会》,《光明日报》2016年1月19日第1版。

② 《习近平在中共中央政治局第二十七次集体学习时强调 完整准确全面贯彻新发展理念 确保"十四五"时期我国发展开好局起好步》,《光明日报》2021年1月30日第1版。

③ 习近平:《决胜全面建成小康社会 夺取新时代中国特色社会主义伟大胜利——在中国共产党第十九次全国代表大会上的报告》,人民出版社2017年版,第20页。

④ 《习近平关于社会主义社会建设论述摘编》,中央文献出版社2017年版,第4页。

⑤ 习近平:《在全国脱贫攻坚总结表彰大会上的讲话(2021年2月25日)》,《光明日报》2021年2月26日第2版。

高")战略，"'1+3'功能区"战略设想等，都是因对新发展理念的坚定践行而提出的，同时也是省委省政府着眼解决民生发展瓶颈，推动人人参与发展、人人尽力创造、人人享有成果，最大限度地调动全省人民的积极性、主动性和创造性，依靠人民创造历史伟业执政取向的生动反映。

三　当代马克思主义空间批判理论

恩格斯在《自然辩证法》中指出：从历史的观点来看，"我们只能在我们时代的条件下去认识，而且这些条件达到什么程度，我们就认识到什么程度。"① 这就说明，一个时代会产生什么概念，这个概念发展到何种程度和水平，它由抽象到具体的发展究竟能在多大程度上达到对事物最切近的认识，是由那个时代的社会历史条件（如实践水平和认识水平）为依据的，人们的每一个正确认识即概念的生成及其内涵在其深度和广度上都是受到一定条件制约的。比如生产力的发展状况、以社会关系为主的"社会状况"等，包括经济的、技术的、社会的、政治的、文化的甚至宗教的等方面发展水平。不仅如此，客观对象本身的矛盾相对于主体的认识能力和水平也处于动态的暴露状态，并非"一劳永逸"地向人们展现它的全部样态和性质、特点。另外，有关的概念在其赖以生成的学术领域的科学发展水平，即概念反映对象的思想材料的累积程度等，都会为概念的生成画定时代坐标。"三苏同城"概念的生成，同样是如此。没有当代空间批判理论包括空间生产权利黏性、涂层城市化、涂层化叙事等批判理论的勃兴，没有中国高铁时代的迎面扑压，没有中华民族迎来"从站起来、富起来到强起来的伟大飞跃"这一时代背景下江苏人民的历史主动、历史自觉和经济社会发展的巨大成就，甚至没有国家层面区域协调发展等诸多战略决策的催生，尤其是身处苏北、苏中的人们（首先是苏

---

① 《马克思恩格斯文集》第9卷，人民出版社2009年版，第494页。

北人)在与长三角其他两省一市"高铁全覆盖"的比较之中所升腾①起的"走出去""迎进来"的殷殷情愫,本书在前期成果中是不可能提出"三苏同城"的。换言之,"三苏同城"概念的生成总是要倚仗一定的时代契机。

较为系统地接触西方空间批判理论的胡大平教授曾深有感触地指出当代马克思主义空间批判理论是如何应时而生的。他说,马克思的理论中内在地包含着空间问题,中国特色社会主义建设也必然要直接面对空间实践问题。以交通、通信为主要表征的技术革命大大促进了资金、人员、信息的全球流动,各种生产要素在全球空间进行着新一轮的布局,人类政治生活的主题也在发生着深刻的变化,这些变化自然地从空间方面对马克思主义所内在包含的空间问题理论提出了挑战。② 西方的一些学者尤其"重视空间问题的议程",比如在大卫·哈维那里,就是由社会正义而切入城市建设的。③

(一)西方马克思主义学者的当代空间批判理论

在当代空间批判理论成为时代显学的背景之下,"三苏同城"空间生产和变革愿景的提出,自然得益于空间批判理论的强力"支撑"。以下对大卫·哈维、爱德华·W.苏贾、亨利·列斐伏尔等学者的空间批判理论在"三苏同城"概念生成中的作用作简要讨论。

大卫·哈维一生致力于用马克思主义的立场和方法来研究空间问题,尤其是从马克思主义正义观切入,将空间思维纳入对社会现象的

---

① "升腾"一词,较为恰切地表达了长期以来苏北、苏中人民在与苏南隔江相望中所产生的空间变革渴盼。这种渴盼,从《苏北铁路纪实》一书中能够深切地感受到;从高铁时代扑面而来的新时代即苏南5市"坐享京沪(高铁)"之后江苏更为严峻的"三苏壁垒"空间状况以及苏北、苏中人民对空间变革更强烈的渴盼中,能够清晰地感受到。如前文所述记者林元沁写的《江苏省委书记首提"省内全域一体化"有什么深意?》的报道中所说:一到开会,会上会下,不绝于耳的是,苏北城市主官们对长江以北交通梗阻的抱怨声。

② 参见〔美〕大卫·哈维《希望的空间》,胡大平译,南京大学出版社2006年版,译序第13页。

③ 参见〔美〕大卫·哈维《希望的空间》,胡大平译,南京大学出版社2006年版,译序第13—14页。

批判和研究，对马克思主义的经典历史唯物主义进行与时俱进的发展，创立了能够解释和支撑当下时代"压缩时间""突破空间"等社会现象的"历史—地理唯物主义"，丰富了马克思主义的时空理论，彰显了马克思主义的时代解释力。哈维执着地认为，《共产党宣言》蕴含着丰富的空间（地理学）思想，这些思想能够有效地解释当代世界的历史地理变化特征。① 在哈维看来，人的社会实践与社会时空有着极为密切的关联。社会时空决不是一种固定不变的物，其本质是一种社会实践活动，是运动，是过程，是人的实践活动的产物；同时，社会时空对人们的社会实践又形成规制，一定的社会时空意味着一定的发展机遇和挑战。由此，哈维把特定的社会时空视为人们在面临和应对现实问题时能否取得成功的关键因素。不仅如此，社会时空还是衡量人们实践活动水平的尺规，规定着人们社会活动的边界。哈维指出，"压缩时间""突破空间"将成为人们用来不断取得社会发展和进步的重要手段；社会时空在根本层面上制约着人类社会实践的范围、规模和水平，并决定着社会实践的路向和手段。② 由之，人们在谋求较好较快的经济社会发展战略和政策时，就应该把考虑时间压缩和空间结构优化的最佳或根本性措施作为工作的主要着力点。由此我们看到，哈维为马克思主义增补了一个详尽的空间理论。他在《意识与城市体验》一书的序言中，确信自己"最独特的贡献"就在于"将空间的生产与空间的布局整合为马克思主义理论阐述的核心中的一个积极因素"，认为正是这一关键的理论创新，才促使自己"从对历史的思考转移到了对历史地理学的思考"③。胡大平教授在翻译哈维《希望的空间》的译序中同样强调了这一点，指出"《资本的界限》出版后，虽然这本书也受到了人们的重视，但是令哈维不满的

① 参见［美］大卫·哈维《希望的空间》，胡大平译，南京大学出版社2006年版，译序第4页。
② 郝胤舟：《大卫·哈维对马克思主义哲学的三个新贡献》，北京理工大学出版社2017年版，第93页。
③ 转引自［美］爱德华·W. 苏贾《后现代地理学——重申批判社会理论中的空间》，王文斌译，商务印书馆2004年版，第101页。

是，多数评论者都忽视其核心贡献是将空间生产和空间构型作为一个积极的要素整合进马克思理论框架的核心"①。哈维"历史—地理唯物主义"思想所昭示的对空间生产和变革的高度重视，有关作为社会发展和进步的重要手段的"压缩时间""突破空间"、社会时空对社会实践和路向的决定作用，以及把工作的主要着力点放在考虑时间压缩和空间结构优化等根本性措施上的观点，无论是对于江苏域内长江以北的铁路建设经验的总结，还是对于《规划纲要》国家战略发布后长三角整体的空间生产，均具有极其重要的启示意义。

爱德华·W·苏贾也指出："空间和时间母体的创造和转换建立了一种基本的物质框架，即社会生活的真正本源。"② 如果忽视"空间母体"的重要性，那么就会失去最能发现问题的批判视野，于是人们便只能被历史决定论蒙蔽了观察世界的眼睛，最后只能被现代生活世界中的空间崛起所遗弃。苏贾所说的失去"批判视野"以及"无法走进"等状况，对于深究"三苏壁垒""皖苏壁垒"长期难以消除的原因，警示人们自觉提升在江苏空间生产的权利刚性化和变革肯綮上的科学性认知，均具有针对性的启迪意义。

亨利·列斐伏尔通过对现实城市空间的反思认为："被拜物教化了的抽象空间就引起了两种实际的抽象化结果，即个体在抽象空间之中对自身的处境茫然无知，而思想也无法与这种抽象空间保持批判性的距离。"③ 列斐伏尔还指出："没有地地道道或纯正的空间，只有按照一般社会结构内某种特殊群体发展起来的一定模式（也就是生产方式）生产出来的空间。"④ 列斐伏尔所揭示的"茫然无知"的现象，以及对"地地道道的纯正空间"的断然否认，与苏贾所说的失去

①　［美］大卫·哈维：《希望的空间》，胡大平译，南京大学出版社 2006 年版，译序第 8 页。

②　［美］爱德华·W·苏贾：《后现代地理学——重申批判社会理论中的空间》，王文斌译，商务印书馆 2004 年版，第 180 页。

③　Henri Lefebvre, *The Production of Space*, p. 93.

④　［法］亨利·列斐伏尔：《日常生活批判》第 3 卷，叶齐茂、倪晓辉译，社会科学文献出版社 2018 年版，第 652 页。

"批判视野"一样，其现实针对性都是显而易见的。学界的评论也认为，这些空间理论学者从当代都市生活之生猛绚烂的实际中，发现了空间生产本身不可遏止的发展势头而能成为社会生活组织建构原则的事实，遂富有卓识地提出并实际运用空间分析方法，以作为社会研究方法体系中的新贵。①

　　事实亦如哈维、苏贾、列斐伏尔等人所言，西方马克思主义空间批判理论学者在社会空间理论上的独特贡献，对我国的城市化发展和区域一体化发展具有极其重要的现实启示意义。② 高铁时代的"交通一体化"和"同城化"早已成为显性话语。高铁对"社会时间""社会空间"或缩短或延展、或挤压或扩张、或限制或突破地"积极的建构"，与哈维等人对社会空间生产的意义和作用等阐释合辙共振，空间批判理论也因之而成时代"显学"。③ 正因为如此，生成和发轫于高铁时代同城化语境的"三苏同城""皖苏一体"等在"社会时间""社会空间"上的"积极的建构"，便"逃避"不了哈维等人社会空间批判理论的"支撑"。社会空间理论在较全面和较彻底的意义上凸显"三苏同城"等空间生产和变革在"社会构造"即长三角区域一体化国家战略中的理论和实践支撑作用。因为作为担承带头迈向2035年基本实现现代化和2050年建成社会主义现代化强国历史使命的江苏，唯有尽快实现"三苏同城"这一空间变革愿景，才能彻底打破"三苏壁垒"和"皖苏壁垒"，让苏北、苏中倚仗高铁时空压缩效应催生的高质量一体化而"加快融入"长三角，促进江苏"省内全域一体化"的快速发展和共享发展，并实质性地促进长三角区域一

――――――――――

　　① 陈立新：《空间生产的历史唯物主义解读》，《武汉大学学报》（人文科学版）2014年第6期。

　　② 但是在借鉴他们的空间批判理论的同时，一定要甄别和剔除其间一些西方马克思主义者"所特有的反马克思主义立场"或观念，包括一些明显与马克思主义理论相左的思想观点。参见［美］爱德华·苏贾《后现代地理学——重申批判社会理论中的空间》，王文斌译，商务印书馆2004年版，第407页。比如，哈维在对巴黎公社经验的总结上便与马克思相左。这表现出哈维空间批判理论的"泛化"问题。

　　③ 这从20世纪末尤其是进入21世纪以来，学界在哈维理论尤其空间生产理论方面爆炸性增长的学术推介和研究成果上，可得佐证。

体化的高质量发展。江苏人理应以时不我待的紧迫感建立起高度的历史主动和自省意识。

(二) 空间权利黏性、涂层城市化和涂层化叙事等新兴空间批判理论

空间权利黏性、涂层城市化、涂层化叙事等新兴空间批判理论是在"三苏同城"概念形成和推介过程中能够起到直接的和主要的学理支撑作用的理论。因为江苏空间生产和变革中的权利黏性和城市化、都市圈建设过程中的涂层城市化、涂层化叙事等现象，是多年来人们在"三苏壁垒"上或无意识、或听天由命、或讳疾忌医的主要诱因。江苏人敢于对准权利黏性、涂层城市化和涂层化叙事等现象下猛药，才能强力掀揭"三苏壁垒"以至"皖苏壁垒"那厚重的涂层和盖头。而没有对"三苏壁垒""皖苏壁垒"的清晰认知，就不要奢望能在意识中产生"三苏同城"的空间生产愿景。把权利黏性、涂层城市化、涂层化叙事等新兴空间批判理论作为在"三苏同城"概念形成和推介过程中起直接的和主要的催化作用的学理支撑理论，正是对症下药之举。

1. 空间权利黏性批判理论

江苏域内传统意义上的苏南、苏中和苏北界域，可谓泾渭分明。长期以来，"三苏"条块分割、难相"僭越"。根据空间权利黏性批判理论这一学界最新研究成果，本书把江苏空间生产上的权利黏性视为导致"三苏壁垒"的最主要、最根本的原因，如此便为江苏实现空间权利的合理化变革提供了最有说服力的理论倚仗。

空间生产权利黏性批判理论是在当代空间批判理论学者陈忠教授发表在《哲学研究》上的文章中最先提出来的。陈忠教授认为："权利粘性，就是由于权利的过度个体化或区块化、区域化、国家化，由于微观、区域或体系主体对自身权利、利益的理性或非理性坚持，也由于国家宏观制度对权利确认与设置的片面化、刚性化，不同层面的权利主体围绕空间、物品、财富等权利对象所形成的一种相互纠缠、

胶着、无法改变与推进的状态。"① 陈教授还指出,在这种相互胶着、扭结的空间生产权利黏性状况下,行为主体的行动可能丧失,主体权利也无法得到进一步的改善。这种"在根本上承认日常生活的必然的空间性,并且努力地解除这一空间所受传统权力的困扰,使之朝向公正、平等、尊严的方向发展"② 的主张,凸显空间生产权利黏性批判理论的马克思主义"共同体"思想底色,是理论的公正性、人民性、普惠性、包容性的突出体现。

把空间生产权利黏性批判理论运用于对江苏以至长三角空间生产的实际研究,至今在学界和政界还处于无涉状态。本书认为,这是对学界研究成果的一种不应该有的"怠慢"。国铁集团最新官方数据显示,截至 2022 年第一季度末,我国高铁里程已逾 4 万公里,占世界高铁里程总量的 2/3 强,"八纵八横"高铁网正在加速加密。城市化进程的深入推进和高铁时代时空距离的缩短带来的便利,必然要把以前在人们心目中朦胧存在的空间权利问题推向历史的前台。对处于空间权利弱势的苏北、苏中的人们来说,一方面在出差、旅游等域外出行活动中深切地感受到时空压缩带来的诸多便捷和先进;而另一方面在回到域内时,又痛感空间权利的弱势和固化给自己带来的诸多不便和落后。"三苏壁垒"表征的正是苏北、苏中的广大地区在空间权利上的弱势和固化,即江苏域内空间生产上的权利黏性和刚性化。而且,随着长三角域内浙、皖两省的"高铁全覆盖",苏北、苏中的人们这种被固化的心理意识也将被进一步强化,对空间权利黏性的不满和求变意识也将显性地升腾起来。无论如何,新中国成立 60 多年来一再被普铁和高铁"遗忘"的角落中的人们,是不可能无动于衷的。这也正是马克思主义理论的生产力决定人们的生产和交往关系、生产和交往关系决定观念等形态的上层建筑的现实表现,是唯物史观社会基本矛盾原理在江苏空间生产和变革中的集中反映。

---

① 陈忠:《空间生产的权利粘性及其综合调适》,《哲学研究》2018 年第 10 期。
② [美]大卫·哈维:《希望的空间》,胡大平译,南京大学出版社 2006 年版,译序第 14 页。

《2016 长三角地区经济发展报告》指出，随着国家拓展区域发展新格局战略的实施以及长三角交通一体化的推进，2015 年长三角立体交通网络得到进一步优化，区域内高铁、城际轨道交通网络逐步完善。[①] 这里的"逐步完善"，不论从江苏域内还是从长三角区域交通一体化乃至长三角区域高质量一体化发展国家战略层面看，都只能不自觉地"忘却"或"撇开"苏北乃至苏中的"逐步完善"。长三角经济区是我国经济最具活力、开放程度最高、创新能力最强的地区，被誉为国家第一区域经济板块，又被称为"世界第六大城市群"，在国家战略中具有极其重要的地位，在全国转型升级中发挥着示范引领作用。[②] 区域竞争力的培育，国家区域总体战略的实施，包括引领经济发展新常态、全面对接"一带一路"倡议实施、形成全方位对外开放新格局、建设现代化经济体系以实现高质量发展等等，都要求加快长三角区域一体化的率先发展。而上述"忘却"或"撇开"[③]，已经对长三角乃至国家层面区域协调发展的脚步形成羁绊态势，对 2018 年底中央经济工作会议再次强调的东部要率先发展起来的决策实施造成延滞效应，更是《规划纲要》的实施所要首先补齐的最短的"短板"。

江苏域内空间生产的权利黏性最根本的表征或后果，不仅是"三苏壁垒"，还有江苏，在未来的若干年内，还将被牢牢地锁定在"国情面相"之上，即占江苏全域 3/4 空间地理面积的苏北、苏中大地，将继续延续着"苏北（苏中）之相"的悲催。我们难以想象，但却不得不承认，2003 年即 20 年前就提出"两个率先"的江苏与极核区上海的通连竟也不可避免地落入了"越近越发展""越远越落后"的"路径依赖"的窠臼，仿佛经济增长的扩散势能竟然因"长途跋涉"

---

① 王振：《2016 长三角地区经济发展报告》，上海社会科学院出版社 2016 年版，第 97 页。

② 黄群慧、石碧华：《长三角区域一体化发展战略研究——基于与京津冀地区比较视角》，社会科学文献出版社 2017 年版，第 1—2 页。

③ 客观上，长三角区域有一个扩容的过程。因此，"忘却""撇开"并非主体的自觉行为所致。正是针对这一"忘却""撇开"，《规划纲要》才十多次强调"重点领域"。

而变得"筋疲力尽"① 似的。现象背后隐匿着本质，这种势能，看似筋疲力尽的假象背后隐藏着的却是域内空间权利黏性的本质。一言而蔽之，要彻底消除"国情面相"这一横亘在江苏经济社会一切发展目标、战略决策实现前的最后一道屏障，唯有倚赖"三苏壁垒"空间结构上权利黏性的消除。而消除江苏乃至长三角区域空间权利黏性最根本的路径和手段，就是苏北、苏中和苏南在高铁时空压缩的空间变革中走向"三苏同城"。以"三苏同城"破解"三苏壁垒"权利黏性，推进空间生产、空间权利的合理化，保持空间生产的可持续性以最终消除"国情面相"，已经成为关乎江苏"省内全域一体化"、长三角区域交通一体化发展乃至国家区域发展整体规划和布局等健康持续推进的基础性工作、根本性举措和战略性抉择。

陈忠教授还指出，空间生产、空间权利的合理化是社会发展和进步最主要的标志。这种合理化，就是"人在把握各层面复杂关系的基础上，自觉营建能够统筹复杂关系的制度、知识、行为方式"②。对现代社会而言，没有个体、社会、国家三层主体的总体和谐和相互关系的合理化，也就没有经济社会发展的合理化，自然也不会有经济社会和谐发展的可持续性。消除空间生产上的权利黏性以促进"三苏同城"美好愿景尽早实现的现实路径，就是在走向"民生共享""强富美高"的道路上，江苏必须自觉地从苏北、苏中的跨越式的发展目标，江苏省内全域一体化的发展目标，长三角区域交通一体化的发展目标乃至国家区域发展整体布局等多层发展目标之间有机关联的视角，以辨证施治、综合调适的高标准要求，致力于解决空间权利配置中长期"淤积"的老问题和遭遇的新问题，以实现对区域内外空间生产制度、空间生产文明和空间生产心理等方面的弹性建设，从而促进人们提升破除"三苏壁垒"和"国情面相"的历史自觉性和历史主动性，使江苏省"'1+3'功能区""民生共享""强富美高"新

① 张颢瀚、沙勇：《"十三五"江苏区域发展新布局研究》，中国社会科学出版社2014年版，第139—140页。

② 陈忠：《空间生产的权利粘性及其综合调适》，《哲学研究》2018年第10期。

江苏等美好愿景倚仗高铁驱动的"三苏同城"空间生产形式而得以较快地、真正地实现。

2. 涂层城市化批判理论

"涂层也就是用某种涂料、材料涂抹、修饰对象,以达到特定的效果、实现特定的目的",而所言"涂层式空间生产"或"涂层式城市化",一般指的是或片面地注重空间外观的设计和营造,却忽视了空间内在功能和结构的改善;或片面地注重一些显见的重点景观的建设或维护,却忽视了对大众生产与生活空间的普遍改善;或片面地注重物质性层面的空间的改善,却忽视了社会性层面的空间和社会互动的合理化,忽视了对城市制度、城市权利等层面进行实实在在的改善。[①] 涂层城市化批判理论其实质是对形式主义空间生产的一种行为哲学反思,具有鲜明的现实针对性意指。涂层式城市发展和涂层式空间生产,是城市发展在总体上尚处于不成熟状态的一种表现形式,尽管它具有短期的经济、政治等效应,但却是一种形式主义意义上的城市策略与空间行动,人们在面对有意或无意、自觉或不自觉的涂层策略时往往会丧失辨别、排斥或抵御的意识与能力,以至于误导大众的判断,导致深层危害城市与社会发展的可能性的增大。因为涂层式的形式主义空间生产用表演式的行为遮蔽了深层次的问题和矛盾,并不断地累积发展的风险。如果任由涂层城市化倾向在空间生产中泛化,那么长此以往,就有可能使城市社会成为一种表面上光鲜但却充满风险的涂层社会。由之可见,对江苏空间生产现状的客观判断,必须警惕人们在事实上对国家发展战略的时空错解而导致的涂层城市化发展认知,并在消除大众这种大多属于不自觉的"网景"认知上下功夫,做到以正视听。

3. 涂层化叙事批判理论

与涂层城市化批判理论密切关联的,还有涂层化叙事批判理论。

---

① 陈忠:《涂层式城市化:问题与应对——形式主义空间生产的行为哲学反思》,《天津社会科学》2019 年第 3 期。

所谓涂层化叙事,就是把对象本身不显著的属性当作内在特点、核心意义进行讲述,甚至把对象不具有的属性、意义,覆盖、叠加给对象。① 对涂层化叙事涵义的这种揭示,使"涂层"概念的理论内涵得以深化。"涂层"哲学的学理化的当代建构,凸显"以生活为基础、从生活和对象出发的叙事方法论"意蕴。它昭示人们,一个社会,不可能依靠涂层长期存续下去,去涂层化才是时代发展的必然;而克服涂层化叙事,营造客观、合理的叙事逻辑,才是讲好符合时代发展的宏大叙事的重要基础。

以涂层城市化、涂层化叙事等批判理论审视江苏经济社会发展现状,令人首先想到的,便是2019年6月江苏省委在全省"不忘初心、牢记使命"主题教育的专题会议上,针对一些层面在思想认识、思路谋划和工作推进上存在的偏差和误区,一口气提出的"九个有没有"和"发展三问"②。从各种报道所使用的"振聋发聩""震惊四座""鸦雀无声"以及在干部群众中"一石激起千层浪",尤其是一些干部对"九个有没有"等问题作出"多多少少都存在,有些问题客观摆在那里,有些问题我们不愿意承认,还有些问题还没意识到"③ 等反应中能够很清晰地看出,涂层城市化、涂层化叙事批判理论在促进人们对"九个有没有"作出符合客观事实的肯定回答上,具有鲜明的启示意义和催化作用。

需要强调的是,江苏空间生产上的涂层城市化现象,或是一种因主动"走在前列"之后的被动涂层和不自觉涂层,是一种因学界的美丽描画而被动受到涂抹的现象,而非主动的或自觉的形式主义空间生产状态。这里略作简要阐释。

比如下面几段表述:

---

① 陈忠:《关于"涂层"叙事的哲学批判》,《哲学研究》2021年第5期。

② 郁芬、倪方方:《用新思想解放思想统一思想》,《新华日报》2019年6月29日第1版。

③ 郁芬、倪方方:《用新思想解放思想统一思想》,《新华日报》2019年6月29日第1版。

"13 亿人次,这是长三角铁路网去年的旅客发送量。中国最密集完善的高铁网,让沪苏浙皖之间不断推进'同城化',实现'一日游'。"①

"从长三角高铁网络密度来看,在实现区域同城化效应的过程中,包括高铁在内的基础设施互联互通发展迅速,长三角成为全国高速铁路(包括城际铁路)最为密集的地区。"②

"长三角区域经济联系紧密,要素往来频繁,高铁的通达性、密集度直接促进了旅游流的快速、多向流动。随着 2010 年以来长三角区域内沪宁、沪杭线贯通,三地之间实现 1—2 小时抵达,沿线站点密集,区域高铁旅游市场的稳定性与成长性不断增强";"以沪宁城际高铁为例,沪宁城际高铁平均每 15 公里布局一个站点,铁路线从市区衍生到县、镇,也辐射至工业园区、旅游景区,发车平均每 5 分钟一班,基本实现了'同城化'及运营'公交化'。"③

以上描画,尽管每每冠之以"长三角"的名头,但也只是对长三角域内苏南、浙北与上海连通的较小一部分区间的客观描述。那么倘若决策者或其他解读者把它泛化为整个长三角区域,即把长三角两次扩容前的版图范围误认为一市三省 41 座城市的版图范围,岂非把以上"局部"的"客观描画"不自觉地替换成了长三角"整体"的美丽涂层了呢?倘若此,又岂能不出现"九个有没有"中所警示的那些自觉的或不自觉的现象呢?由之可见,苏北和苏中被"忘却"或"撇开",短板总是被掩饰和"涂抹",也就不言而喻且不难理解了。

长期以来,学界"八纵八横"中将有"三横两纵"④贯穿长

---

① 《勇立潮头再争先》,《人民日报》2019 年 9 月 9 日第 1 版。

② 于秋阳:《高铁加速长三角旅游一体化研究》,上海社会科学院出版社 2018 年版,第 6 页。

③ 于秋阳:《高铁加速长三角旅游一体化研究》,上海社会科学院出版社 2018 年版,第 13 页。

④ "三横两纵"中,"三横"为沪蓉客运专线、沪昆高铁、沪新高铁;"两纵"为京沪高铁、沿海高铁。

三角①等等描画，在作者与读者、受众的理解上是有巨大差异的，比如沿海高铁至今尚未实现贯通，那么，这种在"'十三五'中期（2018年）"的时间节点将有"三横二纵"贯穿长三角的指认，不啻一种"涂层化叙事"。究其方式，叙事者或受众好似在不自觉中运用了"亮点包裹""时间穿越""空间移植"乃至"文本跨界"；而究其影响，即受众在阅读叙事文本之后，一般地难免生发出"身临其境""心向往之"的"幻象"。倘以此"幻象"或"形象塑造"进行决策实施和社会实践，怎么可能不被"涂层"遮蔽而贻害实践呢？

而若要克服这种"涂层化叙事"，并以江苏省委"九个有没有"的警示来还江苏空间生产现状以本来面目，就需要恪守、树立和运用以真实的现实生活为基础、从真实的现实生活和客观对象真实存在的问题为出发点的叙事方法论。② 本书附录1的叙事形式，即以"三苏壁垒""三苏同城"等标识性概念引领长三角空间生产的叙事方法，便是浓缩全书研究范式的叙述方法，是严格遵循以真实现实生活和客观对象真实存在的问题为出发点的叙事方法论。

四 中外关于"事实"范畴和事实观的研究

为什么中外关于"事实"范畴和事实观的研究能够成为"三苏同城"空间生产的理论倚仗和重要启示呢？这是由学界对"苏北高铁短板"的揭示过程之长和深刻领会习近平总书记"跨江融合"的意义之大所决定的。换言之，为什么只有在江苏省委提出"九个有没有""发展三问"之后，人们才对事实上的"苏北高铁短板"有了统一的、清晰的认知？为什么只有在习近平总书记提出"跨江融合"的要求之后，人们才深刻认识到"三苏壁垒"的顽固？这一切，与人们在江苏空间生产的事实认知上的错位或无意识密切相关。除此之

---

① 于秋阳：《高铁加速长三角旅游一体化研究》，上海社会科学院出版社2018年版，第6页。

② 陈忠：《关于"涂层"叙事的哲学批判》，《哲学研究》2021年第5期。

外，还因为"三苏同城"空间生产研究，其本质上是一个科学决策的过程，它必须遵循科学决策的最一般的程序。也就是说，科学决策视域下的"三苏同城"空间生产研究，其实质就是一个由发现问题到分析问题再到提出解决问题办法的完整的动态思维过程。"问题"作为科学决策程序的开始，决定着确立决策目标、拟定决策方案、选择决策方案和方案实施等整个决策过程的每一步及其成败。

"问题"作为科学决策的起点，一般指的是应有的或人们期望的理想图景与客观实际现象之间的差距。主体只有在对客观实际进行科学把握的基础上，才能发现差距并确认问题。可见决策"问题"的发现，必须以对"事实"的准确判断为依据。换言之，发现问题的过程，其实就是一个确立"事实"的过程。所谓"问题"，其实就是事实。而对于本书的研究来说，对"事实"的判断尤其具有特别重要的意义。[①] 这是因为，长期以来，人们对长三角区域内空间生产或交通状况的判断可谓莫衷一是，甚至直到《长江三角洲区域一体化发展规划纲要》上升为国家战略并发布之前，整整70年都没有一个较为一致的看法。比如，《苏北铁路纪实》一书所说的"与京杭运河平行"[②]，事后证明就是一个不能成为科学决策所赖以进行的"事实"陈说，是一个"假问题"，并因之而搁置和延迟了苏北第一条铁路的建设。其他诸如把客观事物本身混同于决策问题或事实、抽引个别事实作为科学决策的全部依据、以刻舟求剑的眼光看待客观事物乃至把理论充当科学决策的事实依据等现象，均不同程度地存在着。由此，本小节关于马克思主义"事实"范畴和事实观的研究启示，便具有了特别重要的针对性意义。

（一）马克思主义经典作家文本中的"事实"范畴

马克思主义经典作家并没有对"事实"范畴的基本涵义作过专门

---

① 本书在"事实"判断上的问题意识受到附录2多方面的启发。参见本书附录2。

② 何希敬：《苏北铁路纪实》，江苏人民出版社2000年版，第18页。

性的或集中的论述，但从其运用"事实"范畴的普遍性和针对性上，能够大致看出以下若干理解方向。

一是表达与观念的、理论的、意识的东西相对的并能够直接感知到的物质事实。比如马克思在《资本论》中所说的"在生产条件不变或者劳动生产力不变的情况下，再生产 1 夸特小麦仍需要耗费同样多的社会劳动时间。这一事实既不以小麦生产者的意志为转移，也不以其他商品占有者的意志为转移"①。恩格斯在《社会主义从空想到科学的发展》一文中说："用来消除已经发现的弊病的手段，也必然以或多或少发展了的形式存在于已经发生变化的生产关系本身中。这些手段不应当从头脑中发明出来，而应当通过头脑从生产的现成物质事实中发现出来。"② 恩格斯在《布鲁诺·鲍威尔和原始基督教》一文中说："至于这种信念究竟基于哪些纯粹的物质事实，这里就不加以分析了。"③ 在《反杜林论》一文中恩格斯说："他这样就把全部分配理论从经济学的领域搬到道德和法的领域中，就是说，从确定的物质事实的领域搬到或多或少是不确定的意见和感觉的领域中。因此，他不再需要去研究或证明，只要随心所欲地夸夸其谈就够了，他可以要求劳动产品的分配不按照其实际原因，而按照他杜林先生所认为的合乎道德的和正义的方式来安排"④；"现代社会主义必获胜利的信心，正是基于这个以或多或少清晰的形象和不可抗拒的必然性印入被剥削的无产者的头脑中的、可以感触到的物质事实，而不是基于某一个蛰居书斋的学者的关于正义和非正义的观念"⑤；"用来消除已经发现的弊病的手段，也必然以或多或少发展了的形式存在于已经发生变化的生产关系本身中。这些手段不应当从头脑中发明出来，而应当通过头脑从生产的现成物质事实中发现出来"⑥；"这一建立在'普遍的

---

① 《马克思恩格斯文集》第 5 卷，人民出版社 2009 年版，第 122 页。
② 《马克思恩格斯文集》第 3 卷，人民出版社 2009 年版，第 547 页。
③ 《马克思恩格斯文集》第 3 卷，人民出版社 2009 年版，第 596 页。
④ 《马克思恩格斯文集》第 9 卷，人民出版社 2009 年版，第 163 页。
⑤ 《马克思恩格斯文集》第 9 卷，人民出版社 2009 年版，第 165 页。
⑥ 《马克思恩格斯文集》第 9 卷，人民出版社 2009 年版，第 284 页。

公平原则'之上、因而对讨厌的物质事实不屑一顾的体系，是由经济公社的联邦组成的"①。恩格斯在致彼得·拉甫罗维奇·拉甫罗夫的信中说："首先要抛弃德国唯心主义的最后残余，恢复物质事实的历史权利。"② 列宁在《民族和殖民地问题委员会的报告》中说："在帝国主义时代，对于无产阶级和共产国际来说，特别重要的是：弄清具体的经济事实；在解决一切殖民地和民族问题时，不从抽象的原理出发，而从具体的现实生活中的各种现象出发。"③ 其他如列宁在《怎么办》一文中所说："我们在讲这种对自发性的崇拜在书刊上的种种表现之前，先要指出下面一个很能说明问题的事实，根据这个事实多少可以看出，俄国社会民主党内后来的两派之间的纠纷在彼得堡活动的同志们中是怎样产生和发展起来的。"④ 在马克思主义经典作家的文本中，这种表示能够直接感知到的物质事实的用法，数量很多。这说明"事实"范畴所表达的应该是与观念的、抽象的理论相对立的，是物质的、经济的或外部的，即强调事实具有客观性，是能够直接感触到的，是具体的。

二是指历史事实，即历史上曾经发生过的事件。比如马克思在《1863—1865年经济学手稿》中说："在人们的意识中，把劳动的社会生产力转换成资本的物的属性——这种做法已如此根深蒂固，以致机器、科学的应用、发明等等的好处，在它们的这种异化形式中，被看做是必然的形式，从而所有这一切都被看做是资本的属性。在这里，（1）作为基础的是，这样一种形式，即在资本主义生产的基础上，从而在受这种生产方式束缚的意识中，事情借以表现出来的形式；这样一种历史事实，（2）即这种发展首次以不同于以前生产方式的形式出现在资本主义生产方式中，从而这种发展的对立性质也表

---

① 《马克思恩格斯文集》第9卷，人民出版社2009年版，第304页。
② 《马克思恩格斯文集》第10卷，人民出版社2009年版，第411页。
③ 《列宁专题文集·论资本主义》，人民出版社2009年版，第277页。
④ 《列宁专题文集·论无产阶级政党》，人民出版社2009年版，第79页。

现为资本主义生产方式内在的东西。"① 马克思和恩格斯在《德意志意识形态》中说："有个性的个人与偶然的个人之间的差别，不是概念上的差别，而是历史事实。在不同的时期，这种差别具有不同的含义，例如，等级在 18 世纪对于个人来说就是某种偶然的东西，家庭或多或少地也是如此。这种差别不是我们为每个时代划定的，而是每个时代本身在既存的各种不同的因素之间划定的，而且不是根据概念而是在物质生活冲突的影响下划定的。"② 恩格斯在致保尔·恩斯特的信中曾说："如果不把唯物主义方法当做研究历史的指南，而把它当做现成的公式，按照它来剪裁各种历史事实，那它就会转变为自己的对立物。"③ 恩格斯在《反杜林论》说："自然观的这种变革只能随着研究工作提供相应的实证的认识材料而实现，而在这期间一些在历史观上引起决定性转变的历史事实却老早就发生了"④；"如果说马克思第一个彻底分析了现代资本所特有的占有方式，如果说他使资本的概念同这个概念最后从中抽象出来并且赖以存在的历史事实协调一致，如果说马克思因此使这个经济学概念摆脱了在资产阶级古典经济学中和在以前的社会主义者那里还无法摆脱的含混不清和摇摆不定的观念，那么这正是马克思以'终极的最严格的科学性'处理问题，这种科学性杜林先生在口头上也经常讲，可是令人伤心的是我们在他的著作中却找不到"⑤。上述马克思主义经典作家广泛使用的"历史事实"范畴，强调了事实具有不以理论、方法的"剪裁"为转移的客观性和独立性。

三是指经验科学事实，一般是表征进入一定的科学研究领域中的科学事实。比如恩格斯在《自然辩证法》中说："马克思的功绩就在于，他和'今天在德国知识界发号施令的、愤懑的、自负的、平庸的

---

① 《马克思恩格斯文集》第 8 卷，人民出版社 2009 年版，第 541—542 页。
② 《马克思恩格斯文集》第 1 卷，人民出版社 2009 年版，第 574 页。
③ 《马克思恩格斯文集》第 10 卷，人民出版社 2009 年版，第 583 页。
④ 《马克思恩格斯文集》第 9 卷，人民出版社 2009 年版，第 28 页。
⑤ 《马克思恩格斯文集》第 9 卷，人民出版社 2009 年版，第 218 页。

模仿者们'相反,第一个把已经被遗忘的辩证方法、它和黑格尔辩证法的联系以及差别重新提到人们面前,同时在《资本论》中把这个方法应用到一种经验科学即政治经济学的事实上去。他获得了成功,以致德国现代的经济学派只是由于借口批判马克思而抄袭马克思(还常常抄袭错),才胜过了庸俗的自由贸易派。"①

至于经典作家文本中是否有"理论事实"的使用现象,回答当然是否定的。这可以从马克思《关于费尔巴哈的提纲》中的一段话得到充分证明:"人的思维是否具有客观的真理性,这不是一个理论的问题,而是一个实践的问题。人应该在实践中证明自己思维的真理性,即自己思维的现实性和力量,自己思维的此岸性。"② 总之,马克思主义经典作家关于"事实"范畴的论述和对"事实"范畴的运用,凸显了马克思主义事实观的基本涵义。这对于本书深入剖析"三苏同城"空间生产研究中的"问题",具有首要的方法论启示。

(二)国外哲学家对"事实"范畴的研究和阐述

在关涉到"事实"范畴的国外哲学家或其他学者中,以罗素、维德根斯坦、培根、惠威尔、波普尔等为代表。他们的研究尽管散见于各自的众多著述中,其观点可谓正误皆有、毁誉均现,但这不能抹煞他们在哲学层面为理解马克思主义事实观的阐发所贡献的鉴戒作用。

威廉·罗素在其论著中,对有关"事实"的诸多问题都进行了系统阐述,但也表现出一些自相矛盾的方面。首先他认为,人们很难给"事实"范畴下一个简单明了的定义。他在为维特根斯坦的《逻辑哲学论》一书撰写的"导论"中,认为"事实是不能定义的"③,并不止一次这样表达。其次,罗素认为:"当我谈到一个'事实'时,我不是指世界上的一个简单的事物,而是指某物有某种性质或某些事物

---

① 《马克思恩格斯文集》第9卷,人民出版社2009年版,第440—441页。
② 《马克思恩格斯文集》第1卷,人民出版社2009年版,第500页。
③ [奥]约翰·维特根斯坦:《逻辑哲学论》,郭英译,商务印书馆1962年版,第6页。

有某种关系。"① 这里，罗素所说的"事实"分明是指事物的某种情况，而不是指事物本身。这种观点是他在许多著作中所坚持的。再次，罗素却又在其他著作中作出了相互矛盾的陈述："世界上的每一件事物我都把它叫作一件'事实'。太阳是一件事实；凯撒渡过鲁比康河是一件事实……"② 罗素这种对"事实"范畴理解上的摇摆特点被研究罗素哲学的英国学者艾兰·乌德所揭示，艾兰·乌德认为："凡是研究罗素的人都遇到一个问题，就是，他的有些话是矛盾的。"③ 罗素还从事实与命题关系的角度表达其对"事实"范畴的理解，认为"事实是使命题真或假的东西，以此来解释我们所指的是什么"④，并指出"事实是使叙述为真或为伪的条件"⑤。显然，即便在同一本书的相近几行字中，罗素对事实的判定也是自相矛盾的，"事实是使叙述为真或为伪的条件"与"世界上的每一件事物我都把它叫作一件'事实'"这两句话放在一起，显出罗素对"事物""事实"在与"命题"关系上的认知摇摆。另外，罗素所说的作为感官事实的"原子事实"，也是不能用人们通常所理解的知觉事实来界定的。由此可见，罗素一方面揭示了"事实"与"事物"的区别，阐明了"事实"并非简单的客观事物，而是事物的情况，并在此基础上明确指出事实的复合性、客观性，指出事实是命题的内容等，这些都是十分睿智且难能可贵的。尽管其间出现过观点的摇摆，但对于人们在辩证唯物论的认识论指导下借鉴其合理性，具有重要启发意义。当然，罗素建立在逻辑原子主义哲学基础之上的"事实"观，具有偷换概念的意味，这就需要以辩证唯物主义的方法论来甄别。罗素在"事实"范畴表述上的摇摆，恰成正反两个方面的教材，对于人们建

① ［英］伯兰特·罗素：《我们关于外间世界的知识：哲学上科学方法应用的一个领域》，陈启伟译，上海译文出版社 2008 年版，第 34 页。

② ［英］罗素：《人类的知识》，张金言译，商务印书馆 1983 年版，第 176 页。

③ ［英］艾兰·乌德：《罗素哲学：关于其发展之研究》，载［英］罗素《我的哲学的发展》，温锡增译，商务印书馆 1982 年版，第 241 页。

④ ［奥］约翰·维特根斯坦：《逻辑哲学论》，郭英译，商务印书馆 1962 年版，第 6 页。

⑤ ［英］罗素：《人类的知识》，张金言译，商务印书馆 1983 年版，第 176 页。

立起事实与"自在之物"的区别等认知，具有一定的启发性。总之，罗素对"事实"范畴的认识为本书理解"事实"范畴提供了一个典型的具有借鉴意义的案例。

约翰·维特根斯坦关于"事实"范畴的理解，可以用他的几句话来概括。他认为"世界是事实的总和，而不是物的总和"；"世界分解为事实"；"世界就是所发生的一切东西"，而"那发生的东西，即事实，就是原子事实的存在"；"对于物来说，重要的是它可以成为原子事实的构成部分"。① 从中可以看出，维特根斯坦所说的事实，并不等于"客体""事物"本身，而只是他所理解的"事实"的一个部分。这样，他就把"事实"与"事物"给严格地区别开来了。在此基础上，维特根斯坦进一步认为"事实"范畴较之非事实范畴是更为根本的范畴。他对"事实""思想""命题"三者之间的关系作出阐述，认为"事实的逻辑形象就是思想"②，而"思想是有意义的命题"③。这就说明，在维特根斯坦看来，事实是有形象的，即"我们为自己创造事实的形象"④；而命题则是事实的形象，即"命题是现实的形象。命题是像我们所设想的现实的模型"⑤。由此可见，维特根斯坦的"事实"观与罗素一样，也是建立在逻辑原子主义的哲学世界观和认识论基础之上的。维特根斯坦把哲学的任务规约为语言分析，归结为使命题明晰化，进而以命题为出发点来分析和评价事实，这是不科学的做法。但其事实观方面的合理因素有：一是以事实与事物、事实范畴与非事实范畴的区分为前提来阐述其事实观，对于人们准确揭示和辨明"事实"概念的涵义，是一种重要的奠基工作；二是提出命题是事实的逻辑图像，而事实的逻辑图像就是思想的观点，表明命题是表达事实的思想，从而肯定了事实是命题的内容，这

① ［奥］约翰·维特根斯坦：《逻辑哲学论》，郭英译，商务印书馆1962年版，第22页。
② ［奥］约翰·维特根斯坦：《逻辑哲学论》，郭英译，商务印书馆1962年版，第28页。
③ ［奥］约翰·维特根斯坦：《逻辑哲学论》，郭英译，商务印书馆1962年版，第37页。
④ ［奥］约翰·维特根斯坦：《逻辑哲学论》，郭英译，商务印书馆1962年版，第26页。
⑤ ［奥］约翰·维特根斯坦：《逻辑哲学论》，郭英译，商务印书馆1962年版，第38页。

对于人们从命题与事实的相互关系上来准确把握"事实"范畴的涵义具有启示意义；三是他认为一切"认识""理论"都来源于对原子事实的认知等观点，尽管重复了历史上经验主义的错误，但在客观上强调了一切知识体系都直接或间接地来源于经验事实，强调尊重事实和经验的观点，对于人们正确估计事实在认识中的作用具有重要启示，从而对于防止和反对科学决策过程中的教条主义具有警示作用。

弗兰西斯·培根对"事实"范畴的理解包含在他对于事实与理论的相互关系的阐述之中。作为一个唯物主义的经验主义者和经验科学方法的归纳法的集大成者，培根笃信感觉是一切知识的源泉，因此他认为，首先，科学始于观察。他在《新工具》的第一卷第一章开篇便指出：人作为自然界的解释者，"他所能做、所能懂的只是如他在事实中或思想中对自然进程所已观察到的那样多，也仅仅那样多；在此以外，他是既无所知，亦不能有所作为"[①]。其次，获得科学知识的唯一正确途径和方法，就是科学的归纳法。由此培根把科学知识的结构视为一种命题的金字塔，其最底层的是记录真实无疑的经验事实，即表征观察事实的特殊命题，也就是一系列的观察命题。再次，运用归纳法只需要熟悉事实，而与概念无涉。他指出："我们必须把人们引导到特殊的东西本身，引导到特殊的东西的系列和秩序；而人们在自己一方面呢，则必须强制自己暂把他们的概念撇在一边，而开始使自己与事实熟习起来。"[②] 这就说明，培根十分看重事实对于理论形成的决定作用，而事实的发展、确立却是与概念和理论无关的。综上可见，尽管培根强调了事实对理论形成的基础作用，但却几乎完全否认了理论对事实的发现、确立以及解释的重要作用，不承认科学观察渗透着理论的指导，把归纳法捧上了天。显然，这是很片面的。培根在事实与理论关系上的唯物主义观点与轻视理论的形而上学片面性，对于我们理解事实与理论的关系，从而理解理论与实际、现实、

① [英] 弗兰西斯·培根：《新工具》，许宝骙译，商务印书馆1984年版，第7页。
② [英] 弗兰西斯·培根：《新工具》，许宝骙译，商务印书馆1984年版，第18页。

实践的关系，正确贯彻理论联系实际的马克思主义学风，具有明确的警示意义。

作为与培根相近的古典经验主义哲学家和科学史家，威廉·惠威尔认为"理论与事实的对立意味着思维与事物的根本对立；因为一个理论……可以被描述为一种思想，它与事物不同但又与事物一致，它是苦心思索的结果；而事实则是我们的思想与事物的结合，它们是如此地相吻合，以至于我们并不把它们看作是分离的"①。这就说明惠威尔心目中的"事实"指的是思想（或理论）与事物相结合的产物。惠威尔曾对事实范畴进行过狭义与广义的解释，认为狭义的事实是指"关于个别对象知觉经验的报告"，而广义的"事实是片断的知识，是提出定律和理论的原料"。② 可见，惠威尔的事实观基本上属于古典经验主义与归纳主义的思想系列，当然有其进步因素。如他强调理论对事实的依赖关系，同时也不否认事实对理论的依赖关系，这样，尽管他还是坚持认为科学进步的过程就是在事实基础上的归纳过程，但也不否认这一过程包含着事实与理论的互动，因而比培根的观点显得具有更多真理的颗粒。惠威尔的事实观对于本书强调随着国家区域发展战略的推进而与时俱进地"更改"对长三角交通一体化发展的梗阻"问题"和发展肯綮的认知，具有重要启示意义。

卡尔·波普尔较为全面地论述了理论对观察、对事实的重要作用。首先他认为："只有通过理论我们才学会观察，就是说，提出引起观察及其解释的问题。我们的观察知识就是这样增长的。"③ 可见，波普尔强调了理论对观察的渗透作用，也就是理论对事实的统率与指导作用。其次，波普尔也注重理论对事实的解释作用。他明确地说："对于一个理论，我们所能希望的，无非是它解释这或解释那；它已

① ［英］R·哈雷：《科学逻辑导论》，李静译，浙江科技出版社1990年版，第225—226页。

② ［美］约翰·洛西：《科学哲学历史导论》，邱仁宗等译，华中工学院出版社1982年版，第125页。

③ ［英］卡尔·波普尔：《猜想与反驳——科学知识的增长》，傅季重等译，上海译文出版社2001年版，第354页。

受过严格检验，以及它已经受住了我们的一切检验。"① 再次，波普尔强调了理论的预见作用。他指出："一切伟大的科学理论都意味着对未知的新征服，意味着在预测以前不曾想到过的东西方面的新成功，这决不是没有理由的。"② 可见，波普尔包括观察在内的所有知识都渗透了理论的观点，对于人们正确理解理论与观察、理论与事实的关系，继而批判和克服在这些问题中的形而上学观点，坚持观察活动中理论的指导作用是有其现实意义的。但是波普尔与罗素一样，显现出摇摆性。如他认为理论是无条件地总是先于观察而出现的观点，是导致在理论来源问题上的唯心主义与先验论。

上述哲学家和科学家对于理论在事实认知上的重要性的强调，具有积极意义，尤其对于本书来说，在确认"三苏壁垒""皖苏壁垒"这一基本事实方面，无论如何也不能轻视随着时代的发展，党的创新理论和相关战略决策等思想对于"三苏同城"空间生产研究在确认"决策问题"上的重大作用。一个显而易见的事实性判断是：没有新时代全面深化改革的理论创新、"四个全面"战略布局和"五位一体"总体布局的协调推进以至国家区域发展战略的实施，没有"不忘初心、牢记使命"主题教育活动的深入开展，便没有长三角区域一体化发展上升为国家战略决策层面的《规划纲要》，继而也没有江苏省委"九个有没有""发展三问"的考问，那么"三苏壁垒"这一处于首要地位的"决策问题"还将处于被遮盖、被涂层化的状态。

（三）中国共产党对马克思主义事实观的运用和发展

我们党对"事实"范畴的认识、对马克思主义事实观的运用和发展，以及建基其上的马克思主义学风，是本书确立问题意识最直接的理论倚仗。

---

① ［英］卡尔·波普尔：《猜想与反驳——科学知识的增长》，傅季重译，上海译文出版社2001年版，第275页。

② ［英］卡尔·波普尔：《猜想与反驳——科学知识的增长》，傅季重译，上海译文出版社2001年版，第348页。

1. 毛泽东对"事实"范畴的阐述和运用

在毛泽东的哲学论著中，在"事实"范畴上使用最频繁、论述最精到的，就是对"实事求是"这一中国古老传统文化经典名句的阐发和运用。他在《改造我们的学习》一文中，十分精辟地对"实事求是"作出了新的解释："'实事'就是客观存在着的一切事物，'是'就是客观事物的内部联系，即规律性，'求'就是我们去研究。我们要从国内外、省内外、县内外、区内外的实际情况出发，从其中引出其固有的而不是臆造的规律性，即找出周围事变的内部联系，作为我们行动的向导。而要这样做，就须不凭主观想象，不凭一时的热情，不凭死的书本，而凭客观存在的事实，详细地占有材料，在马克思列宁主义一般原理的指导下，从这些材料中引出正确的结论。"①

毛泽东对"实事求是"这一古老经典名句的运用，可谓口口声声、语重心长，讲话时挂在嘴边、著作中俯拾皆是。1955年，他在《在资本主义工商业社会主义改造问题座谈会上的讲话》中指出："对整个工商界、各民主党派，应该肯定他们的成绩，不然就没有信心，下文就不好办，而且那种说法根本不合事实，因为这几年确实是有成绩的。当然肯定成绩并不是抹煞缺点，是会有缺点的。是缺点就说是缺点，缺点有多少就说多少。这就叫做实事求是，全面分析。我们不要那个不实事求是的方法，不要片面的分析方法。不实事求是就是主观主义，片面分析就站不住脚。"② 1961年，他在《大兴调查研究之风》中指出："今年搞一个实事求是年好不好？河北省有个河间县，汉朝封了一个王叫河间献王。班固在《汉书·河间献王刘德》

① 《毛泽东选集》第3卷，人民出版社1991年版，第801页。这里必须指出，"实事求是"中的"实事"，不论如学界所解释的是"客观事物"或必须从广义上去理解的"事实"，都不能成为混淆客观事物本身与事实的界限的理由。也就是说，任何以毛泽东所说"'实事'就是客观存在着的一切事物"为根据而认为事实就是客观事物，以及把毛泽东曾经说过"将来的事实"这个词而望文生义地理解为事实有什么将来的事实等观点，都是唯心主义和形而上学思维情结的表现。

② 《毛泽东文集》第6卷，人民出版社1999年版，第498页。

中说他'实事求是'，这句话一直流传到现在。提出今年搞个实事求是年，当然不是讲我们过去根本一点也不实事求是。我们党是有实事求是传统的，就是把马列主义的普遍真理同中国的实际相结合。但是新中国成立以来，特别是最近几年，我们对实际情况不大摸底了，大概是官做大了。我这个人就是官做大了，我从前在江西那样的调查研究，现在就做得很少了。今年要做一点，这个会开完，我想去一个地方，做点调查研究工作。不然，对实际情况就不摸底。""现在我们看出了一个方向，就是同志们要把实事求是的精神恢复起来了。"①

毛泽东对"事实"范畴的使用大致有以下几种情形。

一是对某事物的情况的说明或概括，并且都是可以为人们的感性经验所直接或间接把握的。比如他在《论持久战》一文中说："我们反对主观地看问题，说的是一个人的思想，不根据和不符合于客观事实，是空想，是假道理，如果照了做去，就要失败，故须反对它。"②在《论反对日本帝国主义的策略》一文中说，"如果我们拿着整个局面中的这一方面来看，敌人是得到了暂时的部分的胜利，我们是遭遇了暂时的部分的失败。这种说法对不对呢？我以为是对的，因为这是事实。但是有人说（例如张国焘）：中央红军失败了。这话对不对呢？不对。因为这不是事实。马克思主义者看问题，不但要看到部分，而且要看到全体。一个虾蟆坐在井里说：'天有一个井大。'这是不对的，因为天不止一个井大。如果它说：'天的某一部分有一个井大。'这是对的，因为合乎事实。"③ 在这里，毛泽东用的"事实"范畴，均是指真的特殊判断所肯定的内容，是关于某个特殊对象的实际情况的某种判断。

二是指历史事实。毛泽东曾说过，人类社会的各个历史阶段，总是有这样或那样被处理错误了的事情。这就把历史事实的主要特点说了出来。历史事实即在历史上曾经出现过，而现在已经过去了的事

① 《毛泽东文集》第8卷，人民出版社1999年版，第237页。
② 《毛泽东选集》第2卷，人民出版社1999年版，第477页。
③ 《毛泽东选集》第1卷，人民出版社1999年版，第149页。

实。就其产生而言，历史事实也是一种更直接经验的事实，是由历史上某一个时期的当事人用概念记录或摹写，并由特殊命题所表达的。尽管在记载和流传中可能会出现不符合当时的事实的情况，但不管真假，有无其事的这个"事"，总是历史事实。① 鉴此，本书强调指出，无论怎么说，"苏北高铁短板"这个"事"，在 2019 年底以前，甚至可以说在未来"十四五"末期宁淮直线所在高铁线路开通之前，总是历史事实。正是自觉或不自觉地遮蔽或否认了这一事实，才造成了经济社会发展一向走在前列的江苏却在长三角区域交通一体化发展中的暂时落后局面。

三是注重正确地对待事实。第一，毛泽东注重从事实出发，进而在分析事实中作出正确的决策和举措。上述对"实事求是"的解读就是最典型的例子。第二，毛泽东强调，能否正确地反映和表达事实，能否通过实践而变成一定的事实，是衡量一切思想、意识、理论、观念是否正确的标尺，这是作为检验真理的实践标准的具体体现。第三，毛泽东注重从事实的总和与相互关联中把握事实，反对胡乱地抽引个别事实，反对屈从于个别事实。

总之，毛泽东为我们党奠定了在"事实"范畴以及事实观上的马克思主义认识论基础，对于我们坚定马克思主义事实观具有全面的指导意义。尤其是他以马克思主义事实观为指导为中国革命和建设实践所开拓的正确道路，显示出马克思主义事实观无比强大的规范现实的实践伟力。

2. 邓小平对"事实"范畴和马克思主义事实观的阐述和运用

作为中国特色社会主义事业的开创者，邓小平在改革开放的新时期创造性地弘扬了马克思主义事实观。②

---

① 历史事实同当前的事实以及其他一切事实一样，是无所谓真假的。这个无所谓真假，说的就是没有什么假的事实，事实就是事实，就是某时某地的某个事物的情况。即事实本身没有必要作真假判定。

② 参见阎树群《中国化马克思主义学风思想研究》，陕西人民教育出版社 2021 年版，第 125—128 页。

一是表现在对"实事求是"的哲学概括上。首先，邓小平从马克思主义理论层面指出，"实事求是，是无产阶级世界观的基础，是马克思主义的思想基础"①，是"马克思主义的根本观点、根本方法"②。其次，从毛泽东思想层面作出概括，强调"实事求是，是毛泽东思想的出发点、根本点。这是唯物主义"③；认为毛泽东同志之所以伟大，归根到底就是靠这个"实事求是"，"毛泽东思想的精髓是实事求是"④。第三，特别从毛泽东哲学思想层面进行概括，指出"毛泽东同志在延安为中央党校题词，就是'实事求是'四个大字，这是毛泽东哲学思想的精髓"⑤。以上三个方面，是邓小平对马列主义、毛泽东思想的真谛的揭示和重申，成为新时期党的思想建设、学风建设的指导思想，为全党改革开放新局面的开拓奠定了思想建设基础。

二是对"实事求是"的马克思主义学风意涵的揭示。邓小平指出："实事求是是马克思主义的精髓。要提倡这个，不要提倡本本"；"学马列要精，要管用的。长篇的东西是少数搞专业的人读的，群众怎么读？要求都读大本子，那是形式主义的，办不到"。⑥ 他指出："有的人还认为谁要是坚持实事求是，从实际出发，理论和实践相结合，谁就是犯了弥天大罪。他们提出的这个问题不是小问题，而是涉及到怎么看待马列主义、毛泽东思想的问题。马列主义、毛泽东思想的基本原则，我们任何时候都不能违背，这是毫无疑义的。但是，一定要和实际相结合，要分析研究实际情况，解决实际问题。"⑦ 这种对待马克思主义文本的实事求是的态度，是真正科学的态度，是科学的马克思主义学风在改革开放新时期的突出表现。

三是对"实事求是"的方法论价值的揭示。邓小平强调："二十

---

① 《邓小平文选》第 2 卷，人民出版社 1994 年版，第 143 页。
② 《邓小平文选》第 2 卷，人民出版社 1994 年版，第 114 页。
③ 《邓小平文选》第 2 卷，人民出版社 1994 年版，第 114 页。
④ 《邓小平文选》第 3 卷，人民出版社 1993 年版，第 10 页。
⑤ 《邓小平文选》第 2 卷，人民出版社 1994 年版，第 67 页。
⑥ 《邓小平文选》第 3 卷，人民出版社 1993 年版，第 382 页。
⑦ 《邓小平年谱（1975—1997）》（上），中央文献出版社 2004 年版，第 322 页。

年的历史教训告诉我们一条最重要的原则：搞社会主义一定要遵循马克思主义的辩证唯物主义和历史唯物主义，也就是毛泽东同志概括的实事求是，或者说一切从实际出发。"① 邓小平认为，实事求是就是共产党人的根本思想方法和工作方法，对此论述最精到最集中的一次是在他出席全军政治工作会议的讲话中。他指出："我们一些同志天天讲毛泽东思想，却往往忘记、抛弃甚至反对毛泽东同志的实事求是、一切从实际出发、理论与实践相结合的这样一个马克思主义的根本观点，根本方法。……按照实际情况决定工作方针，这是一切共产党员所必须牢牢记住的最基本的思想方法、工作方法。……毛泽东同志历来坚持要用马列主义的立场、观点、方法来提出问题，分析问题，解决问题。马克思主义的活的灵魂，就是具体地分析具体情况。马列主义、毛泽东思想如果不同实际情况相结合，就没有生命力了。我们领导干部的责任，就是要把中央的指示、上级的指示同本单位的实际情况结合起来，分析问题，解决问题，不能当'收发室'，简单地照抄照转。"②

四是对待事实的科学态度。这方面主要表现在：首先是尊重事实。这是邓小平理论的鲜明特点。如"我们的现代化建设，必须从中国的实际出发"；"中国的事情要按照中国的情况来办"。③ 再如，他在会见即将离任的罗马尼亚驻华大使格夫里列斯库时说："洋为中用是自力更生的一个重要内容。林彪、'四人帮'对这些思想进行了肆意的歪曲。我们党的优良作风之一就是实事求是，这是马克思主义最起码的原则。解决任何问题都要从实际出发，采取科学的、老老实实的态度，一点弄虚作假也不行，事物的本来面目用语言是改变不了的。比如，我们的发展停滞了十一二年，这个事实否认不了，落后的面貌也否认不了。认清这个落后是好事。"④ 在谈到战争年代我们党

---

① 《邓小平文选》第3卷，人民出版社1993年版，第118页。
② 《邓小平年谱（1975—1997）》（上），中央文献出版社2004年版，第321—322页。
③ 《邓小平年谱（1975—1997）》（下），中央文献出版社2004年版，第844页。
④ 《邓小平年谱（1975—1997）》（上），中央文献出版社2004年版，第329页。

尊重事实的做法时他指出："过去我们在各个根据地，都是按照中央统一的方针，实事求是，一切从实际出发，去分析和解决问题，结果都搞好了。如果不解放思想，不开动机器，不独立思考，那非垮台不可。实事求是问题涉及四个现代化，涉及党风、民风。我们还是要像大庆那样，提倡说老实话，做老实事，当老实人。"① 这里，我们能够很容易地看出新时代"三严三实"② 专题教育与邓小平倡导的"说老实话，做老实事，当老实人"的渊源。显然，这种尊重事实的态度，才是主体发挥历史主动精神而实现开拓改革开放新局面的基本指导思想。

其次是从事实出发。比如，邓小平认为，"考虑规划要从实际出发，看看实现的可能性"③；"我们正在抓整风。所谓整风，主要是整顿党风，有三个方面，都是毛主席谈过的。第一是实事求是，做老实人，办老实事，反对弄虚作假，反对浮夸，一切从实际出发"④；"对待资产阶级思想腐蚀、对待经济领域的严重犯罪活动，认识一定要清醒，态度一定要严肃，决不能麻木不仁，敷衍搪塞，消极怠工。同时，方法、步骤、措施要非常慎重。主要是依法惩治，以事实为根据，以法律为准绳，严格遵循司法程序，不搞过去隔离、围攻那一套，不能人人过关，无限上纲"⑤。在尊重事实的基础上又能够切实做到从事实和实际出发，可见邓小平对党的一切从实际出发、实事求

---

① 《邓小平年谱（1975—1997）》（上），中央文献出版社 2004 年版，第 402 页。

② 2014 年 3 月 9 日，习近平总书记参加十二届全国人大二次会议安徽代表团审议并发表重要讲话，强调各级领导干部都要树立和发扬好的作风，既严以修身、严以用权、严以律己，又谋事要实、创业要实、做人要实，并对"三严三实"要求作出系统阐述。2015 年 4 月 10 日，中央办公厅印发《关于在县处级以上领导干部中开展"三严三实"专题教育方案》，对开展"三严三实"专题教育作出具体安排，要求各地区各部门各单位党委（党组）要把开展"三严三实"专题教育作为重大政治任务，融入领导干部经常性学习教育，认真谋划安排，精心组织实施。4 月 21 日，中央"三严三实"专题教育工作座谈会在北京召开。"三严三实"专题教育是党的群众路线教育实践活动的延展和深化，是加强党的思想政治建设和作风建设的重要举措。

③ 《邓小平年谱（1975—1997）》（上），中央文献出版社 2004 年版，第 6 页。

④ 《邓小平年谱（1975—1997）》（上），中央文献出版社 2004 年版，第 224 页。

⑤ 《邓小平年谱（1975—1997）》（下），中央文献出版社 2004 年版，第 810 页。

是思想路线的理解深度、把握高度和熟练运用程度，这也正说明了在新时期是邓小平而不是其他人能够说出"实事求是，一切从实际出发，理论联系实际，坚持实践是检验真理的标准，这就是我们的思想路线"① 的缘由。

再次是拿事实来说话。《邓小平文选》第 3 卷有一篇题为《拿事实来说话》的文章。文章指出："改革的政策，人们一开始并不是都能理解的，要通过事实的证明才能被普遍接受"；"处理的办法也一样，就是拿事实来说话，让改革的实际进展去说服他们。"② 这里的"拿事实来说话"就是用事实去评判一切，以事实去鉴别是非对错；就是要用事实去回答人们在实践中遇到的新问题、新困惑；就是用事实来说服人、教育人。被人们广为传颂的为深圳经济特区题词的故事③，最能够说明邓小平拿事实来说话的科学态度。邓小平对"事实"范畴和马克思主义事实观的多方面阐发，成为本书阐述"三苏壁垒""苏北高铁短板"等长三角交通一体化现实梗阻的重要指导思想。

3. 习近平总书记对"事实"范畴的阐述和运用

进入新时代，习近平总书记以毛泽东、邓小平、江泽民、胡锦涛等党的领导人关于马克思主义事实观的思想为指导，在繁重的全面深化改革和治国理政实践中，创造性地运用和弘扬了马克思主义事实观。

一是对毛泽东实事求是思想路线的新时代阐发和在新的时代特点下的创造性践行。在纪念毛泽东同志诞辰 120 周年座谈会上习近平总书记指出："实事求是，是马克思主义的根本观点，是中国共产党人认识世界、改造世界的根本要求，是我们党的基本思想方法、工作

---

① 《邓小平年谱（1975—1997）》（上），中央文献出版社 2004 年版，第 605 页。

② 《邓小平文选》第 3 卷，人民出版社 1993 年版，第 155、156 页。

③ 《邓小平年谱（1975—1997）》（下）记载：1984 年 2 月 1 日，在广州为深圳特区题词："深圳的发展和经验证明，我们建立经济特区的政策是正确的"，并将落款日期写为离开深圳的 1 月 26 日。见《邓小平年谱 1975—1997》（下）第 957 页。12 集电视文献片《邓小平》解说词说："细心的邓小平似乎要告诉深圳的同志，这样的话，他三天前就想说了，或者说，他三天前就应该说了。"

方法、领导方法";"坚持实事求是，就要深入实际了解事物的本来面貌"①；"坚持实事求是不是一劳永逸的，在一个时间一个地点做到了实事求是，并不等于在另外的时间另外的地点也能做到实事求是，在一个时间一个地点坚持实事求是得出的结论、取得的经验，并不等于在变化了的另外的时间另外的地点也能够适用"；"坚持实事求是，就要清醒认识和正确把握我们仍处于并将长期处于社会主义初级阶段这个基本国情。……任何超越现实、超越阶段而急于求成的倾向都要努力避免，任何落后于实际、无视深刻变化着的客观事实而因循守旧、固步自封的观念和做法都要坚决纠正"；"坚持实事求是，就要坚持为了人民利益坚持真理、修正错误。要有光明磊落、无私无畏、以事实为依据、敢于说出事实真相的勇气和正气"；"坚持实事求是，就要不断推进实践基础上的理论创新"。② 这些对实事求是思想路线的新时代阐发，为我们党在新时代践行马克思主义事实观指明了方向。

二是弘扬邓小平"拿事实来说话"的决策理念，强调只有事实才能成为真理性认识的依据。《习近平谈治国理政》第 2 卷以习近平总书记在纪念邓小平同志诞辰 110 周年座谈会上的讲话开篇，指出"邓小平同志坚持党的思想路线，坚持一切从实际出发，常说自己是'实事求是派'，反复强调'拿事实来说话'，'实事求是是马克思主义的精髓。要提倡这个，不要提倡本本。我们改革开放的成功，不是靠本本，而是靠实践，靠实事求是'"，强调"事实是真理的依据，实干是成就事业的必由之路"。③ "中国特色社会主义是不是好，要看事实，要看中国人民的判断，而不是看那些戴着有色眼镜的人的主观臆断。"④ 以习近平同志为核心的党中央对邓小平"拿事实来说话"的决策理念的深刻体悟，也体现在党的第三个《历史决议》之中："事

---

① 《习近平谈治国理政》第 1 卷，外文出版社 2018 年版，第 25 页。
② 《习近平谈治国理政》第 1 卷，外文出版社 2018 年版，第 26 页。
③ 《习近平谈治国理政》第 2 卷，外文出版社 2017 年版，第 6—7 页。
④ 《习近平谈治国理政》第 2 卷，外文出版社 2017 年版，第 37 页。

实证明，在当时的客观条件下，中国共产党人不可能像俄国十月革命那样通过首先占领中心城市来取得革命在全国的胜利，党迫切需要找到适合中国国情的革命道路。"①

三是从党带领人民所创造的伟大成就的事实中增强和提升"四个自信"。比如改革开放 30 多年来的"事实充分证明，中国社会主义民主政治具有强大生命力，中国特色社会主义政治发展道路是符合中国国情、保证人民当家作主的正确道路"②。在马克思诞辰 200 周年纪念大会上，在谈到中华民族由东亚病夫到站起来、再到富起来和强起来的伟大飞跃时，习近平总书记指出："这一伟大飞跃以铁一般的事实证明，只有社会主义才能救中国！""这一伟大飞跃以铁一般的事实证明，只有中国特色社会主义才能发展中国！""这一伟大飞跃以铁一般的事实证明，只有坚持和发展中国特色社会主义才能实现中华民族伟大复兴！"③

四是尊重基本事实，用事实来劝诫和警示。习近平总书记指出，党的十九届六中全会的"决议稿最鲜明的特点是实事求是、尊重历史，反映了党的百年奋斗的初心使命，符合历史事实"④。他认为："根据事实来描述事实，既准确报道个别事实，又从宏观上把握和反映事件或事物的全貌。舆论监督和正面宣传是统一的。新闻媒体要直面工作中存在的问题，直面社会丑恶现象，激浊扬清、针砭时弊，同时发表批评性报道要事实准确、分析客观。"⑤他强调："两岸同属一个国家、两岸同胞同属一个民族，这一历史事实和法理基础从未改变，也不可能改变"；"无论哪个党派、团体，无论其过去主张过什么，只要承认'九二共识'的历史事实，认同其核心意涵，我们都愿意同其交往"；⑥"政法机关要完

① 《中共中央关于党的百年奋斗重大成就和历史经验的决议》，人民出版社 2021 年版，第 5 页。

② 《习近平谈治国理政》第 2 卷，外文出版社 2017 年版，第 288 页。

③ 《十九大以来重要文献选编》（上），中央文献出版社 2019 年版，第 427 页。

④ 习近平：《〈中共中央关于党的百年奋斗重大成就和历史经验的决议〉的说明》，《光明日报》2021 年 11 月 17 日第 1 版。

⑤ 《习近平谈治国理政》第 2 卷，外文出版社 2017 年版，第 333 页。

⑥ 《习近平谈治国理政》第 2 卷，外文出版社 2017 年版，第 429 页。

成党和人民赋予的光荣使命，必须严格执法、公正司法"，强调要"站稳脚跟，挺直脊梁，只服从事实，只服从法律"①。在国际场合，习近平总书记同样在尊重事实的前提下提出我们党的看法，认为"国际金融危机也不是经济全球化发展的必然产物，而是金融资本过度逐利、金融监管严重缺失的结果。把困扰世界的问题简单归咎于经济全球化，既不符合事实，也无助于问题解决"②。在阐释构建人类命运共同体理念时他强调，地球是人类共同的家园、唯一的家园，"在可预见的将来，人类都要生活在地球之上。这是一个不可改变的事实"③。

总之，在新时代，习近平总书记十分注重运用"事实"范畴阐述问题，把"事实"范畴提升到治国理政的最基本的方法论高度，继承、创新和发展了党的实事求是的思想路线。习近平总书记善于旁征博引，古往今来、域内域外的"历史事实""经验事实"等都被他用作支撑观点和论点的"事实性论据"。这些都是本书阐述"三苏同城"空间生产相关重大问题的重要指导思想。

毛泽东、邓小平、习近平等党的领袖人物在其文本和讲话中对"事实"范畴的阐释，以及在马克思主义事实观方面根据各自时代特点和历史使命所作出的丰富、发挥、发展等创造性阐述，是本书坚持问题导向，在提出问题上最为直接、最为切近的理论基础和立论倚仗。党的实事求是的思想路线就来自于对"事实"范畴的正确理解，理论联系实际的马克思主义学风就来自于对马克思主义事实观的科学认知，科学决策只能奠立于中国化马克思主义理论关于"事实"范畴的思想认识和中国化马克思主义事实观之上。

（四）中国学者对"事实"范畴的阐述和运用

1. 金岳霖先生对"事实"范畴的研究及启示

作为中国近现代著名哲学家、逻辑学家，金岳霖先生在有关事实与

---

① 《习近平谈治国理政》第1卷，外文出版社2018年版，第149页。
② 《习近平谈治国理政》第2卷，外文出版社2017年版，第477页。
③ 《习近平谈治国理政》第3卷，外文出版社2020年版，第434—435页。

理论的主要区别上作出了开创性研究。他认为，首先，事实是由意念或概念所"接受了的所与，或安排了的所与"①。"接受"和"安排"就是使所与事实化，"事实总是有接受与安排底条理的"②。这说明事实就是用意念的标准和一定的时空框架去接受或安排了的所与。比如，植物学家看见一棵树和普通的人看见一棵树大不一样，原因就在于植物学家能够引用一整套的意念结构于所与。其次，事实总是受到一定特殊时空的限制，总是特殊的，不可能有什么普遍事实。而理论则总是关于普遍的知识，不可能是特殊的。金岳霖认为，一切关于事实的判断，归根到底都只能来源于直接经验。所谓事实就是知觉事实，就是经验事实，因为"事实在经验中"③，事实是"意念与所与底混合物"，是"套上意念的所与"，或"填入所与的意念"④。因而事实是认识主体对某一特殊对象的实际情况的直接感知的结果。再次，事实只能是真的特殊命题之所肯定者，而理论则只能是真的普遍命题之所肯定者。最后，事实作为对某事物一定实际情况的断定，是有其发生或生成问题的，人们是可以通过某种途径来造成某种事实的，而理论谈不上什么发生或生成问题。金岳霖先生不仅考察了事实与理论的区别，还考察了两者之间的联系。如他提出"事中有理，因此理以事实为根据"，要做到"事中求理""理中求事"。这些论断，均富含鲜明的辩证唯物主义认识论思想。金岳霖先生对"事实"范畴的研究，继承和弘扬了马克思主义关于"事实"范畴的思想，对于学界在"事实"范畴和马克思主义事实观的研究上，起到了奠基作用。

2. 彭漪涟先生关于"事实"范畴和马克思主义事实观的研究及启示

在与本书具有直接或密切相关的研究中，彭漪涟先生出版的《事

① 金岳霖：《知识论》，商务印书馆 1983 年版，第 738 页。"所与"，按金岳霖的说法，即"客观的呈现"，是外界事物对主体所呈现出的种种殊相。
② 金岳霖：《知识论》，商务印书馆 1983 年版，第 737 页。
③ 金岳霖：《知识论》，商务印书馆 1983 年版，第 770 页。
④ 金岳霖：《知识论》，商务印书馆 1983 年版，第 741 页。

实论》等专著，发表的一系列专门或集中阐述"事实"范畴和马克思主义事实观的文章，如《论事实——关于事实的一般涵义和特性的探讨》（《学术月刊》，1991）、《再论事实——评有关事实分类的某些观点》（《学术月刊》，1994）、《事实与理论的矛盾运动是推动科学认识发展的内在基本动力》（《华东师范大学学报》哲学社会科学版，1995），以及对西方一些学者事实观的研究评介，如《罗素事实观述评》（《江淮论坛》，1993）、《简评维特根施坦的事实观》（《江淮论坛》，1994）等，澄清了"事实"范畴理解上的诸多错误认识，在国内相关研究中居于翘楚地位，成为国内在"事实"范畴和马克思主义事实观研究方面的集大成者，起到了引领研究和以正视听的作用。综观彭漪涟先生的研究，其主要贡献在于以下几个方面。

一是全面梳理和评析人们对事实概念的多种多样的错解，如或把独立于人之外的事物和客观存在看成是事实，或把人们对事物及其特性的感觉和知觉看成是事实，或把用来论证或反驳的某些不容置疑的理论原理、公理和命题看成是事实等，并在充分辨正诸多错解的基础上，明确确定了"事实"范畴的内涵。他认为："事实之所以是事实，就在于它是在人们直接感知的基础上，对事物存在的实际情况所作的一种陈述，因而，事实必须是能直接或间接观察到的"；"绝不能有意或无意地把事实同对事实的解释混同起来"①；"事实乃是呈现于感官之前的事物（及其情况）为概念所接受，并由主体作出判断而被知觉到的。事实乃是关于感性经验的一种知识形式"②。他十分干脆和果断地指出："一般地说，所谓事实就是经验事实。"③

二是纠正了以往人们对"事实"范畴的误解，做到了以正视听、拨乱反正。首先，纠正了事实是不依赖于人的意识而独立存在的看法。即不能把事实等同于哲学原理上的"物质"概念，两者有着本

---

① 彭漪涟：《事实论》，广西师范大学出版社2015年版，第3页。
② 彭漪涟：《事实论》，广西师范大学出版社2015年版，第6页。
③ 彭漪涟：《事实论》，广西师范大学出版社2015年版，第6页。

质区别；其次，纠正了把事实混同于理论的看法。这是因为，把事实混同于理论会导致认识丧失客观的基础，继而否定"一切从事实出发"命题存在的合理性。由此他强调，事实只能也从来都是特殊的，是真的命题，不存在未来的事实，只有过去的或现实的事实。于是他认为，以下几个方面就是需要密切注意的：不能把计划、设想和一般原理看作事实；不能以个人的好恶对待事实；不能胡乱地抽引事实。事实之所以能成为认识和工作的基础，是因为事实具有可靠性、不变性、不可重复性和知识的渗透性等诸多方面的特性。再次，纠正了中外学界所谓"负事实"的观点。如纠正了维特根斯坦"既有正的事实，也有负的事实"的看法，强调事实就是事实，没有必要也没有理由把它区分为正、负事实。

三是对事实进行了科学的分类。彭漪涟先生把事实分为直接经验事实和间接经验事实、历史事实与当前事实，并逐一作出细致论述。在此基础上，他指出了学术界把事实区分为"自在事实"与"客观事实"的错误，认为"自在之物"尽管可以转化为事实，但其本身并不是事实。同样地，因为"事实"从根本上说只能是经验事实，是能够被人们感知到的，是人的感知的产物，因此，不能把具有普遍概括性的、高度抽象的理论称为事实。

四是在对事实进行马克思主义认识论分析的基础上，着眼于人的认识过程，从事实与理论的相互联系中弄清"事实"范畴在认识中的作用，以及事实对形成正确理论的作用。彭先生指出，事实与理论两者互为前提、相互依赖、相互渗透，并在其矛盾运动过程中相互转化。科学理论越是深入，就越能够在更深一层揭示出对象的本质和规律性，就越能够准确把握对象的各种事实的内在联系，继而就越能够成为支撑人们发现新事实的有力工具。他鲜明地指出，事实与理论的矛盾是科学发展的基本矛盾，也是科学进步的基本动力，两者的矛盾运动是一个辩证过程。这一论断是彭漪涟对马克思主义事实观的一方面突出贡献。

五是对中外著名哲学家关于"事实"范畴的观点作出了全面述

评，进一步深化、拓展了学界对"事实"范畴的研究，为人们科学认识和把握"事实"范畴奠定了坚实的基础。

六是对"事实"范畴和马克思主义事实观现实意义的铺陈和挖掘。彭先生深刻阐述了"事实"范畴与党的思想路线的关系，指出事实才是"解放思想、实事求是"的出发点，尊重事实，从事实出发，是正确贯彻执行"解放思想、实事求是"的基础和前提。彭先生还深入考察了科学决策与事实的关系。

本书多方面参考了彭漪涟先生的思想和观点。比如事实的涵义和科学分类、事实与理论的关系、科学决策与事实的关系等方面的阐述，尤其是在以往人们对"事实"范畴误解上的以正视听和拨乱反正，对于本书阐释"三苏同城"空间生产中如"国情面相""三苏壁垒""皖苏壁垒""三苏同城""三苏归一""皖苏一体""南北三线网络化高铁走廊"等一系列标识性概念的生成和出场，均具有重要的指导意义。甚至可以说，长期以来人们在江苏空间现状解读上所有的错误认识，几乎把思想史上人们在"事实"范畴理解上的错误悉数演绎了一遍。鉴此，足见彭漪涟先生的研究其积极意义或启示。

第一，为"事实"范畴的深入讨论作出了一系列奠基性的工作。消除哲学概念理解和表达上的不确定性和模糊性，是展开学术讨论的前提条件。从形式逻辑上来说，这是思维的确定性问题。思维的确定性则是任何思维过程必须遵守的首要原则，否则岂非公说公有理婆说婆有理？当追问"什么是事实？"这一问题时，太多太多的人认为，这是不言而喻的问题呀，这个问题还需要讨论？事实就是事实嘛！可是从知网收录的上万篇有关"事实"概念的实际运用上来看，"事实"在人们思维中的"涵义"可谓大相径庭，存在着普遍而非偶发的多义、歧义乃至错误的理解。由此可见彭漪涟先生的卓越研究之于人们日常理论思维和创新的重要奠基地位。他对事实之所以能成为认识和工作的基础是因为事实具有可靠性、不变性、不可重复性和知识的渗透性等特点的揭示，将会随着人们在日常工作和生活中以对"事实"的全面、辩证的理解而发挥其统摄、导引等具有"思维规则"意味的作用。

第二，把"事实"看成是认识论的一个基础范畴。除了其基本原则和根本方法论作用以外，更为重要的，尊重事实、实事求是是我们党所一贯倡导的思想路线，是党之所以作出重大历史成就的根本原因，是党的历史经验的根本点和一贯坚持的工作方针和作风，是党制定政策的根本方法论和出发点。对于这样一个辩证唯物主义的认识论范畴，倘若不在概念的基本含义、种类、一般特征等主要方面进行"拨乱反正"，那么还谈得上什么对一切从实际出发、实事求是思想路线的遵从呢？鉴此，彭先生着眼于主、客观的相互关系来看待和认识客观事物，并深入细致地解析了毛泽东所说的"实事求是"中的"实事"概念，继而赋予"事实"范畴以马克思主义认识论的基础范畴的地位，其重要的理论意义就在于，能够大大促进人们坚持唯物主义认识路线的主动性、自觉性，因而实际工作中也必然能够在这种以正视听的马克思主义"事实"范畴和马克思主义事实观的规范、导引下，取得较为满意的工作成效。

第三，着眼于思维的完整认识过程，从事实与理论的相互关系出发弄清"事实"范畴对形成正确理论的促进作用。他关于事实是认识得以进行、科学理论得以形成的前提和根据，科学的任务就是在事实基础上并以事实为依据而形成正确的认识，事实与理论是互为前提、相互依赖、相互渗透并相互作用、相互转化的等观点阐发，以及科学理论越是深入、越是在更深层次上揭示对象的本质和规律性，就越能准确把握对象的各种事实的内在联系，从而越能成为发现新事实的有力工具等观点，成为近 30 年学界关于事实与理论关系认识上的开拓性成果，同时也是至今尚未被超越的研究成果。彭先生在所强调的事实与理论的矛盾是科学发展的基本矛盾和基本动力，以及两者的矛盾也是一个辩证的发展和演进过程等结论性陈述，成为其《事实论》等系列论著最突出的贡献。其启示意义在于：不能形而上学地割裂事实与理论的关系，不能厚此薄彼。要努力促成和实现"事实"与"理论"的良性运动，继而才能促进理论与实践的互动。显然，这对于本书深挖长三角区域交通一体化发展中的梗阻问题，具有极其重要的导引和规范作用。

在彭漪涟先生的《事实论》出版和重印间隔长达20年时间中，国内其他一些学者在"事实"范畴和马克思主义事实观方面也提出了不少有见地的观点。陈新汉以"从事实出发，从事实中求是"为主题研究了邓小平认识论思想中的"实事求是"，指出"事实"范畴是马克思主义认识论的一个重要范畴，并把哲学史上的经验论与唯理论关于认识到底是从经验出发还是从理念出发之争，与马克思主义认识论发展史上关于认识到底是从事实出发还是从教条或"本本"出发的争论进行比拟，进而强调认识活动必须遵循的基本原则就是"从事实中求是"。陈先生在学界研究的基础上作出了创新性的阐释，如指出"哲学史上的经验论与唯理论关于认识到底是从经验出发还是从理念出发之争，在马克思主义认识论史上就表现为，认识到底是从事实出发还是从教条或'本本'出发的争论"；"如果说'尊重事实，一切从实际出发'是对事实的态度，那么'从事实中求是'就是认识活动必须遵循的基本原则"；"从事实中求是本身具有解放思想的作用、从事实中求是内含着创新"，以及在学界关于事实与价值关系研究基础上阐述的"事实包括客体事实和价值事实，从事实中求是的认识活动就包括认知活动和评价活动"① 等观点，均具有重要的启迪作用。

另外，吕国忱认为，事实是不能孤立存在的，事实只能是相对主体而言的。他认为事实是主体、客体相互作用的产物和媒介，因而事实中具有主观客观、主体客体的双重因素。② 饶思中用现代逻辑形式化方法对哲学中的事实概念进行探讨，认为客观事物本身并不是事实，事实是属于认识论范畴的，它没有真假、正负、普遍与特殊的分类，也不会有未来的事实。该学者认为事实不仅是经验的，可以用特殊命题来表示，也可以用普遍命题、负命题来表示，并强调事实只能

---

① 陈新汉：《从事实出发，从事实中求是——邓小平认识论思想中"实事求是"研究》，《南京大学学报》（哲学·人文科学·社会科学版）2000年第3期。

② 吕国忱：《事实的双重涵义》，《山西大学学报》（哲学社会科学版）1995年第2期。

是特殊的。[①] 吕国忱、饶思中的观点深化了学界研究中的个别重点问题，但亦有需要商榷之处。

总之，不论是马克思主义经典作家文本对"事实"范畴的运用，还是中国共产党对马克思主义事实观的弘扬和发展，不论是国外哲学家、科学家对"事实"范畴的研究和阐述，还是国内几代学者对"事实"范畴的探究和阐发，都将成为本书全方位审思长三角区域交通一体化发展相关重大现实问题的思想理论借鉴。

---

① 饶思中：《论事实——用现代逻辑形式化方法来探讨哲学中事实的概念》，《江西师范大学学报》1996 年第 3 期。

第三章 "三苏同城"概念的
生成和出场

"三苏同城"因"三苏壁垒"适逢"民生共享"等战略而孕育，因区域一体化战略对交通一体化的呼唤而催生，因高层指示和《规划纲要》实施方案的对接节点而出场。"三苏壁垒""三苏同城"由身处江苏"国情面相"中的"苏北之相"的人们提出，反映出高铁时代苏北、苏中人民在江苏空间变革上的世代渴望。

一 孕育："民生共享"战略中的"三苏壁垒"

胡大平教授在翻译大卫·哈维《希望的空间》时表示：人类对自身生存环境的合理控制始终是哈维关注的中心。① 既然是研究空间生产问题，那就自然要从我们身处其间的空间环境说起。

(一)"三苏壁垒"与"国情面相""苏北之相"

我们首先从处于苏北地理中心的淮安说起。

淮安，这座与古都南京隔江相望的苏北地理中心城市，在 20 世纪 40 年代解放战争前，因蒋介石要求中共撤出苏北，"卧榻之侧，岂容他人鼾睡"，而与被确立为红色首都的历史机遇失之交臂。②

---

① ［美］大卫·哈维：《希望的空间》，胡大平译，南京大学出版社 2006 年版，译序第 14 页。

② 秦立海：《1946 年春，中共中央拟由延安迁淮阴》，《湘潮》2006 年第 11 期。

淮安，这座与省会南京在政府文件上被挂钩多年的苏北城市，被学界公认为"苏北区位优势第一特大城市"，在 21 世纪开篇已 20 多年，在京沪高铁连通苏南 5 市十多年之后，在经济社会发展"走在前列"的江苏提出"民生共享"战略多年、新时代民族复兴大业由富起来走向"强起来"①的时代节点之下，还将因宁淮直线"地无寸铁"而显示不出其在长三角区域交通一体化发展中的重要地位和作用。

当世界经济论坛主席施瓦布在"一带一路"高峰论坛上用汉语说出"要致富，先修路"时，那全场爆发出的掌声，对"国情面相"的江苏和"高铁绕圈"的苏北，尤其是因其处于苏北地理中心这一"区位第一优势"而必然成为苏北同城化极核区的淮安，有何警示和启发呢？

试问：身居祖国东部、运河之都、周公故里、苏北中心的淮安，与相距仅三四百里②的挂钩城市省会南京至今没有高铁乃至普铁相连，致使"挂而不钩，钩亦不连"，蹒跚自怜，还不足以说明"三苏壁垒"这一江苏空间生产的严峻梗阻局面和空间权利黏性上的"顽固"吗？

王文斌先生在翻译爱德华·苏贾的《后现代地理学——重申批判社会理论中的空间》一书的后记中饱含热情地指出，现在人类生活于其中的空间已不再是一种纯自然的"真空"空间。它是一种人化的空间，是一种被人们以其意愿给以具体化、工具化了的自然语境，是包涵各种繁芜的社会关系的异质性的空间，是与时间、社会存在处于三位一体的样态。既然如此，那么人们在驰骋于历史想象的同时，追问空间的真实性，究问空间的本质性，这既是现实生活的呼唤，又是社会批判理论创新和发展的必然。③

---

① 习近平：《决胜全面建成小康社会 夺取新时代中国特色社会主义伟大胜利——在中国共产党第十九次全国代表大会上的报告》，人民出版社 2017 年版，第 10 页。

② 淮安市与省会南京市，其实是相邻的两座城市，两市边界之间的距离仅十几公里。

③ 参见［美］爱德华·苏贾《后现代地理学——重申批判社会理论中的空间》，王文斌译，商务印书馆 2004 年版，第 405 页。

受其启发，笔者在苏北生活和工作的这几年，在与苏北域内各市县乡人士的交流中，在迈开脚步走出苏北的交通羁绊和踯躅中，逐渐生发出一些标示苏北交通和生活状况的概念，如"三苏壁垒""国情面相"和"苏北之相"。这是本课题推出的第一组标识性概念。

这里所说的"三苏"，自然是江苏域内传统意义上的苏南、苏中和苏北。从空间地理分界和经济社会发展水平来看，"三苏"泾渭分明且难相"僭越"①，通连困难，早已成为"三苏壁垒"。但是，"三苏壁垒"的内涵中，并非仅仅包括苏北、苏中、苏南三地在南北500公里左右、几近一马平川的江淮平原上，多年来在通连上的阻隔，鸡犬之声相闻却难相"僭越"的时空距离；而且还包括"三苏"在行政区划上的森严壁垒和条块分割，包括因这种壁垒和分割而导致的不适应社会主义市场经济发展的落后运行机制。这些都是与新时代的区域一体化发展要求格格不入的。除了这些，"三苏壁垒"其更为深层的内涵则意味着：唯有它，才是"国情面相""苏北之相"之根。

长期以来，从连云港到苏州450公里、从徐州到苏州500公里左右的距离，竟硬生生地被分割成苏南、苏中、苏北三大板块。处于经济社会发展领先地位的江苏，却长期"顽固地""坚持不懈地"以"国情面相"示人。所谓"国情面相"，是指作为经济社会发展排头兵省份并努力"争当表率、争做示范、走在前列"的江苏，其经济社会发展水平在南北差距方面与国家层面的东西差距酷似孪生，即在"面相"上与国情相像。"国情面相"概念的生成，是长期以来"三苏"条块分割、难相"僭越"的集中表征，是"三苏壁垒"所导致的苏北发展"不充分"和江苏经济社会发展"不平衡"的突出反映。可以断言，"国情面相"早已铁定成为横亘在实现江苏省委省政府"两个率先""两聚一高""民生共享""'1+3'功能区"等战略设想以及习近平总

---

① 这里借"僭越"一词"超越本分行事"和"用为谦词"两个含义，旨在突出两层含义，第一："三苏壁垒"的严重程度：苏北、苏中想"超越本分"发展，可现实很严峻；第二，苏北、苏中的人们好似早已习惯了这种"壁垒"，好似已经没有了"僭越"的念想：只顾"自说自话"（比如以巨资修建轻轨和高架）。

书记殷殷属望的"强富美高"新江苏等战略设想面前最艰巨、最顽固的一道巨障。由此可以继续断言，若不消除"国情面相"，一切战略或设想都将只能永远在"设想"和"文件"中。因此，提出"国情面相"这一概念并剖析其成因、思考其消除路径，便成为江苏在高铁时代谋求实现"民生共享"等系列战略设想的逻辑起点和行动基点。

对江苏"国情面相"前世今生的标画，其实是一件并不复杂的事情。1949 年的新中国本是在长期遭受三座大山压榨和战火涂炭的底子上建立起来的，整体上可谓一穷二白。1978 年改革开放前，尽管已稍有东西差距，但也不至于如改革开放之后东西贫富差距逐渐拉大而愈加分化的境地。江苏南北贫富差距的拉大，与国家整体层面差距拉大的"演进"步履可谓亦步亦趋。从空间地理面积上来看，占大头的中西部经济社会发展水平总是赶不上占小头的东部；同样的，空间地理面积上占江苏全域 3/4 的苏中苏北，其经济社会发展水平也总是赶不上占小头的苏南。居于苏北的徐州、宿迁、连云港、盐城、淮安，占江苏全域面积的足足一半，但在经济总量和人均生活水平上，实在难以与不到 1/4 空间地理面积的苏南望其项背。这种状况如果不能得到尽快地、显著地改观，那么苏北乃至苏中，是否要拖江苏省委省政府的"'1＋3'功能区"设想、"民生共享"战略乃至习近平总书记寄予厚望的"强富美高"新江苏的后腿？换言之，缺少了苏北或把苏北排斥在外，还会有"'1＋3'功能区"设想、"民生共享"战略和习近平总书记"强富美高"新江苏殷殷属望等所期待的美好愿景吗？

苏北的落后，与其区位劣势密切相关，距长三角核心区 300 公里左右的时空距离，大大限制了苏北的经济发展。这应为首要归因。然而其他方面的原因也不能被遮蔽或漠视。不能说苏北的落后是有意为之，但不能不说有"被怠慢"① 之嫌。多年以来，位居"苏北区位第一优势特大城市"的淮安与隔江相望的省会南京竟然没有直线列车相

---

① 苏北的"被怠慢"，与本书附录 2 所说的"先进的城市"坐落于"落后的地区"却"怠慢了"这个"落后的地区"，具有相似之处。

连，去一趟南京要么是 6 个多小时的"普铁绕圈"，要么是 3 个多小时的大巴汽车颠簸，那么以淮安为圆心的周边的宿迁、连云港和盐城又需要多长时间呢？苏北在改革开放 40 多年之后的大背景下还在延续着这样的通连方式，如此如何去谋求与苏南的民生共享呢？

改革开放总设计师邓小平的"先富后富论"，本是对事物发展常态的一种辩证解读。苏南依托区位优势先发展起来，这是国家发展进步的必需，也是改革开放的"路径依赖"。但是人们实在不应该忘记，当初，宣布实行"让一部分人先富起来"的政策以推动经济发展的时候，还有邓小平所反复强调的"先富带后富，实现共同富裕"这一更为伟大的政策和目标紧跟其后。

邓小平指出："我们的政策是让一部分人、一部分地区先富起来，以带动和帮助落后的地区，先进地区帮助落后地区是一个义务"①；"我的一贯主张是，让一部分人、一部分地区先富起来，大原则是共同富裕。一部分地区发展快一点，带动大部分地区，这是加速发展、达到共同富裕的捷径"②；"我们允许一些地区、一些人先富起来，是为最终达到共同富裕的，所以要防止两极分化。这就叫社会主义"③。"贫穷不是社会主义，同步富裕又是不可能的，必须允许和鼓励一部分地区一部分人先富起来，以带动越来越多的地区和人们逐步达到共同富裕。"④

当下，历史的脚步已走到了我国"要明确宣布'让一部分人先富起来'的政策已经完成任务，今后要把这一政策转变为逐步'实现共同富裕'的政策，完成'先富'向'共富'的过渡"⑤ 的时代。而这个时代也恰好是中国的高铁时代。在"实现共同富裕"的政策转向效应和高铁驱动的时空压缩效应双效叠加、深度交汇的时代节点之下，我们有理由相信，亦是耿耿于怀之后的殷殷属望："支撑"江

---

① 《邓小平年谱（1975—1997）》（下），中央文献出版社 2004 年版，第 1109 页。
② 《邓小平年谱（1975—1997）》（下），中央文献出版社 2004 年版，第 1130 页。
③ 《邓小平年谱（1975—1997）》（下），中央文献出版社 2004 年版，第 1161 页。
④ 《邓小平年谱（1975—1997）》（下），中央文献出版社 2004 年版，第 1353 页。
⑤ 刘国光、王佳宁：《中国经济体制改革的方向、目标和核心议题》，《改革》2018年第 1 期。

苏"国情面相"的任何主、客观原因,都将在消除"三苏壁垒"之后像见不得阳光的雾气一般,将很快地退却和消散。

与"国情面相"须臾不能分割的是"苏北之相"。"苏北之相"或曰"苏北(苏中)之相",是欠发达之相,它凸显"国情面相"中的苏中、苏北地区长期以来的尴尬和无奈:身处长三角却与核心区的苏南、省会南京以及极核区的上海咫尺天涯。可见,作为长三角"金北翼"大半面积的苏中、苏北却煽动不起羽翼,只能望"长"兴叹。

(二)"民生共享"针对"三苏壁垒"而提出,孕育"三苏同城"

"民生共享"作为发展战略,是2016年3月在《江苏省国民经济和社会发展第十三个五年规划纲要》中提出来的。这是江苏省委省政府在规划起草完结之后,又提出专门增加的一部分内容,这部分内容的标题被明确确定为"实施民生共享战略"。该部分内容从发展战略的高度将"共享"作为"十三五"时期江苏民生事业的根本目标,足见省委省政府在江苏经济社会发展名列前茅的同时对以民生共享促进共同富裕现实进程的重视程度。显而易见,"民生共享"战略的提出,针对的主要是"三苏壁垒"所导致的江苏的"国情面相"和"苏北之相"。

江苏省委2017年5月闪亮提出"'1+3'功能区"战略设想[1],从理念层面打破了"三苏壁垒"。"1+3"的"1",即扬子江城市群;"3"即沿海经济带、江淮生态经济区、徐州淮海经济区。这是江苏省委推进江苏区域统筹协调发展的重大举措。其中,扬子江城市群侧重集群发展、融合发展,是全省经济发展的"发动机";沿海地区主攻现代海洋经济,是潜在增长极;江淮生态经济区重在打造生态竞争力;徐州通过建设淮海经济区中心城市,拓展江苏发展纵深。各大功能区域板块各有侧重,从而在更高层次上统筹区域发展,重塑江苏发

---

① 参见《"1+3"重点功能区战略正式提出,重塑江苏发展优势》,《新华日报》2018年1月5日第4版。"'1+3'功能区"战略设想,是江苏省委提出的旨在打破行政区划壁垒的大手笔,是推进江苏区域一体化发展的重大举措。只是本书要追问的是:"'1+3'功能区"战略又是靠什么得以实现的呢?归根结底,还必须倚靠"三苏同城"空间变革。

展优势，提升江苏未来竞争力。可见，"1＋3"设想旨在打破江苏传统三大板块的地理分界和行政壁垒，使苏南、苏中、苏北实质性地融合起来。这一被学界称之为江苏经济社会发展的"大手笔"，让人们第一次敢于想象"三苏壁垒"可望被打破的空间变革局面。

从理念层面打破了"三苏壁垒"，是否就是真的打破？答案当然是否定的。而仅有"'1＋3'功能区"战略的实施能否真的破除"三苏壁垒"？换言之，"'1＋3'功能区"战略的实施本身靠的又是什么呢？是目前学界都认为的市场吗？然而市场又是靠什么才能建立起来呢？显然这种打破的前提、基础和手段，只能是高铁时代的"三苏同城"空间生产形式，即依托高铁的时空压缩效应，把从最南端的苏州到最北端的连云港这450公里左右的时空距离快速通连起来，实现"三苏"所有城市间的"一日交流圈"①，即2至2.5小时的同城化生活圈。没有高铁驱动的"三苏同城"空间变革形式的实现，遑论江苏域内整体市场的建立，"'1＋3'功能区"战略也只能永远停留在人们的"设想"之中。然而，不消说多年来人们不敢想象"三苏同城"，就是"民生共享"＂'1＋3'功能区"战略提出多年以来，学界至今对"三苏同城"依然保持着"坚定的缄默"。一如王文斌先生所言："我们今天所欠缺的，不是历史想像，而是地理想像或空间想像。"②

可见，"三苏同城"概念的诞生，尚需时代发展和国家层面自觉的、"自上而下"③的大政方针的催生。

---

① 王兴平、朱秋诗：《高铁驱动的区域同城化与城市空间重组》，东南大学出版社2017年版，第6页。

② ［美］爱德华·苏贾：《后现代地理学——重申批判社会理论中的空间》，王文斌译，商务印书馆2004年版，第405页。

③ 参见《邓小平年谱（1975—1997）》（下），中央文献出版社2004年版，第1205页。尽管邓小平在这里讲的是政治体制改革，但目前看来，没有中央审议和发布《长江三角洲区域一体化发展规划纲要》这种"自上而下"的"灌输"（借用思想政治教育的"灌输"理论），"三苏同城"这一标示江苏"省内全域一体化"和长三角区域交通高质量一体化发展的核心标识性概念，是难以被人们所接受的。

二　催生：区域一体化对交通一体化的呼唤

（一）《规划纲要》的"基本原则"和根本意指即"民生共享"

2019 年 5 月 13 日，中共中央政治局召开会议审议《规划纲要》，明确把长三角一体化发展上升为国家战略，要求长三角一市三省要增强"一体化"意识，树立"一盘棋"思想，加强互动合作，抓好统筹协调，扎实推进长三角一体化发展。[①]

半年之后，即 12 月 1 日中央印发的《规划纲要》，更为细致、更为直接地把实现长三角高质量一体化发展（当然首先是交通一体化发展）与实现民生共享、促进人民逐步走向共同富裕联结起来，其民生共享的决策意指，鲜亮而明确。以下稍作说明和摘录：

《规划纲要》的第二章"总体要求"的第二节提出的 5 条"基本原则"中，把"坚持民生共享"作为 5 条原则的归结点，足见"民生共享"与"加快融入"后一体化发展的密切关系。《规划纲要》指出：要"坚持民生共享"，"使改革发展成果更加普惠便利，让长三角居民在一体化发展中有更多获得感、幸福感、安全感，促进人的全面发展和人民共同富裕"[②]。

《规划纲要》的第七章"加快公共服务便利共享"在导语中指出：坚持以人民为中心，加强政策协同，提升公共服务水平，促进社会公平正义，不断满足人民群众日益增长的美好生活需要，使区域一体化的发展成果惠及全体人民。[③]

党中央把长三角一体化发展上升到国家战略的层面，并提出顶层

---

① 《中共中央政治局召开会议　研究部署在全党开展"不忘初心、牢记使命"主题教育工作　审议〈长江三角洲区域一体化发展规划纲要〉》，《光明日报》2019 年 5 月 14 日第 1 版。

② 《中共中央、国务院印发〈长江三角洲区域一体化发展规划纲要〉》，《光明日报》2019 年 12 月 2 日第 1 版。

③ 《中共中央、国务院印发〈长江三角洲区域一体化发展规划纲要〉》，《光明日报》2019 年 12 月 2 日第 1 版。

设计和要求，是具有极其厚实的客观现实基础支撑的。2019年9月9日《人民日报》在"长三角见证高质量发展"系列报道栏目以《勇立潮头再争先》为题，描画的长三角高质量发展的基础和前景，便是佐证。如长三角铁路网2018年13亿人次的旅客发送量，中国最密集最完善的高铁网，不断推进的沪苏浙皖一市三省之间的"同城化""一日游"等，认为长三角城市群在我国区域一体化的进程之中基础算是最好的、起步算是最早的、发展水平算是最高的，是在多重国家战略的叠加效应支撑之下一块充满期待和希望的试验田等①，这与附录2所示京津冀区域一体化的基础形成鲜明对比。该系列报道对长三角寄予厚望，认为长三角在当好推进更高层次对外开放的排头兵方面，责无旁贷。

不言而喻，作为长三角"金北翼"的江苏，同样责无旁贷。但必须明确的是，这种责无旁贷，首先是以消除"三苏壁垒"而实现"三苏同城"空间生产变革的责无旁贷和责任担当，是以"三苏同城"空间生产变革促进江苏"省内全域一体化"的责无旁贷和责任担当。如此，才能真正成为以民生共享促进共同富裕现实进程的责无旁贷和责任担当。

（二）《规划纲要》的"决策问题"即"三苏壁垒"，"决策方案"即"三苏同城"

《规划纲要》作为指导长三角地区一体化发展的纲领性文件，在合计12章的规划内容之中，"推动形成区域协调发展新格局""提升基础设施互联互通水平""加快公共服务便利共享""创新一体化发展体制机制"②等与本书的主题研究紧密相关。联系同年5月中央政治局会议在审议《规划纲要》时所强调的长三角一市三省要紧扣"一体化""高质量"两个关键，明确责任主体，坚持问题导向，抓

---

① 《勇立潮头再争先》，《人民日报》2019年9月9日第1版。
② 《中共中央、国务院印发〈长江三角洲区域一体化发展规划纲要〉》，《光明日报》2019年12月2日第1版。

住重点和关键，深入推进重点领域一体化建设①等明确要求，那么一些显而易见的问题便自然地被提出来了：如目前长三角区域一体化发展的现状与《规划纲要》所期待的目标之间的差距是怎样的？长三角区域一体化的首要问题究竟是什么？重点和关键又在哪里？究竟哪方面才是长三角区域一体化建设的重点领域？

其实，一个显而易见的共识是，交通一体化所带来的空间生产和变革的一体化，才是区域一体化发展的基础和前提。这种共识，早已成为一种普遍性的、常识性的"预设"：一是交通一体化之于区域一体化发展的首要地位；二是高铁之于交通一体化的首要地位。在高铁时空压缩的巨大效应下，这一"共识"和"预设"为本书的核心概念同时也是第一位的标识性概念——"三苏同城"的生成画定了时代要求的纵向坐标轴，而下文所述长三角一市三省之间在交通一体化上的比较研究所得出的结论，则成为"三苏同城"生成的横向坐标轴。由此，"时代要求坐标轴"（区域一体化）与横向坐标轴（"三苏壁垒"这一长三角区域一体化的头号梗阻）便构成了"三苏同城"生成的时空坐标。

（三）长三角交通一体化发展的肯綮环节剑指"三苏同城"

历数目前长三角地区高铁或动车里程及通车状况，这应是一种最简洁而直观的阐说。

长三角区域一市三省以上海为中心，这个中心又叫长三角同城化极核区。上海的经济社会发展状况和区位优势决定了上海理应处于"领头"和"带头"地位，是长三角这只大雁的头部。那么，江苏和浙江便成为大雁展翅飞翔的两翼，而安徽的东部自然成为大雁的躯干、西部则是大雁的尾巴。尾巴，自然离头部最远。

南翼的浙江其最南端的温州，距离上海约460公里，2018年前便

---

① 《中共中央政治局召开会议 研究部署在全党开展"不忘初心、牢记使命"主题教育工作 审议〈长江三角洲区域一体化发展规划纲要〉》，《光明日报》2019年5月14日第1版。

开通了数十班次高铁，通车时间从 3 小时 10 分到 3 小时 50 分不等；最西南端的丽水距上海约 410 公里，开通的数十班次高铁从 2 小时 30 分到 3 小时不等；最西端的衢州距上海约 400 公里，开通的近 30 班次高铁用时最短的 2 小时，最长 2 小时 40 分。目前浙江省推进《规划纲要》实施方案已提出"打造长三角城市群金南翼"的发展目标。①

浙江经济实力雄厚，或曰不足为据。安徽相对较弱，但高铁建设却如火如荼。2017 年底，安徽最西北端的淮北至上海便通了高铁，距上海约 630 公里的空间距离用时 3.5 至 4 小时；安徽西部的六安距上海约 560 公里，数十班次的高铁和动车用时最短的 3 小时，最长 4 小时稍多；西部的安庆尽管高铁和动车班次没有六安到上海的多，但也有十多个班次，距上海约 528 公里的空间距离用时也只是 3 至 4 小时。而处于大雁尾巴尖的亳州，目前已有近 30 班次的高铁直达省会合肥，有十多个班次的高铁直达极核区上海。

有比较才有鉴别。北翼的江苏呢，截至 2019 年底这个时间节点，除最西北端的徐州依托京沪高铁在与上海相距近 600 公里的空间距离下用时最短 2 小时 24 分、最长 3 小时稍多，以及连云港有两个班次的"K"字头列车绕圈可抵达上海外，占江苏全域面积足足 2/3 的苏北和苏中其余的 6 个城市，竟然没有火车直达上海，更不必说高铁和动车了。即便在苏北和苏中域内通连，也是南北掣肘，车次寥寥，犹如蜗行。更令人惊叹的是，宿迁作为地级市，市区竟然没有火车停靠站，坐火车必须先坐 1 个多小时的公交赶往洋河站。江苏最北端的连云港距上海约 480 公里，余下，宿迁约 492 公里，淮安约 407 公里，盐城约 306 公里，扬州约 263 公里，泰州约 232 公里，南通约 129 公里。这些城市均在 2019 年底或 2020 年才实现动车或高铁的阶段性通车，并且不能通达极核区上海。

---

① 选择 2019 年底这个时间节点，一是以江苏宣布苏北、苏中的连淮扬镇动车阶段性通车为依据的；二是因 2019 年出台的《规划纲要》作为国家战略的标志性意义使然。

在 2019 年底这个时间节点前，浙江和安徽均已实现域内所有城市与各自省会和极核区上海的高铁通连 2 至 5 年不等。处于经济社会发展相对落后且 GDP 体量不及江苏 2/5 的安徽，其最后开通高铁的两个城市是阜阳和亳州，时间也是在 2019 年 12 月，且并非如苏北寥寥两条动车线路的阶段性通车，而是全程贯通，直达极核区上海和省会合肥。处于苏北同城化极核区的淮安，与省会南京的空间距离仅仅是亳州到省会合肥的一半稍多，至今依然既没有高铁也没有普铁相连。

这便是长三角一市三省高铁建设的现状。京沪高铁 2011 年 6 月 30 日的开通，着实刺激了浙皖两省在高铁建设上的"夺路先行"和"奋起直追"，而江苏在苏南 5 市通车之后，却"躺"在京沪高铁上停止了全省的高铁建设，以致"三苏壁垒"及其所导致的"国情面相""苏北之相"难有多少改变，并对长三角区域交通一体化乃至区域整体高质量一体化发展形成显性的迟滞作用。

可见，"三苏壁垒"一向总是以江苏域内乃至长三角区域一体化发展的第一梗阻而示人。而打破"三苏壁垒"，实现"三苏同城"，早已上升为长三角交通一体化乃至区域高质量一体化发展的肯綮环节。

三 出场：国家战略实施方案的对接节点

（一）高层声音呼唤"三苏同城"的出场

江苏省委深谙习近平新时代中国特色社会主义思想贯穿着强烈的问题意识和实践导向，认为发展较快的江苏很容易滋生出那种经济好就一好百好的肤浅的、片面的认识，容易滋生出与新时代的新要求不相适应的思维惯性。比如在实际工作中对某些长期累积而形成的深层次矛盾问题或者是还没有意识到，自然还处于感觉良好的阶段；或者尽管有所意识，却迟迟踯躅犹豫，难以找到解决的办法，并以设问句式指出，习近平总书记为什么"要求江苏做好区域互补、跨江融合、南北联动大文章？"显然，"这是对我们推进区域协调发展的要求，也是希望我们以省内一体化更好服务长三角一体化"①，即"重点补齐苏北高铁短板"，"努力把交通短板拉成发展长板"。

可见，江苏省委省政府对习近平总书记关于江苏要做好"互补""融合""联动"大文章的理解，正如发表在《人民日报》上的文章标题所宣示的那样，不仅要做到"知其然"，而且要做到"知其所以然"，进而明确要求"知其所以必然"。这个"所以必然"，就是如果要问江苏"省内全域一体化"乃至长三角区域一体化"最短的短板""最难的难点""最痛的痛点"或说头号梗阻是什么？答案只能是江苏长期存在的、在空间生产上的"三苏壁垒"。由此，高层声音已经明确地把长三角区域一体化的"短难痛"指向了"三苏壁垒"，自然地也把解决和消除"三苏壁垒"这一"短难痛"的举措和路向十分清晰而明确地指向了"三苏同城"空间生产形式。

江苏省委的"知其然""知其所以必然"，令"三苏同城"概念在官方呼之欲出，并即将走上历史和时代的前台。如江苏推进一体化"热点在苏南、重点在跨江、难点在苏北"，更好地推动苏南、苏中、苏北"联动"和"融合"，加快"省内全域一体化"；如"补交通体系之短"，抓紧推进江苏参与长三角一体化发展"最重要、最紧迫的事情"，并把"基础设施一体化"放在"六个一体化"之首②等，已令掩蔽上述"短难痛"的"盖头"乃至"不平衡""不充分"这一凸显社会主要矛盾性质的江苏空间生产倾向昭然若揭。"区域互补、跨江融合、南北联动"和"热点在苏南、重点在跨江、难点在苏北""省内全域一体化"都是针对江苏南北壁垒和南北不平衡发展的，而南北壁垒和南北不平衡的发展，其最突出表征和最根本症结，则非"三苏壁垒"莫属了。

江苏省委有关"苏北只有徐州通高铁""重点补齐苏北高铁短

---

① 娄勤俭：《努力做到知其然、知其所以然、知其所以必然》，《人民日报》2020年11月27日第9版。
② 聯聯：《切实扛起长三角一体化发展的重大责任》，《新华日报》2018年12月7日第1版。

板"等认识是睿智的,是来之不易的,更是再也不能有丝毫踯躅和犹豫的。如果用前述邓小平的话来说,就是:"认清这个落后是好事"①,而且是天大的好事!否则,长三角区域交通一体化发展还将被严重地迟滞下去。而长三角区域交通一体化发展的肯綮环节,或说破解这个"落后"的解决之道,只能是新时代高铁时空压缩效应下的"三苏同城"空间生产和变革。值得称道的是,当下江苏的高铁建设节奏,大有在高铁建设上学习浙皖两省在苏南5市开通高铁之后"夺路先行""奋起直追"的那股子劲头儿。当然,这还远远不够,因为无论从通车频次还是省会与各城市之间的通连情况上看,江苏尚需时日,比如,宁淮直线高铁建设上的严重滞后等。尤其是江苏作为经济大省,作为长三角最大经济体量的省份,还担当着对接安徽"东向发展"战略的历史责任,以至促进中部崛起的时代大任,在消除"皖苏壁垒"上理应扮演起担纲的角色。至少在皖北、皖中张开高铁臂膀之时,江苏能够有条件和有能力"相拥"。而这个条件和能力,只能是"三苏同城"。

(二)一市三省《规划纲要》实施方案的对接节点指向"三苏同城"

中央发布《规划纲要》之后,长三角一市三省立即行动起来,闪亮而郑重地推出了各自的实施计划或方案。

上海市贯彻《规划纲要》的实施方案在第二部分"聚焦重点领域协同推进"中强调了要"完善基础设施网络布局,共同提升互联互通水平"的政策设计。其中,首先强调要"加快建设区域轨道交通网络。加快构筑'五个方向、十二条干线'的铁路网络,推进沪通铁路一期等项目建设,开工建设沪通铁路二期,重点推进北沿江、沪苏湖高铁等项目规划建设,启动沪乍杭铁路项目前期工作。促进城市轨道、市域铁路、城际铁路等不同层次轨道网络的融合,谋划统一

---

① 《邓小平年谱(1975—1997)》(上),中央文献出版社2004年版,第329页。

的技术制式和运营组织保障"①。显而易见，上海实施方案的这段话，所表达的正是倒逼"三苏同城"出场的紧迫之举。

安徽省实施《规划纲要》的行动计划在第六部分"提升互联互通水平，构建现代化基础设施网络"中，提出了"坚持适度超前、协同推进，着眼于加快长三角区域互联互通"的发展理念，并在这部分中首先提出要"建设一体化现代综合交通体系""积极共建轨道上的长三角"的举措。具体包括："以构筑通勤圈、对接沪苏浙、服务国家战略为导向，构建多层次、高品质、有机衔接的现代轨道交通运输体系"；"谋划都市圈市域（郊）铁路网"等。在"专栏16"中，安徽的行动计划还列出了即将建设的"现代轨道交通运输体系建设工程"计划，如"南京—天长—淮安""滁州—天长—扬州"等城际铁路，"马鞍山—南京""南京—天长二期""萧县—徐州""滁州—南京"等市域（郊）铁路等。②可见，安徽行动计划中的上述表达，反映出以其多年积攒的赶超底气和已经拥有的"高铁全覆盖"的实力，在坚定不移的"东向发展"战略指导下对江苏（其实更是长三角全域）未来"三苏同城"空间生产愿景的渴盼和对接。

浙江省推进《规划纲要》实施的行动方案指出：要"加快推进联结长三角、辐射全国、通达国际的大通道大枢纽建设"，并首先强调要"共建轨道上的长三角"，"着力构建长三角省际省会城市一小时交通圈"，"推进沪苏湖、通苏嘉甬等铁路项目"等。③可见，浙江提出的"高能级建设大都市区，共同打造长三角城市群金南翼"空间愿景，也是亟须江苏未来的"三苏同城"空间生产形式与之对接的。

综上可见，上海、浙江和安徽各自的实施方案或计划，在交通一

---

① 《上海市贯彻〈长江三角洲区域一体化发展规划纲要〉实施方案》（http://fgw.sh.gov.cn/g-gwbhwgwj/20210111/db3bdf37486c4ecf92f09f219097abf2.html）。

② 《安徽省实施长江三角洲区域一体化发展规划纲要行动计划》，"潮涌长三角，澎湃新时代"特别策划（http://ah.anhuinews.com/system/2020/01/15/008318092.shtml）。

③ 《浙江省推进长江三角洲区域一体化发展行动方案》，浙江新闻（https://zj.zjol.com.cn/news.html？id=1360744）。

体化发展的目标表述中，均体现出对江苏交通一体化的渴盼或对接。①
这种对接的节点，只能也必然是消除了"三苏壁垒"的"三苏同城"
空间生产形式。可喜的是，江苏作为"三苏同城"空间生产的"第
一责任主体"，对于沪浙皖一市两省的对接方案，表现出了在"三苏
同城"建设上的坚定决心和精细谋划。

　江苏推进《规划纲要》实施方案在第二部分"聚焦'一体化'合
力构建区域协调发展新格局"中指出，要"主动服务、积极支持上海
发挥龙头作用，充分集成江苏优势，加强与浙皖战略协同，深化'1 +
3'重点功能区建设，在长三角一体化框架下加速全省域一体化发展"。
在第三部分"聚力'高质量'协同打造强劲活跃增长极"中，着重阐
述了"推进基础设施互联互通"这一问题，强调要"共建轨道上的长
三角"②。其中"沿海""省际通道""沪通铁路一期""连淮扬镇"
"通苏嘉甬""沪通铁路二期""镇宣""宁宣黄""宁扬宁马""盐泰
锡常宜"等字眼，充分而又集中地反映出"三苏同城"空间生产和变
革在"轨道上的长三角"中举足轻重的肯綮地位和突出作用。相信江
苏不仅在高铁建设上能够迎头赶上，而且未来 5 年左右将以高铁驱动
的省内全域交通一体化即"三苏同城"空间生产形式为长三角交通一
体化啃下最难啃的"三苏壁垒"这块骨头，并在根本意义上支撑起长
三角区域一体化对域内交通一体化的高标准、高质量要求。

---

　① 显然，这是对中央在审议《规划纲要》时关于增强"一体化"意识、树立"一盘
棋"思想、加强互动合作、抓好统筹协调等要求的坚定贯彻。参见《中共中央政治局召开
会议 研究部署在全党开展"不忘初心、牢记使命"主题教育工作 审议〈长江三角洲区
域一体化发展规划纲要〉》，《光明日报》2019 年 5 月 14 日第 1 版。

　② 《〈长江三角洲区域一体化发展规划纲要〉江苏实施方案》，"潮涌长三角，澎湃新
时代"特别策划（http://news.anhuinews.com/system/2020/04/04/008393057.shtml）。

第四章 "三苏同城"空间生产相关重大关系辨正

"三苏同城"空间生产中的相关重大关系较多，但最主要是"三苏同城"空间生产与江苏"民生共享"战略的关系、"三苏同城"空间生产与长三角交通高质量一体化发展的关系两个方面。对这两个方面重大关系的辨正，是突出彰明"三苏同城"空间生产和变革巨大意义的关键环节。

一 "三苏同城"空间生产与江苏"民生共享"战略

该部分内容旨在辨正：苏北加快融入长三角关涉各种因素和关系，如"国情面相"（"苏北之相"）、"三苏壁垒"（"三苏"空间生产上的权利黏性和涂层城市化）、"三苏同城"（"三苏"的交通一体化和同城化）与"民生共享"战略实现之间的理论逻辑、实践逻辑及其关系，为阐释"加快融入"长三角以实现民生共享的现实路径铺陈道路，奠定基础。

该部分内容所阐释的系列标识性概念，是本书的前期成果在学界率先提出的，也是笔者在驱车 5 万公里、乘坐江苏域外高铁 5 万公里的"双 5 万"过程中逐渐清晰和明确起来的。这些概念与建基其上的"研究警示"，属于本书在研究中所收获的最具创新性的学术成果，将在长三角交通高质量一体化发展以致长三角区域整体高质量一体化发展研究中,发挥重要的参考和鉴示作用。

本章论述的逻辑理路,从中央印发的《规划纲要》中也找到了"同理同证",可谓同曲同工。《规划纲要》指出:要"让长三角居民在一体化发展中有更多获得感、幸福感、安全感"①,这正是以注重一体化发展促民生共享的说理逻辑。而一体化的发展,首先是交通的一体化,是"三苏同城"空间生产的美好愿景。没有"三苏同城"空间生产形式即交通一体化的实现,谈不上赖以其上的其他任何一体化或协同发展。

(一) 相关标识性概念的推出

前文在这些相关标识性概念上均有所涉及,但为了把本章所要阐述的两个重大关系交代清楚,需要对这些标识性概念进行详细表述。

多年来,学界对长三角这一国家层面处于"第一位"的经济区给予广泛关注,可谓"名人著述,鸿篇巨制,贡献于学界者,固自不少",成果的深刻性、权威性和前瞻性也是显见的。但是,随着高铁时代迎面铺压而来,近几年来,学界在一些能够标示和反映长三角域内空间生产现状或前景的概念上,却是无涉的。如"三苏壁垒""国情面相""苏北之相""皖苏壁垒""三苏同城"等,迄今均无人提及。这就说明,长三角研究在空间生产概念的供给上,总体来说是十分滞后的。有效概念的供给,应该是作为时代显学的空间批判理论以及空间生产和变革研究的关键一环。

苏北"加快融入"长三角相关标识性概念首推以下几个:

"国情面相"。所谓"国情面相",是指作为经济社会发展排头兵省份并一向力争"走在前列"也确实走在了前列的江苏,其经济社会发展水平在南北差距方面与国家层面的东西差距酷似孪生,即在"面相"上与国情相像。

"国情面相"概念的生成,是长期以来苏南、苏中、苏北即"三

---

① 《中共中央、国务院印发〈长江三角洲区域一体化发展规划纲要〉》,《光明日报》2019年12月2日第1版。

苏"条块分割、难相"僭越"的集中表征，是"三苏壁垒"下苏北发展"不充分"和江苏经济社会发展"不平衡"现象的突出反映。可以断言，"国情面相"早已铁定成为横亘在实现江苏省委省政府"两个率先""两聚一高""民生共享""'1+3'功能区"等战略设想以及习近平总书记所殷殷属望的"强富美高"新江苏面前的最后一道巨障。如果不能消除"国情面相"，一切战略或设想都将只能永远在"设想"和"文件"中。因此，提出"国情面相"这一概念并剖析其成因、思考其消除路径，便成为江苏在高铁时代谋求实现"民生共享"等系列战略设想的逻辑起点和行动基点。

"苏北之相"。与"国情面相"须臾不能分割的是"苏北之相"。"苏北之相"或曰"苏北（苏中）之相"，表征的是欠发达之相，凸显"国情面相"中苏北、苏中长期以来的尴尬和无奈：身处长三角之中却与核心区的苏南、省会南京以及极核区的上海咫尺天涯、恍若隔世。苏北、苏中占长三角北翼的3/4面积，却煽动不起羽翼，只能是望"长"兴叹。可见，消除了"苏北之相"，也就同时消除了"国情面相"。

"三苏壁垒"。"三苏壁垒"是一个内涵较为"丰腴"的概念，它不仅指苏北、苏中、苏南三地在南北不到500公里、几近一马平川的江淮平原上，多年来在相互通连上的困难和阻隔①，几近鸡犬之声相闻却难相"僭越"；而且还指出了"三苏"在行政区划上的森严壁垒；更深层的内涵则是："三苏壁垒"乃"国情面相"之根。

---

① 这种困难和阻隔，其主要因素决不是长江天堑，如杭州湾跨海大桥，其长度7倍于在长江上建桥。而且江苏身处江淮平原，可谓占尽地利。困难和阻隔首先指的是江苏空间生产和变革上的权利黏性。只要看看从苏北、苏中的寥寥几趟且犹如蜗行的绿皮列车便了然一日。截至2019年底连淮扬镇高铁阶段性通车的时间节点，苏北、苏中的8个地级市竟有6个在与长三角极核区的上海通联上需要一个白昼的时间，苏北极核区的淮安在与省会南京的通联上依然是"地无寸铁"。困难和阻隔还表现在江苏域内公路交通的"发达"，竟然一向成为江苏空间生产的美丽涂层，对"三苏壁垒"形成遮蔽和掩饰，尤其是对人们"阻则思变"的自觉性、主动性的生成造成显性阻滞。

"三苏壁垒"概念的生成,高铁时代空间批判理论尤其是权利黏性批判理论、涂层城市化批判理论成为时代显学是其催化剂和启动器,是其扩大警示作用、倒逼江苏空间生产实现时代变革以促进人们奔向"三苏同城"美好愿景的"安琪酵母"。它不仅刻画了"三苏"在行政区划上的森严壁垒,揭开了"'1+3'功能区"战略恰如美丽新娘头上的那块"盖头"——即必须以其空间通连上的实质性落地才能凸显其间奥妙,捅破了"'1+3'功能区"战略设想难以真正落地的"热气球"球面①,而且在更深更远的逻辑层序上揭示出江苏"国情面相"的根本诱因、江苏省内全域交通一体化的首要短板、长三角区域高质量一体化发展的首要梗阻,自然地也内在地包含着各自的破解之道。

"三苏同城"。"三苏同城"是本书的第一位标识性概念,是能够较全面地概括研究目的、研究意指、研究主题和研究结论的概念。"三苏同城"与"宁淮直线高铁"一起,成为本书两个最核心的标示空间生产和变革目标的概念。

"三苏同城"的内涵,即以具有时空压缩效应的南北三线网络化高铁走廊——以宁淮直线所在高铁线路为主线、新(新沂)淮扬镇苏高铁和连盐泰通苏高铁为辅线,强力破解"三苏壁垒",实现高铁驱动的"三苏"交通高质量一体化和同城化。"三苏同城"以淮安为极核区的苏北同城化建设为"北极点",以联结淮安这一"苏北区位优势第一特大城市"和省会南京为极核区的宁淮直线高铁所在线路建设为龙头和主干,以苏中同城化建设为"中介",联结"三苏同城"的"南极点"——苏南和南京极核区,让"'1+3'功能区"战略第一次做到切切实实地触地着陆,为消除江苏"国情面相"迈出实质性的、根本性的步伐。

---

① "'1+3'功能区"战略或"'1+3'重点功能区"战略是具有创新意味的"大手笔"构想,只是这一构想并未促成人们提出"三苏同城"这一旨在破解"三苏壁垒"的关键范畴。不过笔者要申明的是:没有学界对"'1+3'功能区"战略的深刻理解,没有在此基础上对"三苏壁垒""国情面相"的深刻体察,"三苏同城"这一概念或将继续被掩蔽下去。

"三苏同城"概念的生成，是苏北、苏中人们多年的渴盼和希冀在高铁时代的集中表达。易言之，不在苏北、苏中生活的人们，是较难"率先"提出"三苏同城"的。江苏没有实现"两个率先"，而必须先行建设"三苏同城"，这"符合"历史的与逻辑的统一原则：事物发展的脚步终将把"三苏同城"这一反映江苏空间变革的里程碑高高竖立起来。反之，在实现"两个率先"之后才提出"三苏同城"，无异于逻辑错乱，在实践上也是不可能的。先提出"两个率先"是可以的，但要实现"两个率先"，只能等"三苏同城"实现之后。

以上是对与本书研究主题密切相关的几个主要标识性概念之间的关系进行的分析，以下用图示表示与"三苏同城"密切相关的几方面重大关系。

（二）相关因素间重大关系图示

如图 4-1、图 4-2 所示。

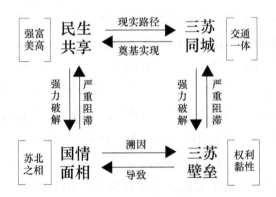

图 4-1 苏北"加快融入"长三角各因素之间重大关系逻辑方阵图

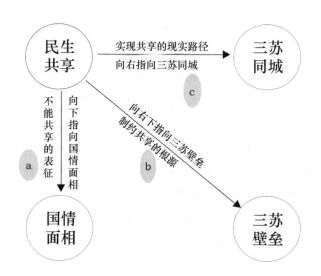

图4-2 江苏"民生共享"相关重大因素间逻辑关系三向图

(三)相关重大关系图释

如图4-1"逻辑方阵图":

对"民生共享"乃至"强富美高"美好愿景的实现形成严重阻滞的,是江苏的"国情面相""苏北之相";破解和消除了"国情面相""苏北之相",便可以宣示实现了"民生共享"和"强富美高"美好愿景。

追根溯源,"国情面相""苏北之相"乃是"三苏壁垒"及其背后被"遮蔽"了的江苏空间生产上的刚性化权利黏性使然。易言之,主要是"三苏壁垒"及其空间权利黏性才导致了"国情面相"和"苏北之相"。

"三苏壁垒"对"三苏同城"空间生产和交通一体化美好愿景形成严重阻碍。必须在空间生产和变革上实质性地破除"三苏壁垒",才能实现"三苏同城"。

"三苏同城"对"民生共享""强富美高"等战略设想的实现起着"最后一公里"的奠基作用,能够在根本意义上搭建起"民生共享""强富美高"的支撑平台;苏北"加快融入"长三角以实现民生共享的现实路径就是消除"三苏壁垒",实现"三苏同城"。

如图4－2逻辑关系"三向图":

江苏"民生共享"相关重大因素间的逻辑关系可以概括为:

a. 江苏民生不能共享的主要表征,向下指向"国情面相"。没有其他现象能够从最主要的方面表征江苏在民生共享方面的严峻局面。

b. 制约江苏民生共享的根本因素,向右下指向由于空间变革权利黏性所导致的"三苏壁垒"。没有其他现象或因素能够从最根本的方面表征制约江苏民生共享的根源。"国情面相"是"形式""现象","三苏壁垒"才是"内容""本质"。"三苏"之间空间变革的权利黏性则是更深层次的本质,这是思想意识和观念上的错位问题,是制度设计和变革的问题。

c. 江苏实现民生共享的现实路径向右指向"三苏同城"。舍此,再多高大上的举措,都只能是治标而不治本,是授人以鱼而非授人以渔,甚至造成在实现"'1＋3'功能区",致力于传统三大板块的差异发展、协调发展、融合发展这一宗旨方面的"南辕北辙"。

综上可见,如果淡忘了马克思主义共同体思想、公平正义思想,不提出新时代以"共享发展"战略促进共同富裕等思想,江苏便不必提出"两个率先""民生共享""'1＋3'功能区""两聚一高"等战略设想,于是也就没有必要期待"三苏同城",即一任"国情面相""三苏壁垒"延续下去,而永无"洗心革面"之日。但作为经济社会发展排头兵的江苏,怎么会把作为五大发展理念之归结点和根本点的"共享发展"抛在脑后呢?江苏可是在全国率先提出"两个率先"等十分闪亮的发展战略且经济社会发展"走在前列"的省份。

尽管"共享"并非同时、同等、同质量的分享,但就目前各地区的发展状况来说,江苏能够在"国情面相""三苏壁垒"难以消除的情况下宣示可以实现"两个率先"吗?或宣示可以实现"民生共享"吗?或宣示可以实现习近平总书记殷殷期待的"强富美高"吗?总不能只面对地理面积只占江苏全域 27.17% 的苏南①而宣布江苏的上述多个战略设想"已经实现"吧。

问题的关节点在于：江苏怎么也不会带着"国情面相""三苏壁垒"而走向"两个率先"、实现"民生共享"。那么，强力消除江苏经济社会发展中最短的"短板"，让这块短板尽可能变长②，便成为决定苏北、苏中加快融入长三角的肯綮步骤和关键环节。而消除"国情面相""三苏壁垒"，使短板变长，其首要的和根本性的路径和手段，在高铁时代只能是也必须是"三苏同城"空间生产这一南北通连上的高质量一体化和同城化建设。

多年以来，江苏在实现全面建成小康社会中一向"走在前列"，在奔向第二个百年奋斗目标的新征程中，也必将以"重点补齐苏北高铁短板"为基点，在"争当表率、争做示范、走在前列"这一习近平总书记对江苏各项工作的共同要求方面，奋力书写"江苏答卷"。

至此，我们把"三苏同城"这一交通一体化和同城化空间生产形式推到了长三角区域交通一体化研究的"前台"——最高的位置、最显著的位置，即以"三苏同城"空间生产作为江苏域内交通一体化发展继而促进苏北"加快融入"长三角的现实路径，同时也是江苏"省内全域一体化"的首要的、关键的、根本性的环节。

二 "三苏同城"空间生产与长三角 区域交通一体化

这节内容旨在本章第一节的基础上进一步辨正："三苏同城"不

---

① 苏南有苏州、无锡、常州、镇江、南京 5 座城市，面积占江苏全域 1/4 稍多，为 27.17%。此处申说，实则反证：即没有苏北、苏中和苏南的一体化发展，便没有真正的民生共享。而"三苏"的交通一体化发展，根本的路径和手段只能是：高铁驱动的时空压缩效应下的"三苏同城"。舍此，别无他途。

② 这种短板变长，并非企望与长板一样"等量齐观"，因为"等量齐观"不是事物发展的辩证法。

仅是苏北"加快融入"长三角以实现民生共享的现实路径，更为主要的是实现长三角交通一体化发展、长三角区域的整体高质量一体化发展的必然路径。这也是对江苏以高铁为主要表征的交通建设滞后的"反证"和"再证"。笔者以为，这也是《规划纲要》印发之后课题研究所必须补上的重要内容。

这里的"相关因素"，指的是表征长三角交通一体化发展的头号梗阻的"皖苏壁垒""皖苏分立""三苏壁垒"，以及旨在消除头号梗阻的"三苏同城"。安徽"东向发展"战略的实施在提出的 16 年间只能从皖南突破，在皖北、皖中几无建树，根本制约因素即"三苏壁垒"。由之足见江苏空间生产的滞后对于长三角整体层面的高质量一体化发展的阻滞。

只有毫不讳言，才能凸显问题意识。话又说回来：凭江苏的实力，也就只是用上等同于"坐享京沪（高铁）"的几年时间即可迎头赶上，且同样是"走在前列"，引领发展。当然这不仅需要"快马再加鞭"①，更需要在倚仗"三苏同城"而非其他形式的交通一体化和同城化平台进行高铁建设赶超路径上建立起坚定不移的历史自觉和历史主动。

（一）相关标识性概念的推出

国家发展和改革委员会副主任罗文在 2019 年 12 月 6 日的国务院新闻发布会上指出，《规划纲要》用"一极三区一高地"这一战略定位明确了长三角一体化发展的方向和路径。一体化既是长三角发展的重点，也是难点所在；而推动高质量发展则是根本要求。②以下内容旨在阐述表征长三角交通一体化以至域内整体高质量一体

---

① "快马再加鞭"，"快"指的是江苏经济社会发展尤其是 GDP 在全国第二的体量；"再加鞭"则指"重点是补齐苏北高铁短板"。"快马"是写实或溢美之词；而"再加鞭"也并非什么批评话语，因为"发展不平衡"与"走在前列"对于江苏来说如磁铁正负极的关系，一向"同世而立"。因此没有必要讳疾忌医、犹抱琵琶。

② 参见刘坤《画好长三角一体化发展的"工笔画"》，《光明日报》2019 年 12 月 7 日第 4 版。

化发展头号梗阻的"皖苏壁垒""皖苏分立"等概念，并细致阐释它们之间的关系。其他概念或范畴在这里一并提出，但不属于本节的重点范畴。

"皖苏壁垒""皖苏分立"。"皖苏壁垒"这一概念指的是安徽与江苏两省之间那种犹如被城墙分立或如"楚河汉界"般被分割的两立和两不沾局面，成为鸡犬相闻而总是不相"僭越"的"现实版"注脚。

"皖苏壁垒"概念的生成，凸显长三角区域高质量一体化发展继"三苏壁垒"之后的又一个艰涩而无奈的话题。皖、苏两省犹如手指伸向北方的两只并排在一起的手掌，南北方向的省际线可谓严丝合缝①，但两只手掌之间的那根似无却有的省际线，竟然把两省给阻隔到这般田地：在2020年连淮扬镇高铁、徐盐高铁、徐连高铁全线开通前，除了皖南与苏南的连通之外，皖北、皖中与苏北、苏中竟几无列车通连②，可谓较为顽固的"皖苏分立"、十分艰涩的"楚河汉界"。安徽"高铁全覆盖"之后，也只是在皖北最北端的淮北与苏北最北端的徐州的通连上有两个班次高铁相连，却也只是"到徐州为止"。由于"三苏"之间没有通连，安徽的高铁"夺路先行"，也就只能望"东"兴叹，十多年前的"东向发展"战略依然被硬生生地继续阻隔下来，这便是"皖苏分立"。只是在2020年苏北同城化高铁初具雏形的时候，皖北的淮北终于有一列高铁能够通过徐州至淮安而到达苏中并与苏南的苏州通连。③ 由此可见，"三苏同城"并非仅仅作为长三角这只大雁北翼的江苏自己域内的事情，还是作为大雁身

---

① 即便是与南京接壤并把手指顽强地伸向江苏腹地近百公里的安徽天长市，也没能够打开安徽"东向发展"的大门。这一点，被学界戏称为安徽的"锲而不舍"和"钉子精神"。

② 大约在2015年，确有一趟绿皮列车通连皖北的淮北和苏北、苏中，但在约1年之后，却又被无限期地取消了。

③ 目前这种通连仅仅是每天一个车次的通连，但却打破了安徽"东向发展"仅仅只能倚仗京沪高铁与苏南长距离通连的褊狭局面。而未来"三苏同城"空间生产和变革愿景的实现，对于长三角区域一体化的巨大提升作用，将是不可想象的。这并非笔者的一厢情愿，而是笔者在淮北—徐州—淮安—苏州—上海这条刚刚开通的高铁线路上所目睹的洋溢在人们脸庞上的那种亲切和舒心。

体的躯干和尾部的安徽能否"东向发展"的事情,甚至还是关涉国家中部崛起战略的事情。由此,足见"三苏同城"空间生产形式的实现在苏皖两省各自3/4面积的相互通连上的历史意义,以及在长三角区域整体高质量一体化发展以至在中部崛起上的巨大时代意义。

"皖苏一体"。"皖苏一体"首先指的是皖苏两省在交通方面的一体化发展。目前皖南与苏南基本上没有什么"壁垒"可言,或者可以说双方乐见对方"僭越"。然而皖北、皖中与苏北、苏中要想实现交通一体化发展尚需假以时日,"高铁全覆盖"的安徽只能等到与未来的"三苏同城"空间生产形式对接,才能全面开启走向实质性的两省一体化发展的步伐,继而为长三角区域一体化发展补齐最后一块短板。

"夺路先行"。这一概念说的是被学界称为长三角这只大雁的后半部身躯和尾部的安徽,尽管距离上海这一长三角极核区最远,但却在十多年前"京沪高铁"概念提出阶段便抢抓机遇,"夺"① 到了滁州、定远、宿州东、蚌埠东4个高铁停靠站。多年来尝到了"要想富,先修路"甜头的安徽,并没有像江苏那样在京沪高铁经过苏南5市和徐州之后便"睡起了大觉",而是在经济发展体量仅仅是江苏1/3的巨大势差之下"夺路先行",实现了快速超越江苏高铁建设的巨大成就。目前安徽高铁里程在全国居于首位。

"夺路先行"概念的生成,成为穷则思"路"的鲜明写照。这从一个侧面反衬了江苏在空间变革和城市化发展中的涂层城市化病因。安徽原本就穷,当下也穷,自然没有什么资本、资格去谈什么"涂层城市化",想有一面美丽的盖头也是奢望。这恰恰激发了安徽"穷则思'路'""夺路先行"的历史主动。这种历史主动,成为党的第三

————————————

① "夺"只是为了突出安徽在"东向发展"上的历史自觉和自为意识,"阻则思通""滞则思连"的主体意识、争取意识。其实这种"夺"的成功,首先要倚仗 2004 年 3 月 5 日首先由温家宝总理提出的国家中部发展战略。"夺路先行"这一标识性概念的借用,不仅是对安徽高铁建设较江苏先进这一客观事实的描画,也是为了说明在《规划纲要》等国家战略背景下,江苏不需要"夺"却可以大兴高铁土木的时代礼遇。只是这一机遇被怠慢对待了,可喜的是,江苏目前正在努力补课,以实现赶超。

个《历史决议》所说的历史主动精神的现实版。在以空间变革促进民生共享方面，目前是安徽 GDP 的 2 倍还多的江苏，应该见贤思齐、见贤思变、见贤思追，或可在 5 至 7 年内实现赶超。比如宁淮直线高铁，便是江苏省委省政府所指出的"重点补齐苏北高铁短板"中最需要补齐的一块。

必须强调的是，江苏目前的高铁建设，最重要的是建设的理念、方向和目标。若能够在对"三苏同城"重大作用的认知上统一认识，达到江苏推进《规划纲要》实施方案中所说的那种认知高度，即"三苏同城"不仅是江苏交通一体化的事情，更是长三角区域交通一体化的事情；不仅是江苏"省内全域一体化"的事情，更是长三角区域一体化的事情，那么，这种理念上的统一及其所催生的加速前进的意识和步伐，不仅是值得期待的，更是振奋人心的。

于是我们看到，2019 年 7 月 22 日至 23 日召开的中共江苏省十三届六次全会首次提出了"省内全域一体化"的发展理念。凭借江苏的发展实力和江淮平原一马平川的高铁建设条件，我们有理由相信，在以"民生共享"战略促进共同富裕现实进程的实践叙事中，江苏的"省内全域一体化"和高质量发展，定能驶入高铁驱动的"三苏同城"空间生产的"快车道"，并且在根本层面上支撑起长三角的交通高质量一体化发展。

"高铁绕圈"。"高铁绕圈"是指被公认为苏北地理中心的淮安，东有连淮扬镇高铁已实现全线通车，西有京沪高铁（西线）已通车 11 年，尽管早已摆脱了"地无寸铁"，但至今即在 2021 年之后，淮安与省会南京之间的高铁直线才开始兴建。随之而来的问题便是：高铁绕圈与高铁直达究竟有多大差距？

"高铁绕圈"，在 2017 年 10 月 18 日大苏网等几十家知名媒体上报道的《2020 年江苏将建成"1.5 小时高铁交通圈"》① 中，再一次

---

① 《2020 年江苏将建成"1.5 小时高铁交通圈"》，参见大苏网、腾讯网（http://js.qq.com/a/20171018/006294.htm? qqcom_ pgv_ from = aio）。

得到令人不忍卒读的验证。该文用"重点铁路建设项目强力推进"
"'轨道上的江苏'渐行渐近""'1.5小时高铁圈'3年后实现"三
段式小标题进行了报道，但读者却未见到"宁淮高铁"或"宁淮铁
路"等相关字眼，由此，足见该报道在宁淮直线高铁地位和作用认识
上的偏颇程度。我们仅摘录"重点铁路建设项目强力推进"标题下
的一段话，来说明其"强力"与"苏北区位第一优势特大城市"的
淮安、与宁淮直线高铁这一连接省会南京与苏北同城化极核区的淮安
的高铁线路的失之交臂：

> 针对"苏南有路无网、苏北无路无网"的铁路建设原状，省
> 铁路部门围绕全省"三纵四横"进行规划，旨在加快建成覆盖全
> 省的、在现代综合交通运输体系中起着先导、骨干、支撑作用的
> 高速铁路网，努力实现到2020年基本形成设区市的城市到南京
> 1.5小时的高铁交通圈目标。

就是在如此高调强调高速铁路网之于改变"苏北无路无网"现
状的报道之中，十几条在建或拟建高铁线路中，怎么也找不到宁淮
直线高铁的字眼。既然如是，那么，所谓的"'轨道上的江苏'渐
行渐近"，而作为苏北地理中心的淮安，却只能是渐行渐远了；
"'1.5小时高铁圈'3年后实现"，而作为"苏北区位第一优势特大
城市"的淮安也只能继续等待宁淮直线高铁建成了。必须强调指出
的是：没有学界、政界对淮安这一"苏北区位第一优势特大城市"
的清醒认知，没有淮安这一"苏北区位第一优势特大城市"的城市
群网的建成，以及随之而来的苏北同城化美好愿景的实现，省委省
政府的"'1+3'功能区""民生共享"等战略，都将只能停留在战
略思想的层面上。甚或所谓未来"强富美高"新江苏的愿景，或也
只是甩开苏北（而非仅仅甩开淮安）的"强富美高"，即打了大折
扣的"强富美高"。
"高铁绕圈"本身并没有错，如环海南高铁线路就是高铁绕圈。

未来打通江苏段的连盐通苏高铁线路与西部边陲各省区之间的高铁联通之后，全国也实现了高铁绕圈。然而，把"高铁绕圈"限定在长三角内，尤其在江苏域内，指的则是即将建成的连淮扬镇高铁在苏北同城化极核区的淮安与省会南京的高铁通连上，比起未来宁淮直线高铁仅40分钟的车程要高出一倍甚至更多，无异于高铁绕圈。连淮扬镇高铁建设当然很有必要，但人们却因之遮蔽和淡忘了宁淮直线高铁在通连苏北极核区的淮安与省会南京方面的巨大作用。而且通过宁淮直线高铁，皖北、皖中将能够做到最快捷地"东向发展"。总之"高铁绕圈"所反映的不是对连淮扬镇高铁建设的"轻看"①，而是为了强调如何通过宁淮直线高铁线路而实现省会南京与以淮安为极核区的同城化的苏北的快捷联通和融合。宁淮直线高铁的"难产"说明，即便是眼下的高铁建设理念和举措，也反映出学界在以淮安为极核区的苏北同城化与苏南通连要义的理解上，仍然处于懵懂层面。而这种懵懂，反映出人们对"三苏壁垒""苏北同城化"标识性概念认知上的错位，尤其是在淮安这一"苏北同城化极核区"地位认知上的错位。那种认为徐州或盐城能够代替淮安"苏北区位第一优势特大城市"和苏北同城化极核区的认知，即便不是本位主义的意识表现，也是漠视或看不到淮安在客观上既是苏北地理中心位置②，又是与省会南京之间只相隔安徽的天长市这一根"手指"的厚度距离的偏颇意识反映。

"普铁绕圈"。"普铁绕圈"是指除徐州之外的苏北、苏中7个城市，2019年底以前一直延续着乘坐普通列车犹如蜗行般无奈的绕圈旅程，不论是南下还是北上，本来寥寥无几的几趟普通列车竟然需要一个白昼的"绕圈+转车"时间。而且这种一个白昼的"绕圈+转

---

① 恰相反，连淮扬镇作为未来京沪高铁东线在国家南北通联上的巨大作用，如在连接江苏与山东中部广大地区、河北南部广大地区的作用上，是极其重要的。

② 淮安在客观上的苏北地理中心和圆心地位，只要在地图上以淮安为圆心，以徐淮高铁线路、淮盐高铁线路或连淮高铁线路甚至淮扬高铁线路等长度为半径画圆，即可得到不容置疑的肯认。

车"所反映的不仅是时间长、车次少，更是苏北、苏中的 8 个城市在与长三角极核区上海的通连上，竟然有 6 个"地无寸铁"，即必须经过两次或多次转车才能通达上海。

"坐享京沪（高铁）"。"坐享京沪（高铁）"指的是至少在京沪高铁经过苏南 5 市之后的多年时间内，在浙皖两省夺路先行而大兴高铁"土木"的时候，江苏却停止了高铁建设，这不啻是提出"两个率先"20 年之久的江苏给世人的一个"超越想象力"。京沪高铁对苏南经济社会发展的巨大带动和提升作用，怎么就没有撼动人们在宁淮直线、连淮扬镇、徐宿淮盐等高铁线路建设这一江苏域内空间嬗变盛景上的无动于衷呢？这种局面，尽管在多数情况下人们惜"言"如金或"三缄其口"，但经过江苏省委省政府"九个有没有""发展三问"的掀揭，目前在"苏北高铁短板"上的认识，应该也必须达到高度统一了。

（二）相关因素间重大关系图示

如图 4 - 3、图 4 - 4：

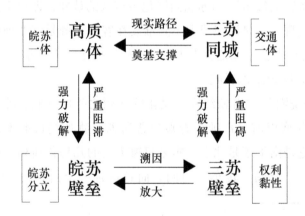

图 4 - 3 长三角交通高质量一体化发展相关因素间重大关系逻辑方阵图

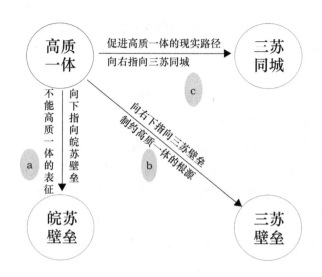

图 4 - 4　长三角交通高质量一体化发展相关因素间逻辑关系三向图

（三）相关因素间重大关系图释

如图 4 - 3 "逻辑方阵图"：

对"皖苏一体"乃至长三角"高质一体"美好愿景的实现形成严重阻滞的，是"皖苏壁垒""皖苏分立"；消除和破解了"皖苏壁垒""皖苏分立"，便能够宣示实现了交通上的"皖苏一体"乃至长三角交通上的"高质一体"。因为浙皖两省几乎不存在"浙皖壁垒"。"苏浙壁垒"也仅仅是苏北、苏中与浙江通连的困难问题，即不存在苏南与浙江的"壁垒"问题。显而易见，剩下的就是皖北、皖中在与苏北、苏中通连上的"壁垒"问题。由安徽"夺路先行""高铁全覆盖"可知，安徽正张开高铁臂膀期待着拥抱未来的"三苏同城"空间变革愿景。

追根溯源，"皖苏壁垒""皖苏分立"实乃"三苏壁垒"及其背后被"遮蔽"了的江苏空间生产的权利黏性使然。易言之，是"三苏壁垒"及其空间变革的权利黏性才造成了至少在新世纪十几年内本来不应该有的"皖苏壁垒"和"皖苏分立"。如果看不到这一点，应该说只能是认识不到"三苏壁垒"的严重危害性：苏北和苏中 8 个城

107

市中的 6 个，竟然在与苏南和上海的通连上"地无寸铁"，由此可知苏北、苏中蜗行般的通连方式和身处长三角却"望'长'兴叹"的局面。

"三苏壁垒"对"三苏同城"空间生产和交通一体化美好愿景形成了严重阻碍；必须实质性地即首先在空间生产、空间通连上破除"三苏壁垒"，才有可能实现"三苏同城"。

"三苏同城"对"皖苏一体""高质一体"起着强大的奠基作用，能够在根本意义上搭建起"皖苏一体""高质一体"的支撑平台；长三角区域交通一体化发展继而长三角区域整体高质量一体化发展的现实路径，首先要消除"三苏壁垒"，继而实现"三苏同城"。

如图 4-4 逻辑关系"三向图"：

长三角区域高质量一体化发展相关重大因素间逻辑关系可以概括为：

a. 当下，长三角区域交通一体化以至长三角区域整体的高质量一体化发展的现实梗阻的主要表征，向下指向"皖苏壁垒"。没有其他事实或现象能够成为长三角域内交通一体化以致域内整体高质量一体化发展的现实梗阻；

b. 制约长三角区域交通一体化以至长三角区域整体的高质量一体化发展的根本因素，向右下指向由于空间变革权利黏性所导致的"三苏壁垒"。没有其他现象或因素能够成为长三角交通一体化以致高质量一体化发展的现实梗阻。"皖苏壁垒"只是现象，而"三苏壁垒"导致安徽大部分区域难以与苏北、苏中对接而实现"东向发展"才是问题的实质，"三苏"之间空间变革的权利黏性则是更深层次的本质或实质。当然，这并非什么江苏人的主观自觉，而主要是空间地理的自然分界所致。

c. 长三角实现交通一体化以致高质量一体化发展的现实路径在较为首要和较为根本的意义上向右指向"三苏同城"。这是由苏南与沪浙、皖南与沪浙在一体化发展上的"走在前列"、浙皖两省目前已经是"高铁全覆盖"所给予的启示，或凸显的发展肯綮。浙皖两省较为偏远地区在民生方面相较苏北的差距而必需提上日程的任何发展路径的谋划，在上升为国家战略的长三角高质量一体化发展背景下，无论从何种意义上来说，都没有理由成为超越"三苏同城"肯綮地位的说辞。

说来奇怪，安徽的西部作为长三角的尾巴，相距长三角的南翼浙江的距离，比相距长三角北翼的江苏是远了许多的，而且安徽只有宣城与浙江接壤，但事实上安徽与浙江的通连，多年来一直是较为畅通的。如果说安徽与长三角核心区的通连有上海和杭州的"召唤"，京沪高铁和京沪线上的普通列车都是便捷因素的话，那么请问：江苏的徐州作为国家的重要交通枢纽，而且又与皖北近在咫尺，为什么多年来一直"召唤"不动或不愿意"召唤"安徽呢？答案只有一个，皖北到了徐州，便再也挪不动半步，这便是"皖苏壁垒"，是决定于"三苏壁垒"的"皖苏壁垒"。多年以来，徐州作为国家交通枢纽的地位和作用，以及这一地位和作用在安徽"东向发展"中的巨大鼎托和提升作用，因"三苏壁垒"而被严重遮蔽，以致江苏与安徽这两只并排指向北方的手掌之间，恍若隔世，难以"合掌"。

毋庸讳言，作为经济社会发展前茅的江苏，同样也希望、并有实力在长三角高质量一体化发展这一国家战略中发挥其应有的作用，而不是要拖拽长三角交通一体化以至区域整体一体化发展的后腿，尽管当下已经显性地表现出这种拖拽迹象。江苏要想在交通的高质量一体化发展上迎头赶上，只能也必须加快实现高铁时空压缩效应驱动的"三苏同城"空间生产愿景，即首先要"重点补齐苏北高铁短板"①。

总之，"三苏同城"空间生产相关重大关系中，因历史的、地理的等因素所生成的"三苏壁垒""皖苏壁垒"，终将在党的二十大报

---

① 娄勤俭：《努力做到知其然、知其所以然、知其所以必然》，《人民日报》2020年11月27日第9版。

告所要求的促进长三角一体化发展的政策背景下被逐步消除并趋向"三苏同城"。这是由时代的发展和江苏的"金北翼"性质所决定的，更是江苏作为"三苏同城"空间生产和变革的"第一责任主体"的历史使命和荣光。

第五章 "三苏同城"空间生产的现实路向

本章主要阐述奠立在以"宁淮直线"所在高铁线路为主线和首要抓手、以"连盐通苏""徐宿淮扬苏"为辅线的网络化高铁走廊上的"三苏同城"空间生产的现实变革路向，并强调这才是苏北、苏中"加快融入"长三角从而打牢民生共享根本支撑平台的首要的、主要的或根本的建设路向，同时也是即将如火如荼迎面铺展而来的长三角交通高质量一体化发展的肯綮环节。本章对四个方面变革路向的阐述，在与之相对应的实践叙事中，是不分先后次序的。也就是说，只有齐头并进，才是"三苏同城"空间生产科学而合理的变革路向。

一 江苏对"第一责任主体"的自觉体认

（一）在"问题导向""重点和关键"上统一和深化思想认识

中央政治局在审议《规划纲要》时指出：长三角一市三省"要坚持问题导向，抓住重点和关键"，并指出"要紧扣'一体化'和'高质量'两个关键"，"深入推进重点领域一体化建设"①。这里所说的"坚持问题导向"的"问题"是什么？正是"三苏壁垒"。"三苏

---

① 《中共中央政治局召开会议 研究部署在全党开展"不忘初心、牢记使命"主题教育工作 审议〈长江三角洲区域一体化发展规划纲要〉》，《光明日报》2019 年 5 月 14 日第 1 版。

壁垒"不仅是导致江苏"国情面相"的根本因由,同时也是长三角交通一体化发展的最大瓶颈,是长三角交通一体化发展最短的"短板"。而交通一体化,毫无疑问是长三角区域高质量一体化发展的"重点领域"。"深入推进重点领域一体化建设"首先要推进的,自然是交通一体化这个既是重点的领域又是必须先行的领域。在一市三省中,就目前的交通发展现状来看,江苏在高铁建设上的"短板",已经在较全面的意义上"晋升"为长三角交通一体化的"短板"位次。江苏如果不奋起直追迎头赶上,毫无疑问会继续拖拽长三角区域高质量一体化发展的后腿。中央强调要"明确责任主体",那么在补齐长三角区域交通一体化的短板这一问题上,江苏自然就是第一"责任主体"。这是毋庸置辩的事实。

如果说"三苏壁垒"主要源于历史原因,那么以新时代的视域来审视,时代发展的脚步太快了,江苏却在苏南"坐享京沪(高铁)"之后打了个盹儿。在2017年申报课题时,东西走向的徐宿淮盐高铁线路和南北走向的连淮扬镇高铁线路,据说将在2019年末全线通车,实际上2019年末实现的是分段试运行。这里需要明确强调的是,没有理由和必要拿这两条高铁线路的全线通车来否认苏北高铁建设这一江苏全域和长三角交通一体化最短的"短板"。科学的做法,是应该对这一客观事实抱着一种最基本的唯物主义态度。况且承认这一点,并不是什么"坏事""丑事"。没有理由和必要否认"苏北高铁短板",是因为即便有了徐宿淮盐高铁线路的全线通车,而没有处于苏北地理中心位置的淮安发挥"苏北区位第一优势特大城市"的作用,即淮安不能作为苏北同城化极核区而发挥其辐射和带动作用,也是谈不上一体化意义上的"三苏同城"空间生产美好愿景的。且淮安发挥苏北同城化极核区的作用,不是当下的连淮扬镇高铁的全线通车所能支撑的。因为连淮扬镇高铁线路对于作为苏北同城化极核区的淮安在与省会南京的通连上,无异于"高铁绕圈"。淮安这一同城化极核区作用的充分发挥,最根本的还是要倚仗和奠立在至今"难产"的未来宁淮直线所在的高铁线路上。因为宁淮直线所在的高铁线路在通连南北并充分发挥苏北极核区淮安"承南启北"的作用方面，时间上要比连淮扬镇缩短一倍，即在实际效应上，未来宁淮直线所在的高铁线路能够充分而快捷地以其"中介"或"桥梁"地位把徐州、宿迁、连云港、盐城以至皖北和鲁南，与省会南京、苏南以至浙江和长三角极核区的上海联结起来。宁淮直线所在的高铁线路与未来京沪高铁东线具有重要区别，即属于能够发挥超越未来京沪高铁东线作用的一条南北走向的高铁线路。

另据 2019 年 11 月 27 日《新闻联播》的"联播快讯"报道，山东日照至兰考高速铁路日曲段开通，日照至兰考高速铁路日照到曲阜段 11 月 26 日通车，沂蒙革命老区接入全国高铁网，山东省内的高铁实现了环形贯通。而青岛至连云港高铁线路开通后，目前还在期待着江苏由北到南的高铁线路即连盐通苏沿海高铁线路的建成通车，由此才能实现与上海以至浙江、福建和广东沿海的通连。可见，除了东部的海上没有高铁，苏北、苏中这两块加起来足足占江苏 3/4 面积的广袤地域，竟只能眼看着北边的山东、西边的安徽、南边的浙江与上海的高铁通连，而难以被"裹挟"进去。

既然 20 年前提出"两个率先"的江苏在现代综合交通运输体系中起着龙头和先导、骨干和支撑作用的高铁建设上慢了"半拍"，那么江苏理应以高铁建设上的"短板"以致交通一体化发展的滞后这一严峻现实为问题导向，自觉地明确和树立补缺补差、迎头赶上的"第一责任主体"意识，即自觉地承担起加快"补齐苏北高铁短板"、消除"三苏壁垒"、促进"三苏同城"空间生产和变革的"第一责任主体"的历史使命。

（二）在消除空间权利黏性上统一和深化思想认识

以学界有关空间生产权利黏性批判理论审视江苏的"第一责任主体"角色，江苏应该建立起致力于空间生产制度、空间生产文明、空间生产心理等方面弹性建设的自觉意识。

第一，致力于空间生产制度的弹性建设。

多年来国家层面、长三角区域和江苏全域空间生产制度的过于刚性化，客观上对江苏空间生产和经济社会发展形成钳制效应。即无论是苏北、苏中身为"个体"层面的权利黏性，江苏"省内全域"层面的权利黏性，或是长三角"区域整体"层面的权利黏性，都体现出一种难以随时代发展而调整的制度刚性，其集中表现，就是作为"个体"层面的苏北、苏中的"被忘却""被淡化"。无论如何，在"两个率先"提出多年以来，尤其在京沪高铁通车多年来，在浙皖两省快马加鞭"夺路先行"建设高铁的同时，苏北、苏中8个地级市中的6个在与苏南以至长三角"极核区"上海的通连上却一直处于"地上缺铁"的状态，这充分说明空间制度设置上对"个体"的"忘却"。比如作为未来的苏北同城化"极核区"的淮安，因被这种制度刚性所制约，也只能耗费巨资在市内的轻轨电车和绕城高架上大兴土木，却难以突破空间生产上的制度刚性。被制度刚性所制约的"自说自话"，在苏北多个城市均有突出表现。比如作为国家战略"一带一路"桥头堡的连云港，也只能把精力和财力一味地用在市内交通建设上，青岛至连云港的高铁在2018年便先于连云港至江苏域内周边城市开通，便是明证。按说在体现国家战略的京沪高铁开通后，江苏包括长三角整体应该能够深刻体会到高铁开通给域内经济社会发展带来的巨大提升力，并在南北通连的高铁线路建设上乘势而上。可令人费解的是，多年来江苏在"打盹儿"，长三角整体也好似"淡忘"了北翼这"半边翅膀"。不过从浙江"打造长三角城市群金南翼"①的发展目标对江苏的影响上来看，目前江苏推进《规划纲要》实施方案在打造长三角城市群"金北翼"方面的强烈自觉和自省意识，是值得称道的。

---

① 《浙江省推进长江三角洲区域一体化发展行动方案》，浙江新闻（https：//zj. zjol. com. cn/news. html？id＝1360744）。

本书认可"空间差异的客观存在及其多样性,决定了经济增长在空间上的非均衡性"①,这是事物发展的阶段性特征,具有其历史必然性。但在高铁时代,在已经实现全面小康继而迈向基本实现现代化新征程的新时代,我们还能一任制度设计上延续着忽视"空间母体"重要性的惯性,以致失却最能发现问题的批判视野,一任"历史决定论挡住了我们的视线"②,而无法走进空间崛起的现代生活世界吗?学界早在2012年便指出:长三角域内缺乏专门机构统筹协调,各地政策和法律多以有利于本地区的经济发展为出发点,难以形成城市群协调发展的制度基础,城市群经济一体化受制于各种制度因素的影响而一直无法取得关键性进展。③ 这是颇具深刻性的对症"诊断",只是这种"诊断"和评论所指出的症结,在京津冀协同发展并确定了协调机制之后,也没有对长三角区域一体化的发展或协同发展形成些许鞭策或鉴戒之效。令人欣喜的是,《规划纲要》强调了长三角要成立推动一体化发展领导小组,办公室设在国家发展改革委等举措。本书坚持认为,应该像本书附录2所强调的重视京津冀协同发展那样,为这一领导小组配备一个副总理级别的领导人,以此形成大力度的协调作用④。这也是课题组成员在前期相关研究中所强调的。只有打破上述制度上的刚性,致力于合理化的、富有弹性的空间制度建设,才能顺利走向"三苏同城"空间生产的美好愿景。

第二,致力于空间生产文明的弹性建设。

对空间生产文明的理解,20世纪末逐渐走向成熟的西方新区域主义理论可作他山之石。建立在治理理论基础上的新区域主义,主张

---

① 朱舜、高丽娜:《泛长三角区域合作背景下的江苏经济创新发展研究》,西南财经大学出版社2014年版,第1页。

② 〔美〕爱德华·苏贾:《后现代地理学——重申批判社会理论中的空间》,王文斌译,商务印书馆2004年版,第198页。

③ 上海财经大学区域经济研究中心:《2012中国区域经济发展报告——同城化趋势下长三角城市群区域协调发展》,上海财经大学出版社2012年版,第278页。

④ 程恩富、王新建:《京津冀协同发展:演进、现状与对策》,《管理学刊》2015年第1期;又见《马克思主义文摘》2015年第4期。

区域内地方政府、非营利性组织和市场主体共同构成治理主体及其组织形态，共同制定治理理念并进行相关制度设计。它将城市群治理看作是多种政策相关主体谈判和博弈的过程，而不是通过科层制或竞争而推进的过程，其要点之一便是"国家—市场—社会"构成的多元行为主体①。以此反观我们当下的"区域治理"，可以看出落后地区其主体性的缺失是显而易见的。曾几何时，我们一度顺应历史的必然，让有条件先富起来的地域享受政府优惠政策的强力推动而先富起来，并指认这是一个事关大局的问题；沿海或条件好的地区发展到一定阶段，又要求它们拿出更多力量带动后发地区发展。这便是改革开放总设计师邓小平强调的"两个大局"②，是一种政府通过推行非均衡战略最终达到均衡发展的战略举措。但目前的问题是，一些地区在受益和发展后并未及时地对后发地区进行补偿性或带动性帮助，却在以效率为取向的政府运作模式惯性的推动下，进一步淋漓尽致且充分地发挥着其市场主体谋求自身利益最大化的"应有"行为，使收入差距快速扩大且分化加剧。③ 学界所揭示的这种倾向，江苏在空间的功能性、利益性、道德性等层面的综合施治方面同样存在。江苏在"国情面相"上的"固守"，在"苏北（苏中）之相"上的无奈，便是对上述倾向的注脚。易言之，国家整体层面存在的倾向，在作为沿海大省和经济发展排头兵的江苏中同样存在。我们实在不能不深思和直面我国经济学界泰斗刘国光先生的警示，而且这种警示正是新时代建设人民美好生活的必然要求：当初宣布实行"让一部分人先富起来"的

---

① 张颢瀚、沙勇：《"十三五"江苏区域发展新布局研究》，中国社会科学出版社2014年版，第250页。

② 参见《邓小平年谱》（下），中央文献出版社2004年版，第1247页。1988年9月12日，在听取关于价格和工资改革方案的汇报时邓小平指出："沿海地区要加快对外开放，使这个拥有两亿人口的广大地带较快地先发展起来，从而带动内地更好地发展，这是一个事关大局的问题。内地要顾全这个大局。反过来，发展到一定的时候，又要求沿海拿出更多力量来帮助内地发展，这也是个大局。那时沿海也要服从这个大局。"这便是著名的"两个大局观"。

③ 熊友华：《弱势群体的政治经济学分析》，中国社会科学出版社2008年版，第201—202页。

政策以推动经济发展的时候，还有"先富带后富，实现共同富裕"这一更伟大的政策和目标紧跟其后。当下，历史的脚步已走到了我国"要明确宣布'让一部分人先富起来'的政策已经完成任务，今后要把这一政策转变为逐步'实现共同富裕'的政策，完成'先富'向'共富'的过渡"①的阶段。而这个阶段也恰好处于中国方兴未艾的高铁时代，是党的十九大和二十大号召要紧扣我国社会主要矛盾变化，坚定实施区域协调发展战略、可持续发展战略、乡村振兴战略的新时代。在"实现共同富裕"的政策转向效应和高铁驱动的时空压缩效应双效叠加的时代节点之下，综合运用行政、市场、道德等手段对下一步的江苏空间生产进行辨证施治，不断提升空间生产的现代文明弹性，从而更健康顺利地走向"三苏同城"，这是与上述制度弹性一样不可规避的基础性和战略性工作。

第三，致力于空间生产心理的弹性建设。

"中国人对空间的理解，历来有综合性、杂糅性，即使在市场经济条件下，中国人在思想深处也始终把空间作为一种主体性的归依与基本构成"，即"把空间作为同自然融合为一体的主体性存在的一部分来认识"，并"把空间同主体、家族的延续、国家、利益、道德，乃至所有的非理性层面相联"。②陈忠教授对空间的这种理解，笔者深有感触。6年多的苏北生活，6年多的内通外联，身处其间，笔者在苏北、苏中人身上能够深切地感知到：他们热爱自己的家乡，但更期盼拥抱"南方"。百度词条对"苏北""苏中"的介绍是：苏北位于以上海为龙头的长江三角洲，是中国沿海经济带重要组成部分，地势以平原为主，拥有广袤的苏北平原，辖江临海，扼淮控湖，经济繁荣，交通发达；苏中东抵黄海，南接长江，与上海、苏南地区隔岸相望，是长江三角洲地区重要的经济增长极和江苏省经济发展最快的地区之一。尽管这些介绍明显是一半写实一半多具溢美和渴盼的"期许"，但同样令人神往。从目前的状

---

① 刘国光、王佳宁：《中国经济体制改革的方向、目标和核心议题》，《改革》2018年第1期。

② 陈忠：《空间生产的权利粘性及其综合调适》，《哲学研究》2018年第10期。

况看，长期条块分割致苏北、苏中与苏南近在咫尺却成天涯般遥远。淮安与省会南京作为文件上的挂钩城市，却长期钩而不连；除徐州之外的苏北和苏中 7 个城市，多年来延续着在"普铁绕圈"和"转车一整天"的无奈中与苏南和极核区上海的交往；而刚刚通车的连淮扬镇高铁线路，或还将使以淮安为中心的苏北以"高铁绕圈"的形式在高铁时代延续着与省会南京的绕圈交往；多年来渴盼的"宁淮直线高铁"，概念的提出令人神往，建设却步履迟滞。前述苏北、苏中只能"自说自话"的状况，反映的既是一种无奈，也是一种争取，更是一种渴盼。那么，苏北和苏中的人们在空间的社会心理图景上的期冀，在高铁时代"三苏同城"美好愿景的抓挠下，怎样才能如愿、随心呢？

约翰·罗尔斯指出，应平等地分配各种基本权利和义务，同时尽量平等地分配社会合作所产生的利益和负担，坚持各种职务和地位平等地向所有人开放，只允许那种能给最少受惠者带来补偿利益的不平等分配，任何人或团体除非以一种有利于最少受惠者的方式谋利，否则就不能获得一种比他人更好的生活。① 鉴此并充分考虑到空间权利黏性的消除，在江苏空间生产和变革的过程中，理应充分理解苏北、苏中的人们空间心理上的特殊感受，致力于营建充分考虑这种特殊感受的、更为合理的空间文明样态。笔者坚信，这一样态首先便表征为"三苏同城"。同时在"'1+3'功能区"战略设想的实施过程中，亦应充分考虑到苏北、苏中在作为生态功能区建设上，对江苏、长三角区域整体乃至国家层面现代化经济体系建设和高质量发展等方面的巨大生态贡献，聚焦和致力于传统三大板块在差异发展、协调发展、融合发展基础上的，能够反映富有弹性的空间生产心理建设的补偿性发展和一体化发展。这样的空间心理弹性考量，才是符合立足新发展阶段、贯彻新发展理念、构建新发展格局带来的新形势、提出的新要求的空间生产心理建设举措。

---

① 参见 ［美］约翰·罗尔斯《正义论》，何怀宏、何包钢、廖申白译，中国社会科学出版社 1988 年版，译者前言第 6—7 页。

以下对上述以空间权利黏性批判理论审视江苏空间生产权利黏性的消除路径的谋划，作出小结：

在当下早已成为显学的空间批判理论，"实为现代文明发展所造就"，它绝非一些学者或思想家出于某种灵感的偶尔创设，而是"无可辩驳地与人类现代化运动息息相关"①。作为当代主体权利重要内容的空间权利，其大小及合理化程度的高低正是衡量这种现代文明和现代化水平的最主要的尺规。多年前提出率先实现现代化的江苏，理应在空间变革的道路上，对域内空间权利的合理化给予足够的在意和重视。试想，不消除江苏域内空间生产的权利黏性，上述学界在介绍苏北、苏中时那多具溢美和渴盼的"期许"，如何变成人们实实在在的幸福感和获得感呢？

（三）在消除空间生产涂层上统一和深化思想认识

前文已经指出，以涂层城市化、涂层化叙事等批判理论审视江苏经济社会发展现状，首先想到的便是"九个有没有"和"发展三问"。② 从各种报道可以看出，对"九个有没有"要作出符合客观事实的肯定回答，涂层城市化、涂层化叙事等批判理论显然具有重要的催化和启示作用。

---

① 陈立新：《空间生产的历史唯物主义解读》，《武汉大学学报》（人文科学版）2014年第6期。

② 郁芬、倪方方：《用新思想解放思想统一思想》，《新华日报》2019年6月29日第1版。"九个有没有"是："有没有因为过去发展中形成一定的先发优势，就认为可以轻轻松松走在前列的盲目乐观？""有没有认为经济好就一好百好，看不到其他方面发展短板的认识盲区？""有没有满足于过去赖以成功的经验做法，不研究规律甚至不按规律办事的路径依赖？""有没有对历史遗留问题能拖则拖，不愿正视问题、不敢解决问题的侥幸心理？""有没有图眼前、图省事、图来得快，不注重打基础、利长远的行为短视？""有没有一味地等规划、靠'大树'、要政策，以我为主、自主规划、主动争取意识不足的依赖心理？""有没有各自为营、'各显神通'，不注重集中力量、统筹资源办大事的视野局限？""有没有过于迷信自身能力，不注重学习进步，一遇到新情况新问题就束手无策、疲于应付的本领恐慌？""有没有怕担责任，落实工作中简单套用上级或外地做法，不去结合实际进行深入研究的形式主义？""发展三问"是："发展的初心是什么？""发展是不是遵循了规律？""江苏经济转方式、调结构的核心任务是什么？"

　　"九个有没有"和"发展三问"所产生的影响，不仅表现为会场上的那种"振聋发聩""震惊四座""鸦雀无声"，更表现为干部群众中所实实在在地产生的"千层浪"①，以及媒体的重视和报道方面。从2019年7月1日起，《新华日报》连发9篇评论，九论"问问'有没有'想想怎么干"，深入剖析"问题关键词"，深挖工作中的短板和思想意识症结，切实对共性的偏差和误区进行抽丝剥茧、层层辨析，帮助党员和干部明晰方位、把准方向，寻找差距、狠抓落实。其间，涂层城市化批判理论的启示和催化作用是不言而喻的。不仅如此，2020年1月12日《光明日报》头版头条以《一次大"统考"背后的发展理念之变》为题报道了"九个有没有""三问"所产生的深刻影响，认为"九个有没有""三问"在实施综合考核一年来，江苏"不断推进体制机制创新，破解了一批长期积累的难题和发展中不平衡不充分的问题"②。显然，这也为涂层城市化批判理论在"问问'有没有'想想怎么干"中的启示和催化作用，作出了鲜明注脚。

　　"九个有没有"有关盲目乐观、认识盲区、路径依赖、侥幸心理、行为短视、依赖心理、视野局限、本领恐慌、形式主义等发展倾向"考问"，以及"发展三问"关于初心、规律、核心任务的追问，其实质就在于考问和追索江苏治理体系和治理能力现代化走在前列的一切成就究竟该不该成为掩蔽进一步发展的问题和矛盾的"盖头"或"涂层"。这一问题的清晰答案，从全省县（市、区）委书记关于政治能力建设的专题培训班上各地市书记们的"深感震撼"能够清晰地看到。各地市的书记们一致认为，"九个有没有"振聋发聩，所指出的问题"客观摆在那里"且"多多少少都存在"；"既找出了病灶，点准了'穴位'，又分析了病因，指明了方向"，并"一针见血地指出了当前

---

　　① 郁芬、倪方方：《用新思想解放思想统一思想》，《新华日报》2019年6月29日第1版。
　　② 本报记者苏雁、郑晋鸣：《一次大"统考"背后的发展理念之变》，《光明日报》2020年1月12日第1版。

发展中存在的短板和弱项"。由此，足见江苏人已抛却"不愿意承认"[①]，显著增强了直面问题的勇气。但笔者认为，还是需要对"最短板""最难点""最痛点"的盖头施以最强力、最猛烈、最深邃、最清晰的"掀揭"。即不论从江苏"省内全域一体化"或从长三角区域一体化发展来看，"九个有没有"等考问的焦点，首先是"三苏壁垒"，也主要是"三苏壁垒"。在这一点上，学界至今对"三苏壁垒"却是无涉的，何况旨在消除"三苏壁垒"的"三苏同城"呢？

其实这里就有一个在马克思主义事实观指导下看问题的方法论问题。为了能够充分说明问题，我们引用《习近平谈治国理政》第1卷中的几段话，以之为最有力的论据。习近平总书记说："坚持实事求是，就要深入实际了解事物的本来面貌。要透过现象看本质，从零乱的现象中发现事物内部存在的必然联系"；"坚持实事求是不是一劳永逸的，在一个时间一个地点做到了实事求是，并不等于在另外的时间另外的地点也能做到实事求是，在一个时间一个地点坚持实事求是得出的结论、取得的经验，并不等于在变化了的另外的时间另外的地点也能够适用"；"任何超越现实、超越阶段而急于求成的倾向都要努力避免，任何落后于实际、无视深刻变化着的客观事实而因循守旧、故步自封的观念和做法都要坚决纠正"；"坚持实事求是，就要坚持为了人民利益坚持真理、修正错误。要有光明磊落、无私无畏、以事实为依据、敢于说出事实真相的勇气和正气"。[②]习近平总书记的讲话给予我们三个方面的重要启示：江苏经济社会发展走在前列的事实，并不等于在长三角区域交通一体化发展中走在前列。这与北京、天津尽管是直辖市，并不等于京津冀城市群发展指数能够排在前列一样（参见本书附录2）；必须像江苏省委"九个有没有"和"发展三问"等考问那样，坚决纠正"任何落后于实际、无视深刻变化着的客观事实而因循守旧、固步自封的观念和做法"；为了人民利益坚持真理、修正错

---

① 郁芬、倪方方：《用新思想解放思想统一思想》，《新华日报》2019年6月29日第1版。

② 《习近平谈治国理政》第1卷，外文出版社2018年版，第25—26页。

误，就要像江苏省委"九个有没有"和"发展三问"等考问一样，"有光明磊落、无私无畏、以事实为依据、敢于说出事实真相的勇气和正气"。①

涂层城市化、涂层化叙事等批判理论对江苏空间生产现状的审视，其实质类似于对江苏空间生产现状进行行为哲学反思。这种行为哲学反思，包括对行为的目的和指向、动机和意向、手段和举措、行为的结果进行是否具有涂层城市化或涂层化叙事倾向的分析和辨正，进而达到对行为的主观意向与行为的客观结果之间关联性质的判定，从而实现对未来实践指向的科学性和合理性认知。

首先，学界眼光所及之处尽是"芳华"，不仅给人以良好甚或很好的感觉，而且在客观上造成了以偏概全、以局部代整体、以核心掩边缘的效果。比如在学界的"普遍共识"之中，长三角在我国区域综合实力的排名中为最强，经济总量约占全国 1/4，全员劳动生产率位居全国前列，开放合作协同高效。人们一般认为，长三角不仅工业基础雄厚，市场经济发达、社会发展领先，而且水陆交通发达，是我国都市圈、同城化发展得最好的地区之一。这原本不是什么吹嘘，基本上是客观的或写实的。但这只是对长三角核心区或初始意义上的"长三角"范畴的描画，也不免带有一些善良和美丽的期许。与核心区闪亮光鲜不同的另一方面，是长三角的边缘地区或新晋区域，却被美丽的涂层化叙事给裹挟了进去。尽管长三角区域范围在国家战略和政策中不断扩容，但学界的"网景"描画，在人们的心目中好似也能随着长三角区域范围的扩容自然而然地随之"扩容"似的。于是，苏北、苏中这两块加起来达到江苏全域 3/4 地理面积的广大区域在与苏南和上海极核区通连上几近"地无寸铁"的局面，好似被抹上了一层厚重的美丽涂层。分不清长三角区域范围的演化和扩容②，还是一任惯性评价继续下去，这种局面对于学者本人来说或为一种不自觉

---

① 习近平：《在纪念毛泽东同志诞辰 120 周年座谈会上的讲话（2013 年 12 月 26 日）》，《光明日报》2013 年 12 月 27 日第 2 版。

② 长三角的区域范围，截至 2019 年底《长江三角洲区域一体化发展规划纲要》发布，至少经历了上海、浙江、江苏一市二省计 16 座城市，上海、浙江、江苏、安徽一市三省计 26 座城市，一市三省全部 41 座城市的版图演化和扩容嬗变。

的"误导",而对于长三角域内的读者包括相关决策者来说,则免不了会成为一种"误读"。于是人们在不知不觉中,便有可能自我感觉良好。①

其次,或是出于对新事物的渴盼,一旦有个别或若干线路开通高铁,媒体便宣布"进入高铁时代"。这样报道其实也并非什么吹嘘,但人们若是以此为由便自我感觉良好而不思比较,那么这种"进入高铁时代"的报道,无疑将成为一种美丽的涂层,成为美丽的涂层化叙事,它掩蔽了需要下大气力努力的"下一步"。比如在苏北地区的徐连高铁、连盐高铁尚未开通的情况下,媒体对"苏北五市跨入高铁时代"的报道,客观上不啻是在给"三苏壁垒"以至"国情面相""苏北之相"的严峻性和顽固性任性地涂抹上那美丽的"涂层"。

是否江苏本身一向或一直被经济发展的排头兵这一光鲜的帽子所累,而在消除"三苏壁垒"和"国情面相"上表现出不思开拓或隔靴搔痒呢?"两个率先""民生共享"尤其是"'1+3'功能区"战略的提出,一方面体现出省委省政府在民生上的孜孜追索和励精图治,但同时战略设想的高大上好似反成"三苏壁垒"的美丽盖头。这又恰似一个现实版的悖论:战略设计的决心和底气越大,现实中反而难以触碰到最为敏感的区域或话题。比如在苏南与苏北高铁线路的决策上,江苏总是以长江天堑为由而搁置,但人们是否想到了7倍于长江宽度且已经通车15年的杭州湾跨海大桥的难度?是否想到了南京或苏南加起来有几座长江大桥,江苏全域又有几座长江大桥②?是否想到了武汉已通车的桥面宽达48米的第11座长江大桥?经济发展的排头兵怎么就在南北通连和跨江融合上有所畏惧了呢?甚至在勤勉工作的人们中,可能还有一些人幻想着在不触动"三苏壁垒"的情

---

① 参见王兴平、朱秋诗《高铁驱动的区域同城化与城市空间重组》,东南大学出版社2017年版,前言第9页。如"同城化"效应渐显,并已形成在全球具有领先和示范意义的"沪宁杭"高铁三角区等认知。

② 截至2021年底,江苏全域加上刚刚通车的沪通长江大桥,也只有7座长江大桥。可见,习近平总书记要求江苏要切实"做好区域互补、跨江融合、南北联动大文章"的把脉精准。

况下实现那种他们自以为可以实现的所谓"共享"呢。

　　第三，苏北在自家门前"自说自话"般的"努力"，不啻是一种无奈。江苏各地包括苏北、苏中各城市，公路建设是较为先进的，这反倒又成了一种空间生产和变革上表面光鲜的涂层。否则，在"外联"上怎么却表现出显性的无意识①呢？思想是行动的先导，理论是行动的指南。思想和理论上的无涉，其行动只能是被动的、优柔而寡断的、踯躅且蹒跚的，甚至是没有行动上的冲动的，或是甘心认命的。多少年来，苏北乃至苏中的人们好似"习惯了"与苏南的差距，"麻木了"与省会南京的隔江相望却勾而不连的时空距离②，并"坚定地"延续着"自说自话"的无奈。比如：作为"苏北区位第一优势特大城市"和未来苏北同城化"极核区"的淮安至今在与省会南京通连上"地无寸铁"的情况下，却舍得耗费巨资打造市区的南北走向的轻轨电车，而这电车却是一个多世纪前的老上海运营版本，占用了极其巨大的地面资源，且一直在赔本赚吆喝。不仅如此，全市斥资124.1亿元大兴土木，致力于环城高架建设。倘把建设轻轨和高架的自觉性和能动性用作力争与省府共建宁淮直线高铁，淮安乃至苏北的经济社会发展前景，要比目前的"自娱自乐"好上多少？快上多少？倘若这笔资金先用于宁淮直线高铁的建设，"国情面相"和"苏北之相"或不致如今日严峻吧。这种"高架先而高铁后"的后果，人们或可拿2018年淮安在江苏全省经济发展排名第11位作出注解。本课题如此强调是有充分的学界实证研究依据和课题调查分析依据的：研究显示，通了高铁的地区比不通高

---

　　① 这种无意识，或许是出于无奈和无助吧。因为难以突破江苏空间整体变革上的"顶层无设计"，也只能"自说自话"，自己在小圈子内施展拳脚。但问题的实质却在于，说顶层无设计，而基层有没有主动争取的自觉性呢？是否真的去主动争取了呢？主动争取的历史自觉的缺失，是不是"顶层无设计"的一方面重要因素呢？甬舟高铁能够提前30多年进入施工程序，应该对苏北尤其是居于苏北地理中心的淮安，具有振聋发聩的警示意义。

　　② 其实，淮安与南京从边界距离上看仅有被安徽天长市隔开的十几公里距离和长江的几公里宽度，却造成了长期的"不相往来"和"地无寸铁"；这好比淮安与扬州相邻，而长期以来乘坐普通列车也需要4个多小时绕道盐城一样。作为苏北地理中心的淮安这种好似谜团一般的通勤现象，只能在"三苏同城"空间生产和变革中得以彻底解开。

铁的地区其经济社会发展水平要高 75% 左右①。

从国家发布的各省市高铁里程排名表中可以看出多年涂层城市化倾向所造成的直接后果：江苏在喊了多年的"率先"和"前列"之后，在 2019 年 10 月这个时间节点，高铁里程竟排在全国第 17 位，比 2018 年还下降了 3 个位次。而离长三角极核区上海最远的安徽，却在 2020 年 3 月宣布，高铁里程位居全国第一。

以上在涂层城市化、涂层化叙事等批判理论指导下对江苏空间生产状况所进行的行为哲学反思，对于化解江苏空间生产的权利黏性问题等，具有重要的行为哲学启示。

二 苏北同城化赖以其上的苏北高铁网建设

苏北同城化赖以其上的高铁网络建设，将为未来"三苏同城"美好愿景奠立起最北端的支撑平台。学界前几年曾指出，长三角都市圈和珠三角都市圈 1 小时生活圈的建成，在高铁轨道上矗立起的城市群形象，为劳动力、资本等要素频繁的流动和产业的转移、地区之间技术要素的交流与合作、信息资源的通畅流动和共享等奠定了强大的物质基础。人们惊呼：同城化时代已经到来。② 同城化这一新型空间生产形式，也预示着区域经济大格局即将到来，预示着区域一体化时代即将到来。

"同城化"这一概念较早来自《深圳 2030 城市发展策略》③。该

---

① 学界对于高铁时空压缩效应下空间变革与经济社会发展、民生共享水平关联度的研究也得到了与此较为一致的结论。两年来课题组成员对走访长三角一市三省调查材料进行了深入分析，并在参照课题组个别成员研究基础——京津冀协同发展研究成果、学界实证研究成果之后认为：各种有关高铁时空压缩效应下的空间变革与经济社会发展、民生共享水平关联度呈密切正向关。75% 这个数字，还没有计算高铁持续发挥效用的"将来时"效应。也就是说，今后随着时间的推移，75% 这个数字还将继续增长。

② 参见附录 2 程恩富、王新建《京津冀协同发展：演进、现状与对策》，《管理学刊》2015 年第 1 期；又见《马克思主义文摘》2015 年第 4 期。

③ 参见深圳市规划局《建设可持续发展的全球先锋城市——深圳 2030 城市发展策略》，中国建筑工业出版社 2007 年版，第 76—81 页。

《发展策略》在论述区域发展策略时首次提出与香港形成同城化发展态势的命题和"深港双城""双赢"等理念。随后，国内众多区域相继提出同城化的发展战略与设想。作为城市之间相互作用的一种新型模式，同城化概念来自地理学。在地理学看来，城市之间的空间距离越近，就越能促进商品、服务和生产要素的流动，越能加强城市之间的相互影响和相互作用。同城化就是伴随城市之间交通的便捷化，城市时空距离不断缩短、行政边界趋向模糊，一个城市的基础设施与服务越发地被区域内其他城市所分享，一个城市的人流、物流、信息流、商务流等越发地在更广阔的城市群区域内实现流动和配置，彰显资源共享、优势互补、互利共赢、共生共存的城市群或大都市圈经济体形象。简言之，同城化就是相邻的城市之间借助发达的交通和信息网络，使居民在就业和出行、生产生活、社会交往等方面打破时空距离和行政阻隔，人们犹如在同一个城市中生活。可见，同城化一般指的是中心城市与周边城市积极缩短时空距离、充分发挥和展示各自比较优势以共享区域整体发展效益的过程[1]，是一种双向叠加和累积的渐进过程：一方面，周边城市借助中心城市的优势资源而不断融入"同城"；另一方面，区域中心城市作为"极核区"又通过发挥其集聚、辐射功能而不断提升和强化其区域核心地位，并带动周边城市协同发展。

由此，城市之间时空距离缩短的时间节点便成为同城化的重要标志，即学界所说"同城化门槛"[2]。"同城化门槛"认为，以1小时为界的"一日通勤圈"是同城化核心效应发挥作用的时空距离门槛。相较于以3小时为界的同城化初级阶段即"一日交流圈"门槛标准，1小时为界的"一日通勤圈"成为成熟阶段同城化的标志。

以此审视学界在如火如荼的区域一体化和同城化研究中至今尚未

---

① 上海财经大学区域经济研究中心：《2012中国区域经济发展报告——同城化驱使下长三角城市群区域协调发展》，上海财经大学出版社2012年版，第2—3页。

② 王兴平、朱秋诗：《高铁驱动的区域同城化与城市空间重组》，东南大学出版社2017年版，第6页。

涉及的苏北地区城市化发展状况,目前,一个近似等腰三角形的苏北高铁网络已初具雏形,它将强力加速苏北同城化的步伐,使其格局和品位一开始便为成熟阶段的苏北同城化奠定坚实的物质、技术、服务等基础。当然这种"一开始",已经比浙皖两省慢了一拍。

在近似等腰三角形的苏北高铁网络内,两腰即徐连高铁线路、连盐高铁线路,均约200公里,动车全程各1小时稍多,高铁40分钟;底边即徐盐(徐宿淮盐)高铁线路约310公里,动车全程约1.7小时,高铁1小时;底边上的"高"即连淮高铁线路约120公里,动车全程40分钟,高铁不足30分钟。另有近似等腰三角形内的淮安至新沂、淮安至阜宁高铁线路,处于前期酝酿之中。

由此,如前文所示《2020年江苏将建成"1.5小时高铁交通圈"》所言,苏北即将开启一个1小时为界的"一日通勤圈"。目前来看尚有差距,但发展并未停滞。人们有理由相信,在"十四五"末,占整个江苏地理面积一半的广袤苏北(这里不包括苏中)大地,在高铁驱动的时空压缩效应带动下,区域一体化的步伐将大大提速,加之高速公路和发达信息网络的叠加效应,苏北地区的通勤出行速度和模式也将为之一快、为之一新。彼时,人们所期待的苏北同城化时代,对于长期在"国情面相"中扮相为无奈角色的苏北而言,可谓抓住了高铁时空压缩效应催生的巨大机遇。抓住这一千载难逢的机遇,需要苏北人以至江苏人以自觉的历史主动精神倾力而为。

这里需要提出的问题是:面对初具雏形的苏北同城化这一空间生产愿景,长期"抛开苏北谋发展"的江苏"省内全域一体化"进程中的空间生产倾向能否被改写?苏北人民能否看到"苏北之相"被破解和消除?是否能够看到与苏中、苏南在空间上"共享"时代的到来?

答案均是否定的。要想作出肯定的回答,只能等"三苏同城"空间生产中至关重要且十分紧迫的宁淮直线高铁通车以后。因为苏北同城化及都市圈建设理念是建立在对苏北各市区各自的区位优势和作用的客观考量之上的。淮安从空间位置上看,正好处于苏北的圆心位置，以淮安为圆心，以 150 公里为半径，徐州、连云港、盐城均处于圆周线上，因此淮安作为"苏北区位第一优势特大城市"是名副其实和不言自明的。徐州坐落在京沪高铁西线走廊之上，但由于居于江苏最西北端，其作为国家层面的淮海经济区核心地位对连云港、宿迁、盐城的辐射和带动作用，显然不如淮安。而淮安作为苏北都市圈的"极核区"，其对苏北各城市的辐射和带动作用，并不与以徐州为核心的淮海经济区掣肘，反而会相得益彰。连云港是"一带一路"中心线的起点①，对于国家战略具有重要节点作用。以"一带一路"为首要抓手"坚持推动构建人类命运共同体"，是新时代坚持和发展中国特色社会主义的基本方略之一，表现出中国共产党人为人类文明开拓发展空间的强烈历史担当和高度使命自觉。② 但仅从本课题讨论主题来看，连云港居于江苏的东北端。盐城既可依托盐通苏铁路与苏南连接，亦可凭借盐淮扬苏或盐淮宁苏铁路与苏南连接，但由于位置偏东，也难以成为苏北都市圈的核心。宿迁距离淮安最近，其区位效用的发挥因体量和地理位置等原因，基本上被淮安所代替和覆盖。

一言以蔽之，在现有决策理念下建成的未来苏北同城化高铁网络，只有成为促进宁淮直线高铁尽早决策、尽早施工、尽早通车的催化剂，即成为尽快上马宁淮直线高铁的倒逼机制，苏北才可能在淮安充分发挥其"苏北区位第一优势特大城市"的集聚和辐射作用这一前提下，迈开同城化和江苏"省内全域一体化"发展的实质性步伐，才能拓开党中央所期待的"增强中心城市辐射带动力，形成高质量发展的重要助推力"③ 的良好局面。如此，奠立在宁淮直线高铁之上的苏北同城化和"三苏同城"网络化高铁走廊建设，作为社会发展和

---

① 以连云港为中心线起点的"一带一路"线路是：连云港—郑州—西安—兰州—新疆—中亚—欧洲。

② 刘怀玉：《历史唯物主义视野下的"空间化"研究》，《光明日报》2018 年 5 月 15 日第 11 版。

③ 《中央经济工作会议在北京举行》，《光明日报》2018 年 12 月 22 日第 1 版。

进步的重要手段和表征,便以其高铁时代"压缩时间""突破空间"的宏大实践叙事,成为江苏乃至长三角区域高质量一体化发展道路上最耀眼的里程碑。

面对未来的苏北同城化这一空间生产前景,笔者好似看到了"国情面相"被破解和改变的开端,长期"抛开苏北谋发展"的空间生产倾向,将随着苏北同城化时代的到来而建立起未来与苏中、苏南在空间上的"共享"时代。这一时代,便是"三苏同城"。

三 引领"三苏同城"的宁淮直线
所在高铁线路建设

宁淮直线所在高铁线路是"三苏同城"赖以其上的南北三线网络化高铁走廊中最关键、最重要、最快捷、最具决定意义的高铁线路,但却又是一段至今依然处于"难产"阵痛中的线路。

未来连接苏北、苏中、苏南乃至长三角"极核区"的上海,有3条南北走向的高铁线路,即新淮宁苏高铁(也可以是徐宿淮宁苏高铁)、新淮扬苏高铁、连盐泰通苏高铁。到了苏州,便不愁到达极核区上海了。其中,连淮宁苏高铁线路中的"宁淮直线"才是南北三线网络化高铁走廊关键中的关键、肯綮中的肯綮。

宁淮直线所在高铁线路究竟有多重要?为什么说"南北三条线,宁淮才关键"呢?其依据是由宁淮直线高铁所在线路在"三苏同城"空间变革尤其是未来"三苏同城"空间愿景在引领江苏"省内全域一体化"和长三角区域一体化发展中的作用所决定的。

依据一,宁淮直线所在高铁线路的龙头引领作用,集中表现在能够让淮安作为苏北极核区的辐射和引领作用最大化和快捷化;而这种最大化和快捷化,又将成为以宁淮直线所在高铁线路为龙头的"三苏同城"发挥其促进"省内全域一体化"和长三角区域一体化发展的一方面重要确证。

在中央印发的《规划纲要》中,我们看到了带有"淮安"字样的一句话，即加快"淮安航空货运枢纽建设"。这确实难能可贵，时代的发展已把"淮安"放到了国家战略文件中。只是从《规划纲要》的"前言"中，我们看到了有关以一市三省中面积 22.5 万平方公里的 27 个城市为中心区辐射带动长三角地区高质量发展①这样一段话。不难看出，由于长期"自说自话"，尽管与省会南京挂钩却钩而不连、"地无寸铁"，或是即便主动争取也已是"再而衰三而竭"，作为学界强调多年的"苏北区位第一优势特大城市"的淮安，却暂时还没有资格跻身《规划纲要》中所示的具有"辐射带动"能力的中心区城市的行列。思想、理论、规划是行动和实践的先导，笔者担心，苏北高铁网络建成之后，淮安的辐射地位和作用还将被难产的宁淮直线高铁继续遮蔽和漠视下去。

如前所述，淮安处于苏北的地理中心位置，或说处于苏北和苏中的地理中心位置。这是天然的区位优势。以淮安为圆心，以 150 公里为半径画圆，苏北、苏中除南通和徐州北端之外的所有苏北城区面积几乎都被纳入到这个大圆圈内。恰如此，学界才给予淮安"苏北区位第一优势特大城市"的美誉。这是真正的"名有其实"。苏北同城化的中心或极核区，只能是处于苏北地理中心位置的淮安，其他任何城市都代替不了这一位置。正因为居于苏北的地理中心，淮安无论从体量上还是距离上才能够切实发挥其苏北都市圈中心区或同城化"极核区"的统摄、辐射作用，使苏北同城化的效应通过宁淮直线所在高铁线路的南北通连作用得到充分的发挥和尽可能地放大。

不仅如此，淮安作为苏北极核区其最大化、快捷化的辐射和引领作用的发挥，还将显著提升以宁淮直线所在高铁线路为龙头的"三苏同城"空间生产愿景在促进江苏"省内全域一体化"以至长三角区域一体化发展中的根本支撑平台作用。"三苏同城"空间生产愿景本身不是目的，促进江苏"省内全域一体化"和长三角区域一体化发

---

① 《中共中央、国务院印发〈长江三角洲区域一体化发展规划纲要〉》，《光明日报》2019 年 12 月 2 日第 1 版。

展才是根本目的。那么如何促进这种一体化发展？其发挥作用的主要机制就是通过"三苏同城"空间生产愿景的南北通连作用，使苏北苏中、皖北皖中等地融入长三角核心区和极核区，做到南北通连、跨江融合、一体发展。跨江融合的内容，自然主要是苏北、苏中与苏南、与上海的融合发展。从苏北地理面积占江苏全域一半来看，这种融合发展的主要内涵，即"三苏同城"空间生产愿景在促进淮安作为苏北极核区充分发挥其辐射和引领作用方面。

依据二，宁淮直线所在高铁线路的龙头引领作用，在未来"三苏同城"网络化高铁走廊的南北三线的比较视域下，显得更为突出。

在新淮宁苏（或徐宿淮宁苏）、新淮扬苏和连盐泰通苏这三条高铁线路中，连盐泰通苏高铁线路属于沿海高铁，没有途经省会南京，与极核区淮安发挥辐射和引领作用关系不大；而新淮扬苏高铁线路尽管经过淮安，但又不经过省会南京；而新淮宁苏（或徐宿淮宁苏）高铁线路比经连淮扬镇高铁线路抵达省会南京要节省一半的时间。经新淮扬高铁线路抵达省会南京，也有"高铁绕圈"意味，这好似重现了淮安只能通过徐州或盐城才能抵达南京的那种"普铁绕圈"的旧事。

绕圈与直达的"时差"之大，这是不言而喻的：所谓"全国人民往北京跑，全省人民往南京跑"[①]。没有通过宁淮直线高铁与省会南京继而与苏南和长三角核心经济圈上海的紧密联系，苏北高铁网络的同城化效应将被大打折扣。因为即便淮安想发挥"极核区"的集聚和辐射作用，而周边的宿迁、连云港、盐城等城市和区县也是不会"买账"的。换言之，周边城市为什么要买淮安的这个"账"，即愿意"被辐射""被集聚"？还不是因为淮安与省会南京的通连速度和融合效应，甚至包括淮安在与徐州淮海经济区、皖北广大地区融合发

---

　　① 这是一句曾被广泛误读为"拉关系"而在当下却备受推崇的箴言。只有无政府主义者，才会否认它的实际存在和作用。否则，就不需要所谓城市群、极核区、龙头等字眼了。作为国家"千年大计"的雄安新区，更是一个明证。总之，不能因一个"拉关系"的错解和误读而因噎废食。

展后的辐射效应①。连淮扬镇苏高铁也能连接苏南和苏北，缩短江苏城市间的时空距离，但并非那么快捷。况且从淮安这一苏北同城化极核区过境扬州或镇江抵达苏州和上海，不仅是多出成倍时间的问题。而更主要的，是实质上"甩开南京闹革命"的问题，是放弃与省会城市的"交流"问题。严格说来，"甩开苏北闹革命"属于发展的"快与慢"的问题，或可解释为发展的渐进性或"无暇顾及"；而"甩开南京闹革命"则属于发展路径的"对与错"的问题。②

由此，足见宁淮直线高铁40分钟的通连车程，凸显作为极核区的淮安以其辐射和引领苏北所有城市乃至皖北城市在与苏南的通连上超短时空距离的震撼力。

依据三，宁淮直线所在高铁线路的龙头引领作用，还将大力度地造就一个处于京沪东线中段的超级极核区城市——淮安，使淮安学着北京、南京和上海的模样，在国家区域发展中发挥超级极核作用，并弥补苏鲁两省在中部沿海没有特大城市的缺陷。

本书不揣浅陋，但要到宁淮直线高铁开通后才能得以验证：宁淮直线高铁将把目前淮安GDP"第11位"的排位显著提前，这绝非连淮扬镇高铁线路的"推动力"或"提升力"所能及。当然这也有赖于苏北其他4个地市对极核区淮安这一"苏北区位优势第一特大城市"的辐射和带动作用的"认可"。社会上多有流传在上海和北京之间近似于直线中部位置应该有一个特大城市或城市群，以起到宁沪两个极核区带动东部沿海发展的"辅助"作用，即所谓承南启北。这从国家层面来说是一个"东部梦"，而对于江苏来说可以叫做"苏北

---

① 看不到作为苏北同城化极核区的淮安与南京、徐州和皖北这三大板块在融合发展上的辐射和带动作用，当然也就看不到宁淮直线高铁线路的关键作用，反之亦然。《长江三角洲区域一体化发展规划纲要》这一国家战略的发布和实施，时代发展的脚步，必将愈来愈凸显淮安作为苏北同城化极核区的集聚和辐射作用。这方面，前文已有所预示和交代。

② 不论是"甩开南京闹革命"或"甩开苏北闹革命"，在这里都没有（也不可能）否认江苏域内南北通联的"中线"——连淮扬镇苏高铁和"东线"——连盐泰通苏沿海高铁的作用的意思。所谓"术业有专攻"，即每一条高铁线路发挥其作用的倾向性都是不一样的。这是一个起码的常识性问题，也是一种科学的"错位发展"。

梦",而对于皖北和鲁南、鲁东地区来说,同样也是一个美丽的梦。这并非异想天开和空穴来风,尤其是在"三苏同城"美好愿景实现之后,江苏有资格也有底气把苏北尤其是淮安建设成这样一个"特大"。可以预见的是,有徐州淮海经济区这一全国重点交通枢纽,连云港这一新亚欧大陆桥东方桥头堡、"一带一路"交汇点和战略支点,以及山东济南、泰安等城市的交流、协同作用的发挥,上述梦想在宁淮直线高铁的强力拉动下,尤其是在"三苏同城"空间生产形式的南北三线网络化高铁走廊的托举下,这个"特大"应该是"未来可期"的①。彼时彼刻,才是江苏真正地以民生共享促进共同富裕的至上境界,是江苏不仅"走在前列"而且还能在以先富带后富方面成为榜样和模范的至上境界。因为占江苏一半地理面积的苏北抛却"三苏壁垒"和"苏北面相"之后的共同富裕的实现,不仅是宣示江苏诸多战略设想得以实现的时间节点,同时也是作为经济社会发展排头兵省份的江苏"争当表率、争做示范、走在前列"的充分确证。

另外,从学界关于京沪高铁东线(或京沪高铁二线)的不同方案设想中,也能够看到宁淮直线高铁的重大引领作用。这一引领作用的发挥,同样是以淮安作为苏北极核区的区位优势地位与宁淮直线高铁的快捷通连合璧发挥作用而决定的。

学界关于京沪高铁东线的讨论或设想有两种。一是淮安身居其"线"的京沪高铁东线。设想中途经南通、镇江和扬州的京沪高铁东线,尽管淮安身居其"线",但由于"绕圈"行驶,自然不能遮蔽宁淮直线高铁在两个"极核区"即淮安与南京通连上的重要作用和不可替代性。二是淮安身处其外的京沪高铁东线。设想中的京沪高铁东线若撇开居于苏北中心的淮安,则更加凸显宁淮直线高铁在两个"极

---

① 2022年11月16日,中国首届枢纽城市发展论坛在江苏省淮安市举行。论坛主题为"交通支撑发展,枢纽促进融通"。与会200位学者、官员对淮安作为"绿色高地、枢纽新城"的发展定位进行了热烈讨论,对淮安寄予长三角北部现代化中心城市的厚望。参见《交通支撑发展,枢纽促进融通——首届枢纽城市发展论坛在淮举行》,《淮安日报》2022年11月17日第1版。

核区"即淮安与南京通连上的重要作用和不可替代性。笔者大胆预言，如果沿海高铁线路不能完全替代京沪高铁东线的话，淮安必然也必须身居其"线"（京沪高铁东线）。这还是由淮安所在的苏北地理中心区位优势所决定的。

依据四，宁淮直线所在高铁线路的龙头引领作用，最直接的理由或依据，还是由国家战略背景下江苏省委省政府"民生共享"等战略实施的重要性和紧迫性所决定的。宁淮直线高铁能够更快捷、更有效地促进苏北"加快融入"长三角，即苏北的"加快融入"对于江苏"民生共享"战略的全面落实具有最终的、决定性的意义。"民生共享"战略实施的关键环节，便是使苏北富裕起来。而"民生共享"战略实施的现实梗阻，却是"三苏壁垒""国情面相""苏北之相"。省委"民生共享"战略实施的肯綮环节，只能是着力于消除"三苏壁垒""国情面相"，其他所有问题都没有"资格"成为"民生共享"战略实施的肯綮环节。由此，宁淮直线高铁在苏北"加快融入"苏南和长三角以实现共享发展的巨大引领力，决定了它在"三苏同城"南北三线网络化高铁走廊中的关键地位和作用。

在本书导言的研究背景中，我们引用了江苏铁路局供稿的《徐宿淮盐铁路、连淮扬镇铁路连淮段开始联调联试，预计2019年12月15日通车》一文中的几句富有想象力的展望："徐宿淮盐铁路、连淮扬镇铁路连淮段开通后，将拉近沿线城市与长三角各中心城市间的时空距离，对于进一步方便苏北地区沿线人民出行，推动苏北地区加速融入长三角快速交通圈、更快融入长三角经济圈，实现更高质量一体化发展，具有重要意义。"① 那么本书在这里提出诘问：既然徐宿淮盐高铁和"高铁绕圈"的连淮扬镇高铁都能起到"加快融入"的作用，那么只有连淮扬镇高铁一半通车时间且能够让苏南的苏州、省会南京、"苏北区位第一优势特大城市"的淮安这三个极核区实现实质性

---

① "江苏城市论坛"：《徐宿淮盐铁路、连淮扬镇铁路连淮段开始联调联试，预计2019年12月15日通车》（https://baijiahao.baidu.com/s? id=1645575338770069882&wfr=spider&for=pc）。

且快捷通连的宁淮直线高铁，不是更加高大上嘛！

以上四个方面的依据，凸显宁淮直线所在高铁线路对于"三苏同城"空间生产愿景的巨大支撑意义。

四 "三苏同城"赖以其上的南北三线高铁网建设

在共享发展由执政理念上升到理论体系、由思想意识升华到制度体系的今天，以奠立在连淮宁（或徐淮宁）高铁为首要抓手的南北三线网络化高铁走廊之上的"三苏同城"，将实现江苏地理空间格局的根本性和历史性变革，全面实现苏北、苏中与苏南的交通一体化发展，强力推进苏北、苏中实质性地融入长三角，以至长三角整体区域一体化发展。由此，便凸显国家战略背景下"三苏同城"空间生产愿景在实现区域高质量一体化发展中的重大意义。

未来以宁淮直线所在高铁线路为龙头的"三苏同城"南北三线高铁网或网络化高铁走廊，为我们勾勒出一幅补缺补差、迎头赶上的江苏域内全方位高铁通连图。由东向西，三条南北走向的高铁线路依次如下：

最东边的一条是江苏域内沿海高铁线路即连盐通苏高铁线路的建设，目前已近全线贯通。连盐通苏高铁是我国"八纵八横"高铁网的重要组成部分，是助力"一带一路"建设和"长江经济带"发展的重要交通脉络。

中间的一条是在2020年全线通车的连淮扬苏或新淮扬苏高铁线路。有学者曾把这条线路作为京沪高铁东线的江苏部分。

最西边的一条即宁淮直线所在的高铁线路。对于这条能够在"三苏同城"南北三线网络化高铁走廊中起到龙头和引领作用的高铁线路，北段的新淮线或徐宿淮线，南段的苏宁线，都在急切地期盼中段的宁淮直线高铁的建成和通车。

到那时，这将是江苏在交通基础设施建设上的伟大创举，是历史性的丰碑。江苏"两个率先"和"民生共享"战略将依托"三苏同城"而加快实现，"强富美高"新江苏也将倚仗这一网格化高铁走廊所支撑的"三苏同城"而指日可待。更为主要的，这将是江苏作为未来长三角的"金北翼"而为长三角区域一体化发展以至中部崛起等战略实施所作出的具有根本支撑意义的历史贡献。

本节的最后还有几点余论。

首先，学界认为，长三角高铁网络的发展已经进行到"点—线—网"的"网格"阶段。这需要辩证理解。即便在 2019 年 12 月 16 日央视新闻联播报道苏北 5 市进入动车时代之后，"线"亦不全，遑论"网格"？只有"点、线、网"建设的齐头并进，才能迎头赶上或加快追赶浙皖两省已成客观存在的"高铁全覆盖"。任平先生曾经指出，在西方，前现代、现代、后现代、新现代，顺序出场，而在中国却共时出场甚至倒序出场。[①] 本书不揣浅陋，仿言强调：在长三角其他一市二省，高铁建设的点、线、网顺序出场，而在江苏却必须也只能共时出场甚至倒序出场。事实上，目前已经造成不得不"倒序出场"的局面，比如宁淮直线高铁线路的决策和施工。可以想见，若不能尽快地在高铁建设上补缺补差，那么何时才能与其他一市二省"共建轨道上的长三角"[②] 呢？

其次，必须主动而自觉地承认"三苏壁垒"，才会有未来的"三苏同城"。《人民日报》有一篇刊载在头版头条的采访也并不讳言长三角高质量发展的短板和"劣势"：愈是发展靠前，愈早遭遇"成长的烦恼"；愈是跨入坦途，愈易深陷"路径依赖"；愈是领航探路，愈缺成熟经验可循。[③] 显然，如果不是"领航探路"，也就不会这样迫切地思考高质量一体化发展的问题。显然这是针对长三角

① 任平：《脱域与重构：反思现代性的中国问题与哲学视域》，《现代哲学》2010 年第 5 期。

② 《中共中央、国务院印发〈长江三角洲区域一体化发展规划纲要〉》，《光明日报》2019 年 12 月 2 日第 1 版。

③ 《勇立潮头再争先》，《人民日报》2019 年 9 月 9 日第 1 版。

区域一体化的整体来说的,但对于江苏来说,其实践意义不言而喻。由之,更能衬出邓小平关于"认清这个落后是好事"等观点的伟大和辩证。

五 "三苏同城"的时代意蕴

(一)"三苏同城"概念出场的理论意蕴

"三苏同城"这一标识性概念出场的理论意蕴,即"三苏同城"在学术研究中所发挥的作用和价值。

1. "三苏同城"对本课题研究的作用和价值

"三苏同城"是标示本课题主题的核心标识性概念。其实早在2015—2016年,"三苏同城"便已在笔者的意识里生成。随着2017年申报课题获批,在课题研究中,尤其是在中央审议和发布《规划纲要》这一国家战略之后,"三苏同城"概念由抽象到具体,成为引领和指导课题研究、构建课题研究逻辑结构和主要内容的核心概念,即标示江苏"省内全域一体化"、长三角交通一体化以至长三角区域的整体高质量一体化发展的核心标识性概念。没有"三苏同城"概念,有关"三苏同城"空间生产和变革的讨论、江苏全域交通一体化以至"省内全域一体化"的讨论、长三角交通一体化以至长三角区域一体化的讨论,均属于隔靴搔痒而已。或者说这些讨论即便有,也是剑走偏锋,回避了最根本的问题。从课题逻辑结构上看,经典马克思主义和中国化马克思主义关于民生共享和共同富裕等理论、马克思主义当代空间批判理论支撑起"三苏同城";在马克思主义事实论的启发下对"三苏壁垒"这一标示研究逻辑起点的概念的讨论,孕育了"三苏同城";长三角区域一体化发展战略对交通一体化的呼唤催生"三苏同城";高层指示和《规划纲要》一市三省实施或推进方案(计划)的对接节点把"三苏同城"推到时代的前台,令其闪亮出场;对江苏空间生产的相关重大关系以至长三角空间生产的相关重大关系的辨正,都应该直面和紧扣"三苏同城"。总之,课题的核心内容即"三苏同城"概念的生成和出场、"三苏同城"空间生产的路径阐释;对课题内容的总结和提出的研究警示,也必须围绕"三苏同城"而进行。

本课题研究积极响应习近平总书记"以标识性概念引领学术研究"的号召,围绕"三苏同城"这一核心概念提出了一系列标识性概念。作为课题研究的核心标识性概念,"三苏同城"在江苏省内全域交通一体化发展和长三角区域交通一体化发展等宏大历史性实践叙事中的作用主要表现为:一是突出"空间生产"的讨论主题、深化"空间生产"的讨论旨归,把江苏省内全域交通一体化和长三角区域交通一体化的"最短的短板"和头号梗阻凝练为"三苏壁垒",把其发展肯綮凝练和提升为消除了"三苏壁垒"的"三苏同城",赋予空间生产以高铁时空压缩效应的"时代品格"和以民生共享促进共同富裕的"思想灵魂"。二是在"空间生产"讨论中提纲挈领的叙事引领作用。以"三苏同城"这一核心标识性概念来引领"空间生产"讨论,简明扼要,叙事清晰。三是矫正"三苏同城"讨论路径和方向以达到统一思想、实现共识的作用。"三苏同城"这一核心标识性概念体现了实践主体在交通一体化实施的方式方法或手段上的选择性,即"三苏同城"对江苏空间生产的规范正是实践主体在交通一体化实施的方式方法或手段选择上的外化和建构。四是寄托着苏北人、江苏人、长三角人的殷殷属望,促进和提升人们在"三苏同城"这一空间生产理想形态上的科学性认知。

2. "三苏同城"对学界研究的作用和价值

以"三苏同城"作为空间生产研究的核心标识性概念,有望在长三角区域高质量一体化发展整体进程研究中起到鉴戒或警示作用。所谓鉴戒,即不论是在长三角交通一体化还是在长三角区域一体化的研究之中,都应该考虑以标示研究对象的重大问题为导向,抓住关键问题思考和提炼能够在研究中起到核心引领作用的标识性概念;所谓警示,即必须尽快改变作为实践先导的空间生产理论(尤其是概念)

因其运用于实际研究的"怠慢"而失之于褊狭甚或成为盲区和真空的现状，以空间生产理论催生具有追赶时代脚步的标识性概念的出场和论证为引领，强力促进长三角空间生产的科学性顶层设计和整体性推进，并启发学界对研究中所存在的标识性概念运用不足的倾向进行科学性纠偏。

（二）"三苏同城"空间生产的实践意蕴

以宁淮直线所在高铁线路为引领、以连盐通苏、徐宿淮扬苏高铁线路为辅线编织而成的"三苏同城"网络化高铁走廊，将在主要的、根本的层面，实现"三苏"在各自同城化基础上的江苏"基础设施一体化"①，为江苏"省内全域一体化"的发展啃下最后一块硬骨头。

这是江苏空间生产和变革中最鲜亮、最伟岸的一块里程碑。从这一刻起，"三苏"之间将不再有壁垒，或说不再有"三苏壁垒"，"三苏"将逐渐变成"一苏"，"三苏"将在共享机遇、共迎挑战中实现机会相对均等的发展，江苏地理面积上不再有"三一两立"②，将快速趋向于"三苏归一"。

这是苏北、苏中"加快融入"长三角的首要和根本的路径。"三苏同城"将一改因交通基础设施建设短板尤其是苏北高铁短板局面而致事实上"抛开苏北谋发展"的道路，实质性地改变江苏南、中、北三大传统板块的地理分界和行政壁垒，强力消除"国情面相""苏北之相"，切实实现新时代"'1+3'功能区"所期待的传统"三苏"之间的差异发展、协调发展和融合发展。

这是苏皖两省之间那种犹如被城墙分立或"楚河汉界"般分割的两立局面的"归一"之路，从此"皖苏壁垒"将逐渐被"皖苏一体"所替代。也就是说，"三苏同城"并非只是江苏域内的事情，还是安

---

① 而江苏"基础设施一体化"则必然居于"省内全域一体化"的"六个一体化"之首。

② "三一两立"，即占江苏3/4面积的苏北、苏中与只占1/4面积的苏南在地理分界和交往上"同世"却两立的局面。

徽"东向发展"①的事情，是安徽加快融入长三角的事情，从而上升为《规划纲要》所示国家战略层面的事情。安徽"东向发展"战略提出16年以来，除了在与苏南的通连中能够走动几步之外，在与苏北、苏中的通连中几乎挪不动半步，可谓"鸡犬之声相闻老死不相往来"。安徽在京沪高铁全线通车后以其历史主动在高铁建设上"夺路先行"，使皖北先于苏北实现"高铁全覆盖"，但由于没有苏北、苏中的高铁与之对接，相邻两省在各自3/4区域内依然是"不相往来"和"不能往来"。目前安徽正以其"全覆盖"的高铁臂膀与初具雏形的"苏北同城化"相拥。不仅如此，未来的"三苏同城"还将成为皖北、皖中通过苏北、苏中而实现与浙江和上海通连的"必由之路"，是苏皖与浙江和极核区上海整体高质量一体化发展的根本性奠基工程。

这是长三角区域交通高质量一体化发展这幅"工笔画"中最出彩的一笔，是推动长三角经济社会整体高质量一体化发展中马力最大的一台加速器。如此，长三角区域一体化将一改多年踟蹰蹒跚的脚步，使国家战略背景下长三角区域一体化发展驶入高铁驱动的时空压缩"快车道"。

总之，在共享发展由思想意识上升到理论体系、由执政理念具化为制度体系的今天，江苏"两个率先""民生共享""两聚一高""'1+3'功能区"等战略设想的实施，内在地、必然地决定了加快苏北、苏中实质性融入长三角的首要的和根本的路径：即以奠立在宁淮直线所在高铁线路为龙头的南北三线网络化高铁走廊之上的"三苏同城"引领江苏地理空间格局的历史性变革，全面实现"三苏"的高质量交通一体化发展，强力破解"三苏壁垒""国情面相""苏北

---

① 安徽"东向发展"战略已提出16年之久。16年来，这一战略的实施几乎处于停滞状态。尽管目前高铁已贯通苏北和皖北并能够通达上海，但在车次的密度和频度上是远远不能适应两省"融合发展"需要的，比如从淮北通过苏北到上海的高铁四个半个小时的时空距离，还是显得过于漫长。要彻底改变安徽3/4的面积（皖北、皖中）与江苏3/4的面积（苏北、苏中）通连的局面，最终还要倚仗未来的"三苏同城"空间变革愿景。

之相"等积年痼疾，从根本上打破实现民生共享的根本梗阻。"三苏同城"不仅是苏北、苏中对江苏空间生产权利黏性和涂层城市化的宣战，更是丈量江苏现代文明程度、现代化水平和以民生共享促进共同富裕现实进程的最主要标尺。

第六章 "三苏同城"语境下苏北
乡村南向开放发展之路

本章主要论述的是，不仅是长三角域内各大城市圈建设，苏北农村的南向开放发展和一体化发展，同样在最基本、最根本的意义上倚仗"三苏同城"，尤其未来倚仗引领"三苏同城"空间生产形式的宁淮直线所在高铁线路的开通。

着力落实新发展理念，构建现代化经济体系，推进更高起点的深化改革和更高层次的对外开放，是习近平总书记赋予长三角一市三省推进一体化发展的重大使命。① 身处长三角之中承担这一重大使命的苏北，应该结合苏北农业发展的现状，以着力落实新发展理念、构建现代化经济体系为根本立足点，依托宁淮直线所在高铁线路，努力让苏北农业开放发展和一体化发展取得多方面的拓展。

一 倚仗"三苏同城"做大做强
长三角经济圈市场

抓住未来宁淮直线高铁通车的机遇，把苏北农业开放发展和一体化发展的南向市场——长三角核心经济圈市场做大做强，是江苏实施

---

① 参见安蓓、杨玉华、何欣荣、陈刚、屈凌燕《打造我国发展强劲活跃增长极——以习近平同志为核心的党中央谋划推动长三角一体化发展纪实》，《光明日报》2021年11月5日第1版。

区域协调发展战略以建设现代化经济体系的根本性要求。

建设现代化经济体系内在地要求实施区域协调发展战略。党的十九大报告从战略层面作出部署,为区域协调发展规定了重点任务,明确了前进的方向和路标。党的二十大报告也提出,到2035年,建成现代化经济体系,形成新发展格局,基本实现新型工业化、信息化、城镇化、农业现代化。①目前如火如荼重点推进的疏解北京非首都功能、推动长江经济带发展和以"一带一路"为重点开拓区域开放新格局等战略,区域总体发展战略,以城市群为主体旨在构筑大中小城市及小城镇协调发展的城镇格局发展战略和举措,均启发苏北农村,必须跳出苏北农村一步来看苏北农村的发展:把自觉主动地谋求南向发展的市场作为坚定不移、刻不容缓的定点目标来看待。《规划纲要》在第二章"总体要求"的第三节"战略定位"中也指出,要"深化跨区域合作,形成一体化发展市场体系"②。时代的发展必然也只能把苏北农业开放发展和一体化发展的市场推向融入国家战略层面的长三角经济区。苏北平原优越的农业尤其是生态生产条件和发展底蕴,实在不能在国家坚定不移的社会主义市场经济道路上继续延续着因交通"寸铁不设"而"自产自销""自生自灭"的悖逆市场化道路的窘迫。苏北没有理由辜负"'1+3'功能区"战略构想所包蕴的区域总体发展、区域统筹协调发展以及"民生共享"战略等要旨,而应在农业开放发展和一体化发展的方向和要义上树立起高度的自觉意识,即紧紧依托宁淮直线高铁带来的同城化时空压缩效应,面向南方打造市场,做大做强与苏南乃至长三角经济圈核心区民生共享的支撑平台。变换句式再说,没有以宁淮直线高铁建设为首要抓手、首要着力点和首要发力处的战略眼界,不会有长三角经济圈的实质性北向扩

---

① 习近平:《高举中国特色社会主义伟大旗帜 为全面建设社会主义现代化国家而团结奋斗——在中国共产党第二十次全国代表大会上的报告》,人民出版社2022年版,第24页。

② 《中共中央、国务院印发〈长江三角洲区域一体化发展规划纲要〉》,《光明日报》2019年12月2日第1版。

容，长三角区域一体化发展的美好愿景也只能继续"在文件上"，如此省委省政府的"民生共享"战略还将是一如既往地难以福泽广大苏北农村。高铁时代催生的同城化历史机遇，苏北农村进一步的开放发展和一体化发展，理应及时地、牢牢地抓在手中。

二 倚靠"三苏同城"推进城乡一体和公共服务均等

适应宁淮直线高铁走廊的要求，高标准扎实推进苏北城乡一体化和基本公共服务均等化建设，是江苏实施乡村振兴战略这一建设现代化经济体系的基础性任务。

建设现代化经济体系的重要基础在于实施乡村振兴战略。党的十九大报告将实施乡村振兴战略视为建设现代化经济体系的有机构成要素，如坚持优先发展农业、农村，按照20字总要求①，建立、健全城乡融合发展的体制、机制和一系列政策体系，加快推进农业农村现代化②。党的二十大报告也提出全面推进乡村振兴，坚持城乡融合发展，为我国农业农村的现代化明确了发展方向。③ 这些举措将在解决"三农"问题、实现农业农村现代化等方面起着重要支撑作用。它启发苏北农村必须着眼于适应未来宁淮直线高铁走廊对基础性设施和基本公共服务水平的升格要求，把依托宁淮直线高铁扎实推进以城乡一体化和基本公共服务均等化为主要内容的现代化乡村建设作为不容懈怠的基点目标来看待。

近年来，苏北广大农村积极响应和执行中央推进统筹城乡经济

---

① 农业农村现代化的"20字总要求"是："产业兴旺、生态宜居、乡风文明、治理有效、生活富裕"。

② 习近平：《决胜全面建成小康社会 夺取新时代中国特色社会主义伟大胜利——在中国共产党第十九次全国代表大会上的报告》，人民出版社2017年版，第32页。

③ 习近平：《高举中国特色社会主义伟大旗帜 为全面建设社会主义现代化国家而团结奋斗——在中国共产党第二十次全国代表大会上的报告》，人民出版社2022年版，第30—31页。

社会、城乡发展一体化等决策部署,已初见工业反哺农业、城市支持乡村的发展雏形。但若以依托宁淮直线高铁促进乡村振兴发展的思路审视,目前苏北城乡融合发展的水平还是很低的,城乡二元分割依然是较为突出的结构性短板。鉴此,打破苏北城乡二元结构、走融合发展的道路遂成当务之急,可谓刻不容缓。否则,宁淮直线高铁原本能够给苏北带来的生产要素的集聚和提升效用,会因城乡二元分割和"配不上套"的基础设施等短板而大打折扣。苏北农村应把基本公共服务均等化建设的着眼点,放在苏北高铁网络建成后以淮安为都市圈"极核区"的苏北同城化高标准要求上来,放在科学对接未来以徐宿淮宁苏高铁为龙头的南北三线网络化高铁走廊所催生的"三苏同城"空间变革的高要求上来。这就必须尽早制定适合苏北本地城乡一体化发展所要求的农村基本公共服务规划体系,构筑健全城乡基本公共服务均等化的体制机制,深化公共财政体制改革,创新适合苏北高铁时代和未来"三苏同城"南北通连方式所要求的农村基本公共服务供给模式,在农民市民化、补齐农村居民基本公共服务和社会保障等短板方面推出"强力版"的改革举措。高铁时代所要求的同城化、网格化、一体化运行环境,苏北农村进一步的开放发展和一体化发展理当直面应对,迎头"补"上。

三 依托"三苏同城"打造苏北
乡村生态产业品牌

倚仗宁淮直线高铁走廊为龙头的江苏全域高铁网络平台,高质量打造苏北农村开放发展和一体化发展的生态产业品牌,是江苏经济社会实现"差异发展、协调发展、融合发展"以建设现代化经济体系的主要意涵。

党的十九大报告在第九部分有关"建设美丽中国"的阐述中强调,人与自然之间和谐共生是现代化的重要意涵,要努力提供更多的优质生态产品，不断满足人民日益增长的对优美生态环境的需要。[①]
党的二十大报告明确提出，要推进美丽中国建设，推进生态优先、节
约集约、绿色低碳发展，并指出，要以国家重点生态功能区等为重
点，加快实施重要生态系统保护和修复重大工程。[②] 倚仗宁淮直线高
铁走廊等平台，高质量打造苏北农村开放发展和一体化发展的生态产
业品牌，为江苏全域尤其是苏南和长三角经济圈核心区提供特色鲜
明、优品高质的生态产品，能够充分体现建设美丽中国的要求以及建
设现代化体系所包蕴的丰富内涵，是反映"'1+3'功能区"理念的
供给侧结构性改革、加快建设江苏协同发展的产业体系、构建全省整
体上充满活力的市场经济体制的题中之义。而对于苏北来说，生态产
业是推进农业和农村现代化的原动力，生态产业的兴旺是苏北乡村振
兴的重要支撑，来不得半点儿认知上的自卑、错位或行动上的踯躅。
苏北广大农村理应把高质量打造开放发展和一体化发展的生态产业品
牌作为人有我优的强点目标，自信满满地构筑起江苏全域经济社会发
展的生态乐园。

　　江苏省委省政府的"'1+3'功能区"战略构想把苏北尤其地理
中心淮安定位为生态经济区，这个"生态"不能被理解为仅是苏北
的生态，它应该是整个江苏的生态、全国的生态。未来淮安和苏北做
出了生态贡献，这种生态贡献在社会主义市场经济的新时代应该也必
须是能够换回"金山银山"的。否则让淮安和苏北人怎么理解和接
受"差异发展、协调发展和融合发展"？公平正义也是难以体现的。
淮安和苏北的生态产品不能只是留作自我欣赏，它也必须倚仗江苏未
来的几条高铁走廊尤其是宁淮直线高铁向那个"1+3"的"1"（沿
江经济区）以及"3"中的另外两个"1"（沿海经济区、淮海经济

---

　　① 习近平：《决胜全面建成小康社会　夺取新时代中国特色社会主义伟大胜利——在中国共产党第十九次全国代表大会上的报告》，人民出版社 2017 年版，第 50 页。
　　② 习近平：《高举中国特色社会主义伟大旗帜　为全面建设社会主义现代化国家而团结奋斗——在中国共产党第二十次全国代表大会上的报告》，人民出版社 2022 年版，第50—51 页。

区)开放的。换句话说,苏北生态经济区的开放市场首先应该在苏中、苏南乃至长三角经济圈的核心,继之也能够拓宽江苏域外市场,为省外提供独具特色的生态产品。《规划纲要》的第十章也指出,要高水平地建设生态绿色一体化的发展示范区。"生态"二字在《规划纲要》中出现 95 次,足见生态在长三角域内高质量一体化发展中的重要地位。可以想见,不能够对接以宁淮直线高铁为龙头的"三苏同城"高铁网络,苏北生态产业的发展、生态产品品牌的打造、生态市场的培育,也将失去激励动力而沿袭着优柔寡断和发展方向上的迷惘。高铁时代苏北别具特色的生态产业的兴盛,必须倚仗宁淮直线高铁为龙头的"三苏同城"高铁网络平台。

总之,苏北农村的开放发展和一体化发展,其路向的科学性合理性与否,其发展速度的或快或慢、发展成就的或大或小,必将与宁淮直线高铁赖以其上的"三苏同城"网络化高铁走廊的决策和实施状况亦步亦趋,形影相随。

第七章　进入新时代前后江苏空间生产比较研究及启示

本章主要是以中国特色社会主义进入新时代前、后两个时期为考察视域，对江苏以铁路建设为主的空间生产作出多视角、多层面的对比研究，以期提出对"三苏同城"空间生产乃至其他地区的空间变革实践具有借鉴意义的理论和实践启示。

一　比较视域、比较意指和比较方法

（一）进入新时代前后的比较视域

党的十九大报告明确把中国特色社会主义进入新时代作为我国发展新的历史方位。① 本课题之所以要进行比较研究，而且还要以党的十八大召开、中国特色社会主义进入新时代作为江苏以铁路建设为主的空间生产比较研究的时间节点；是因为，党的十八大召开之前的2009 年底和2011 年6 月，分别是具有象征意义的武广高铁和京沪高铁开通的时间节点，中国特色社会主义进入新时代的大致时间节点与具有象征意义的武广、京沪两线高铁开通并发挥其显著经济社会效益的时间节点，具有显著的重合性。以此作为江苏以铁路建设为主的空间生产变革的比较研究的时间节点，把江苏铁路建设以至空间生产放

---

① 习近平：《决胜全面建成小康社会　夺取新时代中国特色社会主义伟大胜利——在中国共产党第十九次全国代表大会上的报告》，人民出版社2017 年版，第10 页。

之于国家空间变革的大背景下，才能使比较视域具有科学性，继之也才能够得出合理的、有说服力的比较结论，并对"三苏同城"空间变革乃至相关科学决策实践产生重要的启示作用。

全长1318公里的京沪高铁，2008年4月18日正式开工，2011年6月30日全线正式通车；全长1069公里的武广高铁，2005年6月23日正式开工，2009年12月26日全线正式通车。无论是从两条高铁超短的建设周期、超长的时空跨度，还是从其在国家《中长期铁路网规划》中"八纵八横"高速铁路主通道的地位上来看，京沪高铁与武广高铁两条高铁线路的建成通车，在中国铁路建设和发展史上都将因其对于经济社会快速发展的巨大推动力，具有极其鲜明的重大象征意义。它们象征着进入新时代的中国在铁路建设和发展成就上的突飞猛进。换言之，进入新时代之后的铁路建设，成为近70多年以来的黄金时期、高质量发展时期。从数据上来看，在武广高铁和京沪高铁相继开通之后，仅仅十多年的时间，中国高铁里程从2012年的3084公里发展到2019年底的3.5万多公里，2021年已逾4万公里（不包括台湾省的数据）。其间，2014、2015两年均建成高铁里程逾1万公里。一如国务院新闻办在2020年底发布的《中国交通的可持续发展》白皮书所说，进入新时代以来，中国交通发展取得历史性成就、发生历史性变革，进入基础设施发展、服务水平提高和转型发展的黄金时期，进入高质量发展的新时代。[①] 一个十分有趣的现象是，2012年武汉火车站被评为"全球最美建筑"，获得了美国芝加哥雅典娜建筑设计博物馆颁发的国际建筑奖。但随着中国高铁建设的飞速发展，全国各地一座座高铁站拔地而起并俨然成为各地的最新、最帅的地标，于是，武汉火车站这个"全球最美建筑"的规模和名次只好一"让"再"让"，目前在武汉已让位于最新规划的汉阳站（又叫武汉西站）。

---

① 中华人民共和国国务院新闻办公室：《中国交通的可持续发展》，《光明日报》2020年12月23日第10版。

党的十八大以前，即中国特色社会主义进入新时代以前，从新中国成立到 2012 年，国家铁路建设成就是巨大的。从数据上来看，1949 年底全国铁路运营里程 2.18 万公里，到改革开放初期的 1980 年已达 4.94 万公里，而到 2012 年党的十八大召开，已达到 9.76 万公里。63 年的时间里增长了 7.58 万公里，应该说成就斐然。只是这种巨大成就与进入新时代以后的铁路建设的基础扎实、财力雄厚、时间跨度短相比，具有恰似相反的基础薄弱、财力有限、时间跨度长等特点。由此可以看出，不仅是新时代，即便是在基础薄弱、财力有限的前几十年，尽管时间跨度长，但国家整体层面的铁路建设还是在不断进步的，成绩也是显著的。

那么，同样是在进入新时代前后这一时间节点，江苏铁路建设状况以至空间生产状况是怎样的呢？

（二）新时代前后两个时期江苏铁路建设和空间生产状况比较

这种比较应该从两个方面进行。一方面是江苏铁路建设状况的纵向比较，另一方面也是江苏铁路建设状况在国家同期铁路发展中所处水平的比较。两个方面的比较研究，才是具有全面性和整体性意味的科学性比较，才能体现出比较研究的合理性和说服力。

首先，在全国铁路建设 63 年的时间跨度增长 7.58 万公里的背景下，江苏铁路建设则是严重滞后的，或者说是在包括西藏的全国范围内极其少有的滞后。"解放 40 年，苏北未建过一寸铁路，一个面积 5 万平方公里，4000 多万人口的腹地'地无寸铁'。"① 这恰似另一种"空间中凝固的永恒"②。前 40 年如此，后 20 年又是一个怎样的状况呢？要回答这一问题，还是要以长江天堑为界，对苏南与苏北、苏中进行

① 何希敬：《苏北铁路纪实》，江苏人民出版社 2000 年版，第 13 页。
② 人们一般把雕刻大师米隆的代表作《掷铁饼者》赞誉为"空间中凝固的永恒"。古希腊的雕塑艺术因其独具艺术魅力的美感引发世界艺术家的共鸣，一向被誉为"立体的诗，动态的画，有形的音乐"。本书仅仅借重"凝固""永恒"来说明和描画苏北 40 年空间生产的停滞。

分说。苏南依托国家南北铁路通道尤其南京的国家枢纽地位可谓如鱼得水，发展迅捷。但在苏北、苏中的 8 个地级市中，长期以来除了连云港有一趟"K"字头列车要绕圈一个白昼才能通达上海以外，其余 6 座城市若赴上海均需转车并绕道徐州，即"又转又绕"[①] 才能到达上海。徐州附近的宿迁绕道徐州尚可不计，而苏北的淮安、盐城，苏中的扬州等可谓与上海隔江相望，却要用整整一个白天的时间，十几个小时才能抵达上海。由此可见苏北、苏中的铁路交通短板之"短"的严峻程度。《苏北铁路纪实》一书指出的"新淮地方铁路经过徐州、宿迁和淮阴三市人民的共同努力，经历了 15 年的艰苦曲折，终于在 3 月 5 日建成 103.3 公里，通车至淮阴西站（袁北）"，终于结束了"解放 40年，苏北未建过一寸铁路"[②] 的历史，成就了解放 50 年后苏北才通了第一条铁路的现实，便是苏北铁路建设滞后的鲜明写照。

说起来这好似是一个难解之谜。上述"空间中凝固的永恒"还表现在，居于苏北地理中心的淮安是国人最早提出拟修筑铁路之地[③]。自 1874 年李鸿章提出修筑清江到北平铁路，距沂淮铁路开通已有 120 多年的历史。然而新中国成立后 40 年"地无寸铁"，建国 60 年"地上缺铁"，这似乎又超出了人们的想象力。苏北的淮阴（即清江，目前的淮安市）在清代是极其重要的交通枢纽，是全国最大的水陆码头。周恩来在天津南开时期曾写过《射阳忆旧》一文，文中称：淮阳古之名郡，扼江北之要冲，南省人士北上所必经之孔道也。彼时的淮阴即清江，

---

① 这种"又转又绕"，几近在一个封闭的椭圆形线路上频繁转车，断断续续地行走了整个椭圆的 5/7。原本在跨江通连直线距离下普通列车只需 3 个小时左右的车程，长期以来（20 多年间）却要从凌晨走到天黑，用时是直线距离的 3 倍多。

② 何希敬：《苏北铁路纪实》，江苏人民出版社 2000 年版，第 13 页。

③ 参见何希敬《苏北铁路纪实》，江苏人民出版社 2000 年版，第 15 页。较早的，如李鸿章在同治十三年（1874 年）上奏朝廷："极陈铁路利益，请先试造清江至京，以便南北传输。"杜涛在《铁道知识》1997 年第 2 期撰文《我国最早议修的铁路——清江至京线》，记有刘铭传、左宗棠等人分别于 1880、1885 年奏请修筑清江至京铁路；1888 年康有为赴京，通过御史屠仁守上《请开清江浦铁路折》请求变法，其中主张"宜用漕运之便，十八站大陆之地，先通南北之气，道近而费省，宜先筑清江浦铁路"，如此便可"宜择要地以控天下、收利权"；1894 年，刘坤一在任两江总督期间也奏请兴建天津至清江的铁路；1895 年，光绪皇帝曾亲自命令张之洞筹建清江至京铁路，广罗并遴荐人才。

被誉为"南船北马，交汇之所"。康有为赞清江为"固天下之喉襟，为万方所辐辏"。《曾国藩家书》卷三中记载有1852年即咸丰二年曾国藩令其子曾纪泽急回湖南老家奔丧一事。曾国藩在信中还为其子提供了尽快赶回湖南老家的线路图，认为不如走王家营，如此只需十八日旱路即到清江。家在湖南湘乡的曾国藩，虽然明知要绕道上千里，但还是建议先陆路行驶到清江再换水路。李鸿章、刘铭传、左宗棠、屠仁守等人身为清朝重臣不约而同地都看到了北平至淮阴之间筑有铁路对南北行人那种"十八日旱路一日可达"的巨大作用，由此足见淮阴在彼时的全国交通中举足轻重的地位。① 但是，历史的发展就是如此"错位"，新中国成立以后，淮安这块一度被设定为红色共和国的首都、为解放事业做过重大贡献的地区，这片"扼江北之要冲""固天下之喉襟，为万方所辐辏"的交通要道、"南船北马，交汇之所"，却在铁路建设上呈现出顽固的"空间中凝固的永恒"。

其次，在国家高铁建设突飞猛进、成就斐然的新时代，江苏铁路建设成就出现了突飞猛进的局面。只是这种局面还表现出两个方面的特点：一是"坐享京沪"；二是"时代召唤"。关于"坐享京沪"，说的是苏南的4座地级市加上省会南京，是因京沪高铁的兴建和开通而得以在铁路建设上取得显著成就的。② 可是也就是在这种"坐享京沪"之后，江苏在空间生产和变革上，即在铁路建设上竟然好似在其邻居安徽和浙江"夺路先行"、如火如荼地"大兴高铁土木"③的5年多时间内，像睡大觉一般又停滞了，没有动静了，好似又来了一次"空间中凝固的永恒"。前文所述长三角一市三省的高铁通车时间节点和历程的比较中，已经对此作出了综述。尽管

---

① 本段所述均参见杜涛《我国最早议修的铁路——清江至京线》，《铁道知识》1997年第2期。

② 这里并非否认南京作为全国最重要的交通枢纽之一在铁路建设上的前期成就。因为这是两个方面的问题。

③ 安徽和浙江的"大兴高铁土木"，被新闻界广泛报道，成为京沪高铁开通后长三角区域交通一体化发展最显著的亮点，并实实在在地倒逼江苏要在铁路建设和空间生产上再也不能不考虑"南北联动"和"跨江融合"。

目前以苏北极核区淮安为中心的未来苏北同城化高铁网（铁路网）已初具雏形，但从运营频次来看，还是十分单薄的，既没有像浙皖两省那样大部分地级市均早于江苏2至5年便开通了公交化频次运营的高铁，也没有实现所有地级市与省会的高铁或普铁通连。比如至今在21世纪的第3个十年，作为"苏北区位第一优势特大城市"的淮安在与省会南京的通连上，依然还是《苏北铁路纪实》中反复提及的"地上缺铁"，严格地说是"地无寸铁"。关于"时代召唤"，江苏省委有关"突出的制约在交通"，"特别是苏北只有徐州通高铁"，要"重点补齐苏北高铁短板"，"努力把交通短板拉成发展长板"①等认知和宣示，便是在全国逾4万公里高铁运营里程的背景下，江苏高铁建设的宏大努力方向。而在2020年底的时间节点，安徽却以2297公里的高铁运营里程跃升全国第一，且县域铁路覆盖率已逾80%，为近几年来长三角交通一体化的推进作出了扎扎实实的努力和成绩。江苏在2016至2019年这段时间终于抛却了空间生产上的两度"凝固的永恒"，铁路建设速度较快，尤其是2019、2020两年，由全国排位第17名一跃而升至2020年的第4名，2021年高铁里程已达2031公里。

　　以上两个方面的比较，很容易使人想到一个显而易见的问题，即江苏在铁路建设以至空间生产上的成就差异，其主要原因是什么？换句话说，新中国成立70多年以来，江苏尤其苏北、苏中前60多年铁路建设的滞后，与进入新时代之后9年多铁路建设的奋起直追并取得显著成就，是不是主要因为前60多年财力不济，而进入新时代财力雄厚呢？②答案自然是否定的。财力的分殊绝非江苏铁路建设乃至空

---

① 娄勤俭：《努力做到知其然、知其所以然、知其所以必然》，《人民日报》2020年11月27日第9版。

② 这种"财力决定论"，不仅在20世纪有"我不是不支持你们淮阴办铁路，而是你们淮阴没有条件办铁路"的说辞，更有新世纪江苏经济社会发展一向走在前列作为反证。因为江苏的全国"百强县"数量近些年一直位居全国第一，全国前十名的"百强县"江苏多年来一直占有一半左右席位。"财力决定论"无异于江苏空间生产上的"涂层城市化"现象的一种扭曲或另类表达。

间生产成就差别的主要原因。那么这背后究竟隐藏着什么至关重要的因素呢？

二 历史主动性的分殊：建设成就差异的主要原因

从《苏北铁路纪实》一书的记录中，从与新时代江苏高铁建设奋起直追并取得显著成绩的比较之中，在否定单纯的"财力决定论"之后，人们不难发现其间所隐藏的至关重要的因素，即作为改造社会的主体的人是否能够充分发挥其历史主动性的问题。

（一）穷则思变、自力更生的精神面貌凸显基层领导和群众的历史主动性

历史主动性作为一种主观能动性，一旦得到充分发挥，便能够在尊重客观规律的前提下，创造出人间奇迹。这是马克思主义哲学一个十分朴素而简明的道理。淮阴市人大常委会副主任李挺华同志以"没有条件，可以创造条件"来回应"我不是不支持你们淮阴办铁路，而是你们淮阴没有条件办铁路"[1] 等反对的声音，就是这个道理。我们国家在一穷二白的基础上建立起较为完备的工业制造体系，"两弹一星"的成功以及各种关系国计民生的重大建设工程的建成运营，有哪一项不是倚靠人民群众充分发挥自身的历史主动性和历史自觉性，发扬自力更生艰苦奋斗的精神而实现的呢！当然客观条件比如财力是一方面重要因素，也是制约事业成功的难以绕开和规避的客观因素。但从苏北兴建铁路"省里没有投入一分钱'资本金'"、"'自力更生'的威力还是很大的"、人民群众中蕴藏着"了不起的奉献精神"[2] 等方面来看，主观能动性是更值得称道的，也是比财力更为重要的因

---

① 何希敬：《苏北铁路纪实》，江苏人民出版社2000年版，第24页。
② 何希敬：《苏北铁路纪实》，江苏人民出版社2000年版，第36—37页。

素。依靠人民群众的支持，充分发挥人民群众的历史自觉性和历史主动性，没有条件便能够创造出条件，再难的客观条件终将能够创造出来，这才是事业成功的决定的、根本的因素。这种观点，与"人有多大胆，地有多大产"等"精神决定物质"的唯心主义，完全不可同日而语。否则，"自力更生，艰苦奋斗"便失去了其最起码的存在论意义。正因为苏北广大干部群众充分发挥出历史自觉性和历史主动性，《苏北铁路纪实》一书的作者才深情地说：苏北兴建铁路"这段历史是不会被埋没的。我们不能忘记这是苏北人民特别是徐、宿、淮三市人民包括铁路战线同志共同努力的成果"，"10年了，他们并没有得过一分红利"[①]。是新淮铁路（即新沂至淮安铁路）沿线的父老乡亲"以极低的土地征用费作出投资"，作出了乡、村的土地征用费和土方劳务费"两级入股"兴建地方铁路的"典型创举"；是沭阳、新沂两县发动数万民工上阵，以"铁路工"顶"水利工"的办法，大搞路基土方，顺利完成了46.2公里130多万的土方任务，作出了巨大贡献；是苏北的人民群众纷纷把仅有的一点儿余钱捐给铁路建设，沭阳县颜集乡小学学生收集牙膏皮、废铁皮，变卖之后捐给铁路建设，对铁路建设也是"莫大的支持"；是包括苏南的常州、苏州等地的企业和基层干群踊跃认购股票，才使建成铁路的关键的资金筹措有了希望和着落……总之，"如果没有群众的奉献精神，建成这条铁路是难以想象的"。[②] 这种奉献精神，突出彰明人民群众那种穷则思变的历史自觉性，自力更生、艰苦奋斗的历史主动性。

（二）铁路建设上的两种意见分殊其实质是主体在历史主动性上的分殊

一般说来，凡是关系到国计民生的重大工程的论证或决策过程，出现不同意见是十分正常的，没有不同意见反而是不正常的。比如，

---

① 何希敬：《苏北铁路纪实》，江苏人民出版社2000年版，第36页。
② 何希敬：《苏北铁路纪实》，江苏人民出版社2000年版，第21页。

人们记忆犹新的是：1992年4月3日，七届全国人大五次会议通过了关于兴建三峡工程的决议，完成三峡工程的立法程序并进入实施阶段。在会议现场，赞成1767票，反对177票，弃权664票，未按表决器的25人。超过半数，决议获得通过。苏北铁路建设的反对声音也是存在的。尽管铁路工程决策并非像三峡工程那样具有许多人们因自身知识限制而难以理解的因素，但也并非属于可以小觑的工程，因而有反对的声音也是不足为怪的。

比如在苏北沂淮铁路的决策程序中，从基层到各级决策层，一直存在着"苏北没有能力建铁路"（即"条件制约论"）、"同京杭运河平行，不能兴建铁路"（即铁路通车后会导致公路或水路营运能力萎缩的"萎缩论"）、"铁路是夕阳工业，国外已经在拆铁路，搞高速公路了"（即铁路建设上的"过时论"）、"说有了铁路经济就会繁荣，连云港早有了铁路为什么经济还没有繁荣？"（即"机械类比论"）等等认识。《苏北铁路纪实》一书是这样记述的："一些同志看不到江苏经济再上新台阶的后劲在苏北；看不到苏北腹地'地无寸铁'，苏南发达，苏北落后，制约了全省经济腾飞；看不到对中国革命做出过历史性贡献的苏北老区人民对建设铁路的强烈愿望；看不到苏北如果建了铁路，苏南的今天即成为苏北的明天，苏北也必将成为我国的重要发展地区。江苏作为全国数一数二的经济大省，不是经济上的无能为力，也不是技术上有解决不了的困难，而主要是有些同志至今还没有迅速改变苏北落后面貌的决心，没有看到群众中蕴藏着巨大的积极性。因此，在建路方针上不是积极贯彻'地方为主'的方针，而是坐等国家安排，因而，对淮阴市的要求迟迟不予表态。"[①]

这些认识在历史和时代的检验中早已被证明是错误的，有些甚至是十分可笑的。但是，在彼时彼刻，却实实在在地、真真切切地甚至是冠冕堂皇地阻碍着苏北铁路建设的决策进程。否则，怎么会出现《苏北铁路纪实》一书中作者对"本来3年可以建成的铁路，仅批文

---

① 何希敬：《苏北铁路纪实》，江苏人民出版社2000年版，第22页。

一项前期工作，从 1985 年至 1988 年，就整整花了 4 年"和"一个接轨点的问题，整整扯皮 3 年"① 等感慨与无奈呢？怎么会出现从 1984 年开始到 1998 年，"经历了 15 年的艰苦曲折"，才建成 103.3 公里的新淮（即沂淮）地方铁路呢？

以当下的眼光和视野（即认知水平和历史高度）来剪裁或妄议历史，是不符合辩证法的。因为我们有理由指认那些提出反对意见的同志就是不热爱家乡和祖国吗？他们没有为人民服务的意识吗？非也！至少对绝大多数持反对意见的同志来说，答案只能是否定的。那么不论是在彼时彼刻还是在此时此刻，我们究竟应该如何对待这些意见，拿什么标尺来衡量这些意见？其实，正如本节第一部分标题所指出的：穷则思变、自力更生的精神面貌凸显基层干部群众的历史主动性。也就是说，在本节的第一部分阐述中，我们已经隐性地给出了衡量标尺，第二部分的标题便是对衡量标尺的明确表述：铁路建设上的两种意见分殊其实质是主体在历史主动性上的分殊。进而言之，主体的历史主动性的高低、对建设重要性认识程度的高低，才是建设成就出现巨大差异的主要原因。那么继而要追问的是，历史主动性究竟是什么？它究竟有什么作用呢？

三 历史主动性的生成机理和启示

（一）历史主动性的内涵和生成机理

所谓"主动"，现代汉语词典的解释，一是不待外力推动而行动，与"被动"相对，如主动性、主动争取；二是能够造成有利局面，使事情按照自己的意图进行，与"被动"相对，如主动权、争取主动、处于主动地位等。马克思主义哲学语境中的"主动"，即主体的"主观能动性"。这种主观能动性就是意识对物质的反作用，具体表现为主体意识的目的性和计划性、意识的创造性、意识指导实践改造

---

① 何希敬：《苏北铁路纪实》，江苏人民出版社 2000 年版，第 23、26 页。

客观世界的作用以及意识对人的行为和生理活动的调控作用等。其中，最为主要和典型的是意识指导实践改造客观世界的作用。列宁曾对意识的这种能动性作过描述："世界不会满足人，人决心以自己的行动来改变世界。"①

习近平总书记在党的百年庆典大会上指出："中国共产党坚持马克思主义基本原理，坚持实事求是，从中国实际出发，洞察时代大势，把握历史主动，进行艰辛探索，不断推进马克思主义中国化时代化，指导中国人民不断推进伟大社会革命。"②"历史主动"是习近平总书记反复提及的重要范畴，具有极其深厚的历史依托、理论内涵和时代意涵。正是倚仗这种历史自觉和历史主动，中国共产党人才能够锻造出"坚持真理、坚守理想，践行初心、担当使命，不怕牺牲、英勇斗争，对党忠诚、不负人民"的建党精神，谱写出不断追求民族复兴和人民幸福的百年历史；正是倚仗这种历史自觉和历史主动，我们党才能够实现理论创新与实践创新的良性互动，成为带领人民赶上时代步伐的强大先锋队；正是由于这种历史自觉和历史主动，我们党才能够做到把中国的发展与世界和时代的进步结合起来，进而成为国际新秩序新理念的积极倡导者；正是由于这种历史自觉和历史主动，我们党才能够做到站在历史正确的一边和人类进步的一边，进而成为人类社会发展与进步的重大贡献者。由此可见，我们党高度的历史自觉和历史主动，才是取得百年辉煌成就的主要原因。一个党是如此，一个国家、一个集体或团体均是如此。倘若丧失了历史自觉和历史主动的主体意识，无异于企图坐享天成，或不战而缴械投降。反之，因充分发挥历史主动性而做出成就的主体，必然会以其成就而进一步强化主体的自觉性和主动性。如此相互促进、相得益彰，从而不断推动主体改造世界的社会实践活动的深入发展。

---

① 《列宁专题文集·论辩证唯物主义和历史唯物主义》，人民出版社 2009 年版，第 138 页。

② 习近平：《在庆祝中国共产党成立 100 周年大会上的讲话（2021 年 7 月 1 日）》，人民出版社 2021 年版，第 12—13 页。

由此可见，历史主动性作用于主体的实践活动的发动机理和运行机制，一般表现为主体的历史主动性与实践活动的同向互促、互为因果、辩证统一的运动过程。这一辩证运动过程，即主观见之于客观的人类特有的实践活动过程，也是物质变精神、精神变物质的辩证运动过程。质言之，历史主动性的生成和发挥其主动性作用的过程，集中表现为主体自发自愿的内在要求与自觉主动的外在行动的高度统一和辩证运动过程，这就是历史主动性作用于主体的实践活动的发动机理和运行机制。

（二）历史主动性其生成机理的重要启示

党的十九届六中全会指出，新时代党面临着实现建党百年目标和开启实现建国百年目标新征程的历史任务。以习近平同志为核心的党中央以伟大的历史主动精神、巨大的政治勇气、强烈的责任担当，统筹"两个大局"，统揽"四个伟大"，一系列重大方针政策密集出台，一系列重大举措强力推出，一系列重大工作坚定推进，一系列重大风险挑战被战胜，使许多长期想解决而没有解决的难题、许多过去想办而没有办成的大事得以解决和办成，从而推动党和国家的事业取得了历史性成就，发生了历史性变革。[①] 这一重要论述清楚地说明，主体历史主动性的生成、发挥其改造世界的作用与实践结果之间，是同向互促、互为因果、辩证统一的关系。中国共产党人作为历史主体的历史主动性，因其初心和使命而生成，即中国共产党人为中国人民谋幸福、为中华民族谋复兴这一初心和使命，就是"激励中国共产党人不断前进的根本动力"[②]，就是中国共产党人这一政治勇气和责任担当的生成泉源，就是中国共产党人解决难题、办成大事并推动党和国家事业取得历史性成就、发生历史性变革的根源；同时，在不断前进、责任担当并取得伟大成就的过程中，中

---

① 《中共十九届六中全会在京举行》，《光明日报》2021 年 11 月 12 日第 1 版。
② 习近平：《决胜全面建成小康社会　夺取新时代中国特色社会主义伟大胜利——在中国共产党第十九次全国代表大会上的报告》，人民出版社 2017 年版，第 1 页。

国共产党人的历史主动精神也不断得到强化。由此，我们可以总结出以下几个方面的重要启示。

首先，主体自发自愿的内在要求，是其发挥主观能动性、发扬历史主动精神以做出改造世界的外在行动的泉源。

这里很自然地提出的问题是，主体自发自愿的内在要求又是从哪里来的呢？马克思主义哲学有关矛盾是事物发展的动力这一基本原理告诉我们，正是由于理想与现实之间的差距和矛盾，才促使人们产生自发自愿的内在要求，继而为了实现理想而发挥其历史主动精神并付诸实践。

从《苏北铁路纪实》一书中"回忆沂淮地方铁路建设的艰苦历程"等内容可以看出，正是"解放40年，苏北未建过一寸铁路，一个面积5万平方公里，4000多万人口的腹地'地无寸铁'"[①] 的严峻现实，才使苏北人民生发出兴建苏北铁路这一"世代愿望"。1984年淮阴市提出兴建沂淮（即"新淮"）地方铁路，而且就在同一年，省党代表大会作出在1986年至1990年期间筹建苏北地方铁路的决定，正是为实现"世代愿望"而作出的决定。"世代愿望"是省党代会、淮阴市领导和苏北人民提出兴建苏北铁路动议的泉源；而苏北铁路经历了15年的艰苦曲折终于建成通车，正是省党代会、淮阴市领导和苏北人民发挥历史主动精神的外在行动的结果。

再从进入新时代以后尤其是近几年江苏高铁建设的巨大成就来看。正是看到了苏北、苏中与苏南5市在高铁通连上的巨大差异[②] 对江苏经济社会发展"走在前列"的制约，尤其是真切地体味到苏北高铁短板对江苏"省内全域一体化"的巨大制约作用、对江苏"做

---

① 参见何希敬《苏北铁路纪实》，江苏人民出版社2000年版，第13页。
② 尽管尚未形成"三苏壁垒"这一标识性概念，但从江苏省委省政府多年来提出的"两聚一高""民生共享"尤其是"'1+3'功能区"等战略设想上来看，人民群众尤其是决策者对"三苏壁垒"这一行政和区域双重壁垒及其在江苏经济社会发展的制约性影响的认知上，应该说还算是清晰的。

好区域互补、跨江融合、南北联动大文章"① 的巨大阻滞作用，以至看到了"三苏"之间的"楚河汉界"对长三角区域一体化发展这一国家战略的制约和迟滞作用，才促使江苏省委省政府发挥历史主动精神，以前所未有的力度大兴高铁建设土木，在短短的三四年内就使连淮扬镇高铁、连徐高铁和徐宿盐淮高铁开通，使广大苏北地区高铁驱动的同城化初具雏形。这是苏北乃至整个江苏铁路建设以至空间生产上巨大的历史进步。②

其次，充分尊重人民主体地位、坚持以人民为中心的理念，是决策主体发挥其历史主动性、表现出符合实践要求和社会进步的巨大政治勇气、强烈责任担当并不断克服一切困难执着前行的泉源。

决策主体发挥其历史主动性、表现出符合实践要求和社会进步的巨大政治勇气、强烈责任担当并不断克服一切困难执着前行的泉源，根本上来自对人民群众历史主体地位的尊重和体味，来自对以人民为中心理念的坚守，来自党的十九届六中全会和建党百年庆典上习近平总书记所强调的"永远保持同人民群众的血肉联系"，来自党的二十大报告关于"人民至上"的政治立场，而非一己之私的褊狭利益和得过且过的被动应付。决策者和领导者只有心中时刻装着群众，急群众所急，想群众所想，才能产生巨大的政治勇气，才能表现出强烈的责任担当，继而才能发挥历史主动精神，不断克服一切艰难险阻去实现好、维护好、发展好最广大人民群众的根本利益，才能做到团结带领人民为美好生活而努力奋斗。

从《苏北铁路纪实》一书中"回忆沂淮地方铁路建设的艰苦历程"等内容还可以看出，在沂淮地方铁路建设经历的 15 年的艰苦曲折中，不论是经济战略上的考量，还是种种消极阻碍因素，如前所述

---

① 任松筠、倪方方：《牢记习总书记重托　推动更高质量发展》，《新华日报》2018年6月13日第1版。

② 不仅如此，新时代京津冀、珠三角等区域一体化建设的巨大成就，同样凸显我们党在发扬历史主动精神方面的优良精神面貌。这从附录2对习近平总书记"7点要求"的阐述中，能够深刻地体会到。

的"条件制约论""运力萎缩论""铁路过时论""机械类比论"等认识，以及由此生发出的"缓建论"的迟滞、掣肘甚至是"人民来信"等阻碍因素，乃至设计问题上的波折、筹资环节中发行股票对《中华人民共和国公司法》《证券法》的无知和不自觉规避、为了项目审批而成年累月地等待，等等，都没有销蚀那些主张、支持和主持兴建苏北铁路的人们的热情，没有减损他们的干劲，没有让他们在困难面前有所萎缩。因为他们知道，兴建沂淮铁路是为了加快苏北发展的需要，是苏北人民摆脱贫困，振兴淮阴经济，实现"富民兴淮"的需要。正如《苏北铁路纪实》一书的作者所言："我想的不是什么奖励和荣誉，而是苏北人民什么时候能过上更加富裕的生活，徐淮大地这个老解放区的人民也应早日登上 21 世纪的快速列车！"①

再从进入新时代以后尤其是近几年江苏高铁决策过程和建设历程来看。进入新时代以来，习近平总书记三次对江苏工作作出重要指示，江苏省委省政府坚持把贯彻落实习近平总书记的重要指示精神作为重大的政治任务，对江苏发展思路进行再审视、再深化。2019 年 6 月 27 日，在"不忘初心、牢记使命"主题教育专题会议上，江苏省委以勇于自我革命的历史主动精神，一口气提出了令人们"振聋发聩""震惊四座""鸦雀无声"并"激起千层浪"的"九个有没有""发展三问"以及站稳群众立场的"三个有没有"②。这种政治勇气和责任担当，其实质就是聚焦解决老百姓反映强烈的突出问题而作出的发展之问、揭短之问、时代之问，而其泉源正是对以人民为中心的发展思想的坚守，对人民群众美好生活的期待的顺应。从"九个有没有"所强力掀揭的"盲目乐观""认识盲区""路径依赖""侥幸心理""行为短视""依赖心理""视野局限""本领恐慌""形式主义"等现象，以及对"发展的初心是什么？"的追问中，我们能够强烈感受到这"一次大'统考'背后的发展理

---

① 何希敬：《苏北铁路纪实》，江苏人民出版社 2000 年版，第 36 页。
② 郁芬、倪方方：《用新思想解放思想统一思想》，《新华日报》2019 年 6 月 29 日第 1 版。

念之变"，这就是在"九个有没有"提出一年多之后，《光明日报》所报道的江苏致力于破解"一批长期积累的难题"①。

而反观苏北铁路建设中"一个接轨点的问题，整整扯皮 3 年"，"本来 3 年可以建成的铁路，仅批文一项前期工作，从 1985 年至 1988 年，就整整花了 4 年"等迟滞现象，以及进入新时代以来前几年苏北高铁建设上的懈怠和迟滞②等现象便可以看出，这与少数人在以人民为中心的理念上的不明确和不坚定是密切相关的。"扯皮""懈怠""迟滞"等所导致的，只能是政治勇气上的气短、责任担当中的萎靡，自然也就丧失了其历史主动精神。

第三，党和国家事业取得成功的根本支撑，须臾离不开作为历史创造主体的人民群众及其历史主动精神的充分发挥，离不开人民群众广泛而积极的参与。

党的十九届六中全会审议通过的《中共中央关于党的百年奋斗重大成就和历史经验的决议》在第五部分"中国共产党百年奋斗的历史意义"中首先指出，近代以后，党领导深受三座大山压迫的中国人民经过波澜壮阔的伟大斗争，使中国人民终于彻底摆脱了被欺负、被压迫、被奴役的命运，成为国家、社会和自己命运的主人，人民群众在历史进程中积累的强大能量充分爆发出来，焕发出前所未有的历史主动精神、历史创造精神。③ 党的第三个历史决议对翻身解放了的中国人民前所未有的历史主动精神、历史创造精神的描画，同样适用于在革命战争中作出

---

① 本报记者苏雁、郑晋鸣：《一次大"统考"背后的发展理念之变》，《光明日报》2020 年 1 月 12 日第 1 版。

② 参见嵇长青《建设连淮扬镇铁路是必要的》，《扬州日报》2013 年 3 月 23 日第 1 版，http://roll.sohu.com/20130323/n369967306. 该报道称：连淮扬镇高铁从 1995 年便开始正式筹划，而到 2013 年国家发展和改革委员会在基层一切申报和审批手续齐全的情况下正式委派中咨公司组织专家评审并提出"建设连淮扬镇铁路是必要的"，应"尽快开工"的意见，苏北、苏中人民翘首期待的连淮扬镇铁路终于迈出关键的开工一步，从正式筹划到开工，各种程序走了 18 年。如果从开始筹划的 1995 算起到 2020 年正式通车，竟然过去了 26 年。

③ 《中共中央关于党的百年奋斗重大成就和历史经验的决议》，人民出版社 2021 年版，第 62 页。

巨大贡献的苏北人民对兴建苏北铁路的热忱支持和巨大贡献。

很难想象，像铁路建设这样巨大的工程，在国家财力捉襟见肘的境况下，离开人民群众无论是物力财力、知识和创造力等方面的支持而能够得以完成。早期苏北铁路建设中，人民群众的支持和奉献，成为推动铁路建设每每走出困境取得重要进展的主要因素。一句"地方铁路地方建，全区人民做贡献"便是其生动写照。人民群众以土地征用费和土方劳务费入股集资，全省各地人民群众踊跃捐款集资，数万、数十万人奋战在建设线路上，这一切都是铁路建设须臾不可离开的强大支撑力量。同样，在连淮扬镇高铁建设过程中，一旦通过了《预可研报告》，苏中、苏北的人民群众那种期待早日结束建国 60 年来"地上缺铁"面貌的渴盼，急于"填补江苏路网最大的铁路'漏斗'"的心境便被瞬间激发起来，不论是涉及苏北、苏中各城市的"利益诉求"，还是在"土地、规划、环评、过江大桥通航"① 等方面的论证、决策、协调方面，在人民群众的广泛参与下，建设速度飞快，5 年便实现了通车。

还有一方面应该强调的因素是，在工程最初动议、申报、论证、决策拍板和实施的全过程中，各级领导同志的使命意识、担当精神和恤民情怀，同样体现出历史主动精神，在许多环节中起着决定性作用。人民群众焕发出的历史主动精神和历史创造精神，一旦与各级领导和决策者的使命意识、担当精神和恤民情怀②形成强烈的互动，这种同向发力，便会产生无比强大的实践推动力。在"回忆沂淮地方铁路建设的艰苦历程"的"不能忘记的人和事"中，《苏北铁路纪实》一书的作者何希敬同志关于"中央、省、市一些老同志对铁路建设的支持"③ 的深情的回忆，读来令人感动。这就充分说明，人民群众作

---

① 嵇长青：《建设连淮扬镇铁路是必要的》，《扬州日报》2013 年 3 月 23 日第 1 版，参见 http://roll.sohu.com/20130323/n369967306。

② 人民群众焕发出的巨大历史主动精神和历史创造精神，同时也在感染着一些持反对意见或消极情绪的人们。这同样是令人欣慰的苏北铁路建设的"纪实"情节。

③ 何希敬：《苏北铁路纪实》，江苏人民出版社 2000 年版，第 36—39 页。

为历史主体的历史主动性精神的发挥，原本就包含着本质上作为人民群众一分子的、处于决策或关键地位的个人作用的正确发挥。这正是列宁所说的，必须"把领袖和阶级、领袖和群众结成一个整体，结成一个不可分离的整体"①。

---

① 《列宁选集》第 4 卷，人民出版社 2012 年版，第 160 页。

第八章　研究总结和研究警示

本章旨在集中总结与本书主题密切相关的一些重要问题，如核心标识性概念"三苏壁垒""三苏同城"及其相互关系，"三苏同城"空间生产和变革的现实路径，并从几方面作出必要的说明，最后提出研究警示。

一　研究总结

（一）"三苏壁垒""三苏同城"及其相互关系

"三苏壁垒"和"三苏同城"是本书两个最主要的、核心的标识性概念，因而在研究总结中需要从不同角度进行再审视。

1. "三苏壁垒"是如何被遮蔽的？

一言以蔽之，没有"三苏壁垒"，则没有必要提出"三苏同城"，也提不出"三苏同城"。换言之，"三苏同城"是在"三苏壁垒"的"母体"中长期孕育而成的，是苏北、苏中人民作为历史主体的强烈历史主动性的鲜明反映。

由此可见，没有苏北、苏中的人民在"地上缺铁""地无寸铁"上的切肤之痛，便提不出"三苏壁垒"的概念。而没有"三苏壁垒"这个概念，便不可能有"三苏同城"概念的孕育、生成和出场。长期存在的"三苏壁垒"本身是谈不上什么对"三苏同城"的孕育的，"孕育"出"三苏同城"的，只能是人，是人具有历史主动精神的思维品质。

那么，是什么阻滞或遮蔽了人们的思维，以致多年以来尽管人们身处"三苏壁垒"却少有"切肤"，备受羁绊亦无可奈何？显然，如此重大的问题，肯定是多方面因素综合起作用的结果。其间最为显性的，则是以下几个主要方面的因素：如学界所描画的长三角交通一体化的美丽"网景"本来是不包括苏北、苏中这两块加起来占江苏3/4地域面积的，但当国家战略把长三角扩容后，人们还沉浸在原来的长三角核心区交通一体化的美丽"网景"之中，而几近无暇顾及"三苏壁垒"。其他诸如江苏一向居于前列的GDP等巨大建设成就不自觉地涂抹和"美化"了"三苏壁垒"，即在客观上一向成为"三苏壁垒"的美丽涂层；苏南5市坐享京沪高铁，得天独厚且发展迅速，反倒成为淡忘"跨江融合"的因由。还应强调指出的是，"跨江融合"需要在长江上建桥，除了国家统一规划等因素之外，江苏人本身对"区域互补、跨江融合、南北联动"总是畏难在先、搁置在次、一拖再拖，不能不说是一方面重要原因。

2. "三苏壁垒"的厚重涂层和美丽"盖头"又是如何被掀揭的？

"三苏壁垒"的厚重涂层和美丽"盖头"被掀揭开来，同样是多方面因素综合发挥作用的结果。首先，只要不是讳疾忌医，比较一市三省的交通一体化以至区域一体化的发展现状，唯有"三苏"壁垒森严，形势严峻，且面积占江苏全域3/4。这并非什么主观臆断。习近平总书记关于江苏要"做好区域互补、跨江融合、南北联动大文章"[①] 的重要指示，省委领导关于江苏推进一体化"热点在苏南、重点在跨江、难点在苏北""更好地推动苏南苏中苏北南北联动、跨江融合，加快省内全域一体化"[②] 等论述，尤其是"重点补齐苏北高铁短板"的清晰认知，包括江苏省委"九个有没有""发展三问"等考问的焦点，均剑指"三苏壁垒"。不仅如此，在当

---

① 任松筠、倪方方：《牢记习总书记重托　推动更高质量发展》，《新华日报》2018年6月13日第1版。

② 中国共产党江苏省第十三届委员会：《中国共产党江苏省第十三届委员会第六次全体会议决议》，《新华日报》2019年7月24日第2版。

代空间批判理论尤其是权利黏性等批判理论的审视之下，江苏空间的"区块化""刚性化"均表征为"三苏壁垒"；而以江苏"两个率先""两聚一高""'1+3'功能区""民生共享"等战略设想乃至习近平总书记对江苏"强富美高"美好愿景的期待来审思江苏交通一体化、"省内全域一体化"的头号梗阻，其焦点也只能是"三苏壁垒"。由之，"三苏壁垒"再也没了什么涂层和盖头，已是"昭昭乎若揭日月"①。

3. "三苏同城"的出场理路

当"三苏壁垒"的涂层和盖头被全面掀揭之时，"三苏同城"便该出场了。"三苏同城"的出场，倚赖多层面的支撑和召唤。首先，长三角区域一体化发展上升为国家战略呼唤"三苏同城"。如果不是国家区域发展战略的倒逼和中央发布《规划纲要》，即便人们的脑海里已经生成"三苏同城"，也是难以被人们所接受的。上述做好"互补""融合""联动"的大文章的重要指示，江苏推进一体化"热点在苏南、重点在跨江、难点在苏北""更好地推动苏南苏中苏北南北联动、跨江融合，加快省内全域一体化"等论述，尤其是"重点补齐苏北高铁短板"等决策的明确指向，既剑指"三苏壁垒"，同时更是在逻辑上呼唤"三苏同城"。其次，《规划纲要》各省市实施方案和计划的对接"节点"，形成对"三苏同城"的"齐声呼唤"，这方面的论述，参见第三章第三节。再次，当代空间批判理论在学理层面强力支撑着"三苏同城"。除此之外，未来宁淮直线所在高铁线路也在呼唤并引领着"三苏同城"；而未来南北三线网络化高铁走廊终将托起"三苏同城"，实现苏南、苏中、苏北的高质量交通一体化和同城化。

---

① 庄子著，方勇译注：《庄子》，中华书局2015年版，第313页。可是，在习近平总书记"跨江融合"和省委领导"重点补齐苏北高铁短板"等指示下，苏北乃至学界一些人士竟然还是不承认"三苏壁垒"，对"三苏同城"更是不以为然。可见，"九个有没有"所揭示的"盲目乐观""认识盲区""行为短视""依赖心理""视野局限"对历史遗留问题能拖则拖，不愿正视问题、不敢解决问题"，在一些人的意识里多么顽固。

（二）"三苏同城"空间生产和变革的现实路径

"三苏同城"空间生产和变革的现实路径，也是实施民生共享战略中加快苏北融入长三角的现实路径。不仅如此，这一现实路径还是江苏"省内全域一体化"的根本路径。由于江苏"省内全域一体化"在长三角区域交通一体化中的严峻现实和肯綮地位，"三苏壁垒"以及针对"三苏壁垒"而提出的"三苏同城"空间生产和变革，亦早已上升为长三角区域一体化发展的"问题导向""重点和关键"①，或表述为"重大问题""突出矛盾和问题"②。鉴此，"三苏同城"空间生产和变革的现实路径可以表述如下。

第一，以弘扬经典马克思主义共同体思想、公平正义思想，以及中国化马克思主义共同富裕思想和五大发展理念为始点，牢固树立以民生共享促进共同富裕发展进程这一党矢志不渝的坚定信念和执政理念。

第二，以当代马克思主义空间批判理论、当代空间生产权利黏性批判理论、涂层城市化和涂层化叙事批判理论等为切点，深挖江苏空间生产和变革的权利黏性痼疾、涂层城市化和涂层化叙事等倾向，深入揭示江苏"国情面相""苏北之相"的实质性根源，全面掀揭"三苏壁垒"这一苏北"加快融入"长三角以逐步推进民生共享和共同富裕进程中最短的"短板"。其中，这部分详细阐述了促进实现江苏各区块之间空间权利合理化的路径：即必须以辨证施治、综合调适的高标准要求，致力于空间生产制度、空间生产文明和空间生产心理等方面的弹性建设，为消除江苏空间生产和变革的权利黏性提供现实的、具体的、可操作的进路，以为"三苏同城"营造空间生产制度、

---

① 《中共中央政治局召开会议　研究部署在全党开展"不忘初心、牢记使命"主题教育工作　审议〈长江三角洲区域一体化发展规划纲要〉》，《光明日报》2019 年 5 月 14 日第 1 版。

② 习近平：《关于〈中共中央关于全面深化改革若干重大问题的决定〉的说明》，《光明日报》2013 年 11 月 16 日第 1 版。

空间生产文明和空间生产心理上的支撑氛围。

第三，以强力破解"三苏壁垒"严峻现实的空间生产和变革形式——"三苏同城"为基点和定点，筑牢实现江苏民生共享战略乃至长三角区域高质量一体化发展的根本支撑平台。

这部分包含以下必须齐头并进的 A、B、C、D 计四个方面建设路径。所谓齐头并进，就是不分先后。不分先后是由江苏省委领导有关加快"重点补齐苏北高铁短板"的指示所决定的。学界前几年就有长三角高铁建设早已呈现出"点—线—网"的发展态势或以上海为极核区的"手掌伸张状"（向长三角"三省"伸开五指）发展趋向方面的解读，只是手指所伸处，怎么也触及不到苏北这一江苏的"半壁江山"。因而，江苏必须加快全面铺开高铁建设的步伐，尤其是加快一些关键线路的建设，如宁淮直线高铁、连盐泰通苏高铁等，并做到高起点，高标准，一体化设计、一体化施工。

A. 苏北、苏中各自的高铁同城化建设。苏北同城化高铁网只能是以淮安这一"苏北的地理中心"为极核区，建设以徐宿淮盐高铁、徐连高铁、连盐高铁、连淮高铁所组成的一个近似等腰三角形的苏北高铁网。苏中同城化高铁网以泰州或南通为极核区，极核区的确定目前尚处于争议之中。笔者认为不应该过早确定，应以实践和时代的脚步来确认或选择。按说应该以苏中地理中心的泰州为极核区，但由于南通地理面积的体量巨大，并将与长三角极核区的上海有双线铁路互通，那么今后发挥辐射和带动苏中三市的同城化极核区应确定为哪个城市，便具有暂时的"不确定性"。

B. 把宁淮直线高铁作为苏北与省会南京通连的最主要、最快捷的通道加快建设。因为唯有快速联结省会南京的以淮安为同城化极核区的苏北同城化，才能更为有效地与苏中尤其是苏南实现高质量一体化和同城化的发展。而且建立在宁淮直线所在高铁线路上的、以淮安为极核区的苏北生态区，与以徐州为极核区的淮海经济区将快速实现通连并产生相得益彰之效。

这里强调：宁淮直线高铁建设应该被确立为"三苏同城"空间变

革中最具时代意义和同城化意义的决胜一招，关键中的关键一招、肯綮中的肯綮环节。本课题已提出多方面的"依据"来论证宁淮直线高铁这一"决胜一招"，见第五章第三节。其中，本书还专章（第六章）详细论述了苏北农业开放发展和一体化发展所必须倚赖宁淮直线所在高铁线路的三大路向，即从乡村振兴的视角来看待宁淮直线高铁的肯綮地位和作用：一是抓住宁淮直线高铁建设机遇，把苏北农业开放发展和一体化发展的南向市场——长三角核心经济圈市场做大做强；二是适应宁淮直线高铁走廊要求，高标准扎实推进苏北城乡一体化和基本公共服务均等化建设；三是倚仗宁淮直线高铁走廊为龙头的江苏全域高铁网络平台，高质量打造苏北农村开放发展和一体化发展的生态产业品牌。

C. 致力于沿海高铁走廊即连盐通苏高铁线路的建设。沿海高铁线路的开通，对于高铁在祖国版图上的"环绕"（即绕海岸线）运行意义重大，也是长三角对全国交通网的重大贡献。

D. 致力于奠立在以"徐宿淮宁苏"或"新淮宁苏"为主线和首要抓手、以"连盐通苏""徐宿淮扬苏"（或"连淮扬苏""连淮扬镇泰苏"）为辅线的"三苏同城"网络化高铁走廊建设。这才是苏北、苏中"加快融入"长三角从而打牢民生共享根本支撑平台的首要的、主要的或根本的路径。不过这里还要赘述的是，京沪高铁东线的建设方案，如果真能够通过苏北同城化极核区和"苏北区位第一优势特大城市"的淮安，将成为淮安错过"1946年中共中央迁都淮安"之后，历史所给予淮安的再一次机遇。如此，"三苏同城"空间生产的意义不仅超越了江苏范围，也将超越长三角[①]。

（三）几方面需要清晰辨正的观点

第一，把淮安作为苏北同城化极核区是否会与徐州这一作为国家

---

① 这是一个令人向往的未来空间生产的理想图景：淮安将成为祖国东部广大地区通联南北的特大交通枢纽和特大极核区城市。这并非本书的一厢之思，民间、学界早已出现了这方面的前瞻。

战略的"淮海经济区"相抵牾？

即如何清晰地辨正以淮安这一"苏北区位第一优势特大城市"为核心的生态经济圈与徐州为核心的国家级"淮海经济区"战略决策是否抵牾或掣肘的问题。答案自然是否定的。

首先，两者不能相互替代。徐州作为淮海经济圈的中心，无论苏北高铁网络是否建成，在通勤和交流上都比不上淮安在苏北几乎是与周边城市"等半径"的中心区位优势。江苏"十二五"规划《建议》认为，要"加快淮安苏北腹地中心城市建设"。既然人们张口闭口都说淮安是苏北腹地，那么为什么就不能认可淮安作为苏北生态经济圈和苏北同城化的核心呢？同理，以淮安为中心的苏北生态经济圈在对徐州西部和北部城市的辐射和通连能力上是羸弱的，即苏北生态经济圈也代替不了淮海经济圈的作用。两者不能相互替代的性质，是由各自具有"中心"城市性质的时空区位所决定的。

其次，两者可以彼此促进、相得益彰。苏北同城化高铁网的建成，令徐州的"同城化影响区"即周边城市，尤其东部的连云港、东南部的宿迁一改通过京沪高铁西线而与苏南通连的"绕圈"局面，在宁淮直线高铁的带动下实现通过淮安快捷而有效地与省会南京乃至苏南的通连。即淮安作为苏北生态经济圈的核心，能够大大提升以徐州为核心的淮海经济圈与苏中、苏南的联系力度，从而提升淮海经济圈的辐射范围和效应。而淮安也相应地做到了承南启北，左右逢源。如此，长三角北翼最北端的这两个经济圈，便可彼此请益，相得益彰。

再者，包括苏北生态经济圈在内的江苏"都市圈"建设是长三角区域一体化发展的重要着力点。按江苏"十二五"规划的说法，江苏三大都市圈中，南京都市圈，其作用是促进宁镇扬三座城市的同城化；苏锡常都市圈，其作用是提升与极核区上海的对接与互动水平；徐州都市圈，其作用是加强徐州作为淮海经济区的核心城市、连云港作为新亚欧大陆桥的东方桥头堡的龙头和带动作用。而在高铁网络化时代，作为地理面积几乎与徐州相同且处于苏北地理中心的淮安，实在没有理由舍弃与更近一些的省会南京"挂钩"而只顾在苏北域内自说自话，时代的发展将不可避免地把淮安推向苏北生态经济圈"极核区"的位置。可与徐州为中心的淮海经济圈比肩的苏北生态经济圈，不仅应在江苏"经济圈"行列中占有一席，而且这一席的兴衰，在最根本的层面上决定着江苏"国情面相"的去存，决定着江苏"两个率先""强富美高"等战略设想和美好愿景的实现与否。道理很简单，就像脱贫攻坚"一个都不能少"一样，江苏的民生共享也必须补上苏北生态经济圈这最后一块短板，啃下这最后一块骨头。据报道，北京"一带一路"高峰论坛上中外政界和学界在谈到对"一带一路"倡议的最初理解和设计时，认为"有些保守了"。与之同理，江苏"十二五"规划提出的三大都市圈，事后看来，也"有些保守了"，甚或过于"保守"了。这当然属于"马后炮"思维，但更是时代发展催生的进一步的思想解放，是历史发展所催生的"瞻前"和反思。原来"三大都市圈"决策所"遗漏"的苏北生态经济圈，现已在省委"'1+3'功能区"设想中得以鲜明体现。苏北生态经济圈的建设，乃至淮海经济圈的未来发展，必将倒逼宁淮直线所在高铁线路及其所引领的"三苏同城"南北通连愿景快步走向江苏空间生产和变革的前台。

第二，宁淮直线高铁建设究竟是国家项目还是江苏省内项目？

这样的问题表述，显然是不够科学的。即便是省内项目，也应该纳入国家项目的统一规划，况且还是关涉南京这座国家交通枢纽城市的高铁建设呢？于是，问题的实质已经演化为，即便国家项目没有明确规划，江苏是否就只能坐等国家规划而不主动地、自觉地去争取呢？

确实，我们从中央印发的《规划纲要》上，可以看到太多的"宁"（南京简称）字与其他地区连接起来的高铁线路名称，但唯独看不到"宁淮"二字。《规划纲要》在第五章"提升基础设施互联互通水平"的第一节"协同建设一体化综合交通体系"中提出了"以都市圈同城化通勤为目标，加快推进城际铁路网建设"的要求，以率先实现公交化客运服务。其实，这个以同城化通勤为目标的城际铁路网，指的就是需要一市三省各自去规划和申报的项目，而宁淮直线高铁就属于江苏省"域内项目"性质。

走访中，笔者碰到了太多的"宁淮直线不是国家层面的项目"等类似观点，以至《规划纲要》印发后还有人以其间没有"宁淮"字样而怅然若失。既然不是国家层面的项目，国家战略就不会明确标示到文件之中，那么笔者将提出一个更加令人狐疑的问题：如果只是江苏自己说了算的事情，为什么还会"难产"呢？既然宁淮直线高铁是江苏自己就可以确定是否修建的线路，为什么竟然到公元2000年的第3个十年还看不到宁淮直线高铁的雏形呢？目前即可以确定的事实是："十四五"后期宁淮直线高铁的通车，将是长三角区域内所有41座城市中与其省会通车最晚的一条城际高铁线路。思维上自相矛盾的两种说辞，岂可"同世而立"！

可见，江苏没有理由拿国家计划乃至长江天堑来做辩词。只要看看比长江上建桥长度要多十多倍的甬舟桥隧高铁在2005年还只是被列入2050年远期建设目标，但在浙江人的主动争取和自觉努力之下，目前已经完成前期所有准备工作，提前30年开工建设，那么江苏人便不会拿国家计划作说辞了；只要看看距今已通车15年且比长江上建桥长度多7倍的杭州湾跨海大桥，看看长江上目前已通车1年多、宽度达48米的武汉第11座跨江大桥——青山长江大桥，便没有理由为宁淮直线所在高铁线路的"难产"寻觅"国家计划"或长江天堑等说辞。

那么，宁淮直线高铁的"难产"，其最主要的原因何在？这是因为在对淮安作为苏北同城化极核区的地位及其在与省会南京这一苏南极核区乃至苏锡常联通的作用认知上，人们一向懵懵懂懂，至今依旧懵懵懂懂。这与《苏北铁路纪实》一书中人们在新中国成立40年苏北没有建设一寸铁路的情况下充分发挥历史自觉性和历史主动性，自力更生兴建沂淮（新淮）铁路，形成了强烈的对比。试想，如果提出作为苏南极核区的省会南京，必须与在苏北的宿迁、盐城乃至连云港、扬州等城市建立起不需要通过其他任何城市的宿宁、盐宁、连宁、扬宁直线高铁，那肯定是一种认知错误。但是，南京距离淮安仅仅40分钟的高铁车程，两市又处于相邻位置，淮安又是苏北的地理中心，必然是未来苏北同城化的极核区，还曾经差点成了红色共和国的首都，至今依然"地上缺铁"，由此可见，宁淮直线高铁的建设，实在是被怠慢了、疏忽了。

第三，对"三苏同城"空间生产的强调，是"高铁决定论"吗？

只要用一句话即可回答这个问题。请问在高铁时代，如何做好习近平总书记对江苏殷殷期盼的"区域互补、跨江融合、南北联动"这篇"大文章"？

必须反复强调指出的是：在高铁时代，在空间批判理论、空间权利黏性批判理论成为时代显学的大背景下，在高铁之于交通一体化的首位这一普遍性认知和"预设"下，江苏基本公共服务供给不足和不平衡问题的解决，基本公共服务的均等化，江苏"省内全域一体化"的发展，乃至江苏"两个率先""民生共享""两聚一高""'1+3'功能区"以及习近平总书记对江苏"强富美高"美好愿景的实施和推进，不倚仗高铁驱动的"三苏同城"，还有第二条路径吗？

第四，交通一体化或基础设施一体化的首要内涵究竟是什么？

不能把"三苏同城"等同于江苏"省内全域一体化"，但江苏"省内全域一体化"必须在较首要的意义上表征为"三苏同城"；不能把"三苏同城"完全等同于仅仅是高铁驱动的江苏全域的交通一体化，但江苏全域的交通一体化必须在较根本、较全面的层面表征为高铁驱动的"三苏同城"。本书并不认可高铁建设是交通一体化或基础设施一体化的全部内涵，但在高铁时代，江苏交通一体化或基础设施一体化则首先只能表征为高铁时空压缩效应下的"三苏同城"，即江苏交通一体化或基础设施一体化的首要内涵或要求只能是"三苏同城"。何况，"三苏同城"并非只是江苏的事情，还是安徽东向发展的事情，是长三角全域高质量一体化发展的事情，继而还是促进中部崛起国家战略实施的事情。

二　研究警示

本书提出以下两方面警示，以引起重视。

警示一：开启基本实现现代化新征程的江苏已逾 12 万亿节点且居全国第二的 GDP、域内较为先进的公路交通以至长三角极核区的高铁网景描画，再也不能成为其高铁建设迟滞的"涂层"，也非连淮扬镇和徐宿盐淮高铁的阶段性或全线运营所能实质性地补救的。倘若决胜奠立于以宁淮直线所在高铁线路为龙头的南北三线网络化高铁走廊之上的"三苏同城"不能成为开启新征程以实现民生共享的主要着力点并加快强力实施，那么不仅严重阻滞江苏"民生共享"等系列战略的实施，更是对国家战略的辜负。

警示二：多年来，学界对长三角这一国家层面上处于"第一位"的经济区给予广泛关注，可谓如梁启超所说："名人著述，鸿篇巨制，贡献于学界者，固自不少。"① 作为实践先导的理论研究在长三角区域一体化发展方面确呈丰富、厚重、深邃、多姿状。但随着时代的发展尤其是高铁时代的迎面而来，学界至今在"三苏同城""三苏壁垒""国情面相""皖苏壁垒""皖苏一体"等标识性概念的供给上竟是完全无涉的，凸显多年来实践中对具体性、隐秘性、敏感性、无奈性尤其是前瞻性话题的规避或无意识。显然这是在以空间变革促进民生共享巨大实践意义上的无意识。有效概念的供给，是作为时代显学的空间批判理论以及空间生产和变革研究的关键一环。应尽快改变作为实践先导的空间生产理论（尤其是标识性概念或范畴）因其运用于实际研究的"怠慢"而失之于褊狭或成盲区和真空的现状，以具有追赶时代脚步的标识性概念的提出和论证为引领，强力促进长三角空间生产的科学性顶层设计和整体性推进。否则，我们的学术研究就会出现真空地带，就免不了盲区的存在，对实践的误导和阻滞将是极其严重的。作为"关键一环"的关键性概念的提出，可谓牵一发而动全身。"三苏同城"在 2015 年才被提出是这样，"夺路先行"早早生发于安徽人的脑际也是这样。

---

① 梁启超：《进化论革命者颉德之学说》，《新民丛报》1902 年 10 月 28 日（第 18 号）。就是在该文中，梁启超称马克思为"社会主义之泰斗"。

三 研究结语

习近平总书记在纪念马克思诞辰 200 周年大会上的讲话中指出："一体化的世界就在那儿，谁拒绝这个世界，这个世界也会拒绝他。"[①] 仿言之：一体化的江苏或曰"三苏同城"是可能的，也是必须和必然的，更是极其紧迫的。高铁时代的"三苏同城"势在必行，谁拒绝它，谁便会被时代拒之门外。

由之，本书的讨论便有了清晰的结语：即没有以宁淮直线所在线路高铁为首要抓手、首要着力点、首要着力处的战略眼界和强力举措，以及建立在以宁淮直线所在高铁线路为引领的南北三线网络化高铁走廊之上的"三苏同城"，就不可能迈出苏北"加快融入"长三角的脚步，不可能有长三角交通高质量一体化的发展，于是也不可能有长三角全域高质量一体化的发展。因为，没有撇开台湾而说实现了中华民族伟大复兴的道理；同理，亦没有"回避"或"甩开"苏北而宣示实现了"民生共享"并建成"强富美高"新江苏的说辞。

当"三苏同城"空间生产和变革的美丽愿景实现之时，江苏传统意义上的三大板块才能真正像省委省政府提出的"'1+3'功能区"设想所期待的那样被现实地而非设想中的打破，才算真正印证了学界多年来在介绍"苏北""苏中"词条时，那稍有写实却多具溢美和渴盼的"期许"（见百度词条）：

"苏北即江苏北部的简称，位于以上海为龙头的长江三角洲，是中国沿海经济带重要组成部分。苏北地势以平原为主，拥有广袤的苏北平原，辖江临海，扼淮控湖，经济繁荣，交通发达。"

"苏中东抵黄海，南接长江，与上海、苏南地区隔岸相望，

---

① 习近平：《在纪念马克思诞辰 200 周年大会上的讲话（2018 年 5 月 4 日）》，人民出版社 2018 年版，第 22 页。

是长江三角洲地区重要的经济增长极和江苏省经济发展最快地区
之一。"

笔者很想把"经济繁荣,交通发达"更改为"交通发达,经济
繁荣",因为没有"交通发达"哪里会有"经济繁荣";把"经济增
长极"更改为"与苏南一起实现一体化的经济增长极",乃至"与安
徽一起实现一体化的经济增长极"。其间所要表达或蕴含的,就是倚
借对"三苏壁垒""国情面相""苏北之相"的消除,一是实现"三
苏同城"空间生产愿景,继而迈向习近平总书记殷殷期待的"强富
美高"新江苏;二是实现长三角交通高质量一体化愿景,继而迈向长
三角区域整体的高质量一体化发展。

愿我们在对长三角区域一体化发展进行后续研究时,以上两段话
所表达的多具溢美和渴盼的"期许"会变成现实。那个时候,便是
倚借"三苏同城"空间生产和变革的美丽愿景而迈向"强富美高"
新江苏之时;同时,也将是倚借"三苏同城"空间生产愿景而迈向
长三角区域高质量一体化发展之时。

舍弃"三苏同城",遑言他途!

附录 1　高铁时代的"三苏壁垒"与"三苏同城"

——以标识性概念引领长三角空间生产研究*

　　该附录旨在介绍一种"以标识性概念引领学术研究"的研究范式，也等同于对整个课题研究方法、研究过程和阐释理路的缩写。既然长三角交通一体化的现实梗阻是"三苏壁垒"，那么长三角交通一体化的发展肯綮就只能是消除了"三苏壁垒"的"三苏同城"。附录 1 作为浓缩围绕标识性概念进行空间生产研究的案例，除"问题的提出"以外，其他每一级标题均用标识性概念列示，并紧紧围绕标识性概念进行阐释。

　　内容提要： 以马克思主义事实观为指导，并遵照习近平总书记"要善于提炼标识性概念"的要求，本文推出"三苏壁垒""三苏同城"等标识性概念并以此引领长三角空间生产研究。在高铁之于交通一体化基础地位和交通一体化之于区域一体化基础地位等普遍性"预设"下，以比较视域和高层声音审视，长三角交通一体化的最大梗阻只能是"三苏壁垒"，而江苏"九个有没有""发展三问"等考问则实现了对"三苏壁垒"美丽"盖头"的掀揭。在国家战略和各省市实施计划等召唤下，宁淮直线高铁所在的南北三线网络化高铁走廊终将成就"三苏同城"这一长三

---

　　* 附录 1 发表于《海派经济学》2022 年第 3 期，作者为王梦哲、丁三青。

角交通一体化发展的肯綮。标识性概念的有效供给是作为时代显学的空间批判理论运用于空间生产研究的关键一环，应尽快改变标识性概念运用于实际研究的怠慢或真空的状态，以促进空间生产研究的科学性顶层设计。

关键词：长三角；交通一体化；"三苏壁垒"；"三苏同城"；宁淮直线高铁；标识性概念

一 问题的提出

本文的写作基于两个方面具有普遍性、常识性的"预设"，一是交通一体化之于区域一体化发展的首要地位，再是高铁之于交通一体化的首要地位。在高铁时空压缩效应与当代空间批判理论深度融会并成为时代显学的时代背景下，在长三角区域一体化发展上升为国家战略①的政策背景下，这一"预设"为本文主题画定了讨论的时空坐标。

中央把长三角区域一体化发展上升为国家战略，按下了该区域一体化发展的快进键。长三角一市三省积极响应党中央号召，分别制定了《长江三角洲区域一体化发展规划纲要》（简称《规划纲要》）的实施方案或计划。综合看来，一市三省推出的方案和计划对《规划纲要》都做到了积极响应，且视野宏阔，措施有力。目前的问题是，一市三省的方案和计划亟须细化和明确化，学界的讨论也应有针对性地及时跟进，尤其在一些关键问题上必须统一思想和认识。比如，从《规划纲要》这一国家战略整体视域看，究竟什么问题才是长三角区域一体化发展尤其是交通一体化发展的现实峻切或最大梗阻？什么问题才是长三角交通一体化发展以至区域一体化发展的肯綮或决胜环节？这两个问题该是按下快进键的长三角区域一体化发展亟待深入辨

---

① 《中共中央国务院印发〈长江三角洲区域一体化发展规划纲要〉》，《光明日报》2019年12月2日第1版。

正和谨慎敲定的重大问题，同时也是关涉对中央《规划纲要》的实施能否力避多年路径依赖而打开新局面、一市三省实施方案和计划能否形成一体化合力的主要问题。以上述"预设"审视长三角区域一体化发展的现实梗阻和发展背綮这两个主要问题，并力求做到认知明确、思想统一，已成"贯彻落实"[①] 国家战略不容懈怠和难以规避的第一道"必答题"[②]。

二 "三苏壁垒"：多视角下长三角交通一体化的最大梗阻

长三角区域交通一体化发展的最大梗阻是什么？多视角审视下的答案是且只能是"三苏壁垒"。

（一）比较视域下长三角交通一体化的现状难辞"三苏壁垒"

如果要问长三角一市三省经济体量最大的是哪一家？显而易见，答案是江苏省。而如果要问交通一体化方面发展滞后或落后的是哪一家？答案则不那么显见，甚或招致拒绝回答。然而这更是一道"必答题"，且在一市三省比较视域下是不难得出答案的。况且"认清这个落后是好事"[③]，承认某个方面的滞后并不能否认其发展的成就，也非什么影响颜面的事情。所谓尺有所短寸有所长，这才是找出真问题并从问题出发进行科学研究的实事求是的态度和胸襟。

在长三角区域内，上海市作为极核区属于长三角这只大雁的头

---

① 《中共中央国务院印发〈长江三角洲区域一体化发展规划纲要〉》，《光明日报》2019 年 12 月 2 日第 1 版。

② 在"必答题"前加上"第一道"，旨在强调"三苏壁垒"的最大梗阻性质和"三苏同城"的发展背綮地位。对此，江苏省社科院社会政策研究所副所长王树华指出，"跨江融合就是一道'必答题'"。"跨江融合"旨在消除"三苏壁垒"，支撑"三苏同城"。而这正是习近平总书记对江苏要做好"区域互补、跨江融合、南北联动"这篇大文章等重要指示的核心意指所在。参见腾讯网《江苏省委书记首提"省内全域一体化"有什么深意？》（https://new.qq.com/omn/20190802/20190802A08YI000.html），2022 年 7 月 23 日。

③ 《邓小平年谱（1975—1997）》（上），中央文献出版社 2004 年版，第 329 页。

部，引领和带动其他三省发展，这是不容置辩的。以 2019 年底中央发布《规划纲要》为时间节点，在此时间节点前，作为"金南翼"的浙江，除海上的舟山市通往宁波的海底高铁线路这一壮志暂且未酬，其他所有地级市均与极核区上海有多达每日数十班次的高铁并已通连 2—5 年。作为长三角躯干和尾部的安徽，全省所有地级市与苏南、浙江和极核区上海亦均有高铁通连，且车次频繁。而江苏作为长三角这只大雁的"金北翼"，苏北、苏中 8 个城市中的 6 个，无论是在与省会南京的通连，或是与苏南、极核区上海的通连上，一直是"地无寸铁"（既无高铁亦无普铁），这种状况与沪浙皖近乎公交化的高铁通连大相径庭，可谓大异其趣。尽管在 2019 年底这个时间节点下江苏南北纵线连淮扬镇高铁实现了阶段性通车，但也只是止步于长江以北，且宁淮城际之间依然"地无寸铁"。由此可见，江苏省委对"苏北高铁短板"的揭示①，是十分客观和实事求是的，更是第一次揭开了江苏空间生产上最痛的一块"伤疤"。显而易见，长三角交通一体化发展最大的梗阻不在上海、浙江和安徽，而在江苏，在高铁时代到来多年后江苏依旧"顽固"的"三苏壁垒"。不仅如此，"三苏壁垒"还是导致"皖苏壁垒"而致安徽提出 16 年的东向发展战略在苏北、苏中地区迈不开半步的根本原因。而沪、浙、皖之间，以至苏南与沪浙皖之间，均不存在交通壁垒问题。

（二）高层声音明确地把长三角交通一体化的"短难痛"指向"三苏壁垒"

长三角交通一体化发展最大的梗阻在江苏，在"三苏壁垒"，而江苏"省内全域一体化"的"最短的短板""最难的难点""最痛的痛点"或说头号梗阻又是什么呢？答案同样是"三苏壁垒"。所谓

---

① 娄勤俭：《努力做到知其然、知其所以然、知其所以必然》，《人民日报》2020 年 11 月 27 日第 9 版。

"三苏壁垒"，指的是苏南、苏中、苏北长期以来地理区位泾渭分明，行政壁垒如楚河汉界，好似各自恪守本分而不谋"僭越"。其实质，就是占江苏地理面积3/4的苏北、苏中，在与苏南的通连上只能隔江相望而难以跨江相融。习近平总书记关于江苏要"做好区域互补、跨江融合、南北联动大文章"①的重要指示，江苏省委领导关于江苏推进一体化"热点在苏南、重点在跨江、难点在苏北""加快省内全域一体化"②，以及"补交通体系之短"，抓紧推进江苏参与长三角一体化发展"最重要、最紧迫的事情"，并把"基础设施一体化"放在"六个一体化"之首③，尤其是关于"重点补齐苏北高铁短板"等论述，已令江苏空间生产上具有新时代社会主要矛盾指向意味的"不平衡""不充分"的发展倾向昭然若揭。"区域互补、跨江融合、南北联动"和"热点在苏南、重点在跨江、难点在苏北""省内全域一体化"都是剑指江苏南北壁垒的，即剑指江苏空间生产上的南北"不平衡"发展以及苏北、苏中的"不充分"发展倾向的。这种倾向，其最突出的表征和最根本的症结，即"三苏壁垒"。

（三）以权利黏性空间批判理论审视江苏空间生产的刚性化，结论即"三苏壁垒"

空间生产权利黏性指的是因权利的过度区块化或制度对权利设置的刚性化而致不同主体在空间权利上无法改变的状态。④"三苏"之间通连困难早已怨声载"会"，从学界和政界连篇累牍的"行政区经济""看不见的边界"等指认能频频感知。在苏北一次设区市主官会议上，该市市委书记毫不掩饰："我们苏北城市参与长三角一

---

① 任松筠，倪方方：《牢记习总书记重托　推动更高质量发展》，《新华日报》2018年6月13日第1版。

② 中国共产党江苏省第十三届委员会：《中国共产党江苏省第十三届委员会第六次全体会议决议》，《新华日报》2019年7月24日第2版。

③ 耿联：《切实扛起长三角一体化发展的重大责任》，《新华日报》2018年12月7日第1版。

④ 陈忠：《空间生产的权利粘性及其综合调适》，《哲学研究》2018年第10期。

体化积极性很高，但为什么总有被边缘化的感觉？"报道称："这位书记一针见血地道出不少苏北城市主官们的心声。"① 这种状况省委省政府一向十分重视，比如，"'1+3'重点功能区"战略设想就表现出旨在打破"行政区经济"和南北差距的初心、决心和雄心，可谓空间设想上的大手笔，但其实质性的落地却必须倚仗江苏空间生产的变革。也就是说，不消除江苏空间生产上的权利黏性，作为大手笔的"'1+3'重点功能区"战略设想在改变江苏"行政经济""看不见的边界"上，只能是隔靴搔痒。即便是连淮扬镇、徐宿淮盐、徐连等苏北动车线路在苏南 5 市坐享京沪高铁开通 8 年多之后终于通车，苏北的准同城化已初具雏形，但也只是在苏北、苏中的区域范围内的空间变革，并不能改变苏北、苏中在与苏南尤其是苏州、上海通连上的"咫尺天涯"，即还是与"跨江融合"无涉的。可见，即便补齐了苏北高铁短板，也不能说就消灭了江苏空间生产的"刚性化"，因为尚有一个阻碍跨江通连的南北壁垒问题。南北壁垒，即"三苏壁垒"。其实质，即多年以来江苏空间生产权利上的固化和刚性化。

（四）多重战略考量下对"三苏壁垒"严峻地位和严重影响的审思

以上三点指出了长三角交通一体化以至区域一体化的最大梗阻就是"三苏壁垒"。第四点要回答的，是"三苏壁垒"的危害性问题。

首先，"三苏壁垒"是导致"国情面相"的根本原因。即最根本的是"三苏壁垒"而非其他因素，才导致了江苏的"国情面相""苏北（苏中）之相"。"国情面相"指的是江苏的南北差距问题，即苏北、苏中在与苏南的经济社会发展差距上，与国情层面的西部与东部的差距十分相似，在"面相"上恰如孪生。现实中的"国情

---

① 参见腾讯网《江苏省委书记首提"省内全域一体化"有什么深意？》（https://new.qq.com/omn/20190802/20190802A08YIO00.html），2022 年 7 月 23 日。

面相""苏北（苏中）之相"是"果"，而"三苏壁垒"才是"因"。长期以来，苏北、苏中在与苏南和长三角极核区上海的通连上，几近鸡犬之声相闻就是难以往来，只是"隔江相望"而不能"拥江融合"，学界和政界亦均有苏南、苏中、苏北相对块状的梯次发展格局之说。

其次，"三苏壁垒"是江苏多重发展战略最终实现所面对的最后一道坎儿。2003 年全国"两会"期间，在胡锦涛和江泽民先后到江苏代表团作重要讲话时，江苏省委省政府明确提出了"两个率先"，即在 21 世纪头 20 年率先全面建成小康社会，率先基本实现现代化，由此显著地推动了江苏"走在前列"的步伐。提出"两个率先"以后的十几年间，江苏励精图治，陆续提出"民生共享""两聚一高""'1+3'重点功能区"等战略，习近平总书记对江苏也寄予"强富美高"殷殷厚望。但以上诸多战略的实现，无论怎么说也不可能建立在浓重的"国情面相""苏北（苏中）之相"之上。也就是说，立足新发展阶段、贯彻新发展理念和构建新发展格局带来的新形势、提出的新要求而谋求继续"走在前列"，是怎么都绕不开"三苏壁垒"以及由其所决定的"国情面相""苏北（苏中）之相"的。无论如何，江苏不能在还以"国情面相""苏北（苏中）之相"示人的境况下而宣布实现了"两个率先""两聚一高""民生共享""强富美高"等战略。作为"神来之笔"的"'1+3'重点功能区"旨在打破"三苏"行政分界，实现差异发展、协调发展和融合发展，但若不破除"三苏壁垒"或"三一两立"①，实现高铁时空压缩效应下的"三苏一体"，"'1+3'重点功能区"战略便只能永远停留在文件上。

再者，"三苏壁垒"是导致"皖苏壁垒"的主因。"皖苏壁垒"最显性的表征，就是在一趟绿皮列车由皖北的淮北开往苏中的南通

---

① "三一两立"，即占江苏 3/4 面积的苏北、苏中与只占 1/4 面积的苏南，在地理分界和交往上的两立局面。

约一年时段后，却被无限期取消，安徽提出的东向发展战略，由于皖北与苏北在铁路通连上的空白，被江苏这只与安徽好似并排伸向北方的手掌硬生生地阻隔了16年。《光明日报》报道的皖北"高铁全覆盖"①，因"三苏壁垒"也只能自说自话，而在东向发展战略上没有多少促进作用。安徽东向发展战略"没高铁难推进，有高铁推进难"局面，即只能在通往上海、浙江和苏南的南向线路上踽踽独行而与苏北、苏中广大地区无涉的局面②，盖因"三苏壁垒"所致。同理，"浙苏壁垒"也是存在的，其原因还是在于"三苏壁垒"，尽管"浙苏壁垒"的负面影响要比"皖苏壁垒"小许多。

综上可见，当下江苏空间生产的"三苏壁垒"早已上升为阻滞长三角交通一体化以致长三角区域一体化首要的或根本的屏障。因为不论是作为大雁头部的上海，还是作为"金南翼"的浙江，作为躯干和尾巴的安徽，都不存在如此大面积③拖拽长三角交通一体化后腿的因素。唯有"三苏壁垒"以致"皖苏壁垒"，才具有"最短""最难""最痛"的性质。

三 "三苏壁垒"：掀起你的"盖头"来

这里的"盖头"，学术用语即"涂层"。涂层就是用某种涂料或材料涂抹和修饰对象以达到特定的效果。涂层式空间生产或涂层式城市化以自觉或不自觉地类似表演式的行为掩饰深层次的问题和矛盾，令人抓不住空间生产的要义。④ 以马克思主义事实观审思，"三苏壁

---

① 常河等：《"高铁全覆盖"将为皖北带来什么》，《光明日报》2019年11月26日第10版。

② 这种局面不仅是长三角区域一体化发展所不能允许的，也是国家中部崛起战略所不能允许的。

③ "大面积"，即被"三苏壁垒"所制约的地理面积占江苏的3/4，被"皖苏壁垒"限制的地理面积，占长三角总面积的1/3。这个1/3，即长三角一体化的"最短""最难""最痛"。

④ 陈忠：《现代性的涂层危机：对形式主义的一种空间与城市哲学批判》，《东南学术》2019年第5期。

垒"的"盖头"和"涂层"如此厚重而难以被掀揭，以致被人们自觉或不自觉地"不愿意承认"①，这与长期以来人们对马克思主义"事实"范畴的懵懂或误读密切相关。列宁曾指出："在社会现象领域，没有哪种方法比胡乱抽出一些个别事实和玩弄实例更普遍、更站不住脚的了。……因为问题完全在于，每一个别情况都有其具体的历史环境。如果从事实的整体上、从它们的联系中去掌握事实，那么，事实不仅是'顽强的东西'，而且是绝对确凿的证据"，否则，"如果事实是零碎的和随意挑出来的，那么它们就只能是一种儿戏，或者连儿戏也不如"，而只有"纯粹消极的意义"。②"三苏壁垒"这一长三角区域交通一体化发展的最大梗阻被覆盖上一些美丽的"盖头"和厚重的"涂层"，正是列宁所批判的一些对事实的抽引、嫁接或偷换等倾向所造成的。

（一）学界描画的长三角交通一体化的"网景"或掩蔽了"三苏壁垒"

学界的"网论"不自觉地成了"三苏壁垒"这一"短难痛"的厚重涂层，尽管这种涂层化叙事是不自觉的。涂层化叙事就是把对象本身不显著的属性当作内在特点、核心意义进行讲述，甚至把对象不具有的属性、意义，覆盖、叠加给对象。③这种叙事方式属于"抽引"事实的一种典型表现。所不同的是，人们面对学界有关长三角"网景"的描画，却采取了不自觉的涂层化认知。如长三角交通已成线性关联—指状延伸—网格化的"网景"④；再如《高铁加速长三角旅游一体化研究》描画出长三角高铁建设基础完备、密度世界前列、

①　郁芬，倪方方：《用新思想解放思想统一思想》，《新华日报》2019年6月29日第1版。

②　《列宁全集》第28卷，人民出版社1990年版，第364页。

③　陈忠：《关于"涂层"叙事的哲学批判》，《哲学研究》2021年第5期。

④　参见张颢瀚、沙勇《"十三五"江苏区域发展新布局研究》，中国社会科学出版社2014年版，第275—299页。

高铁驱动城市群形成快速交通网的"网景"①。其实这两个"网景"仅仅是对扩容前的原始意义上的长三角的描画，亦不免有些期许或前瞻，与江苏3/4的苏北、苏中地理面积和浙皖大部分地理面积无涉。除此之外，京沪高铁仅过境占江苏地理面积约2/7的苏南和徐州部分地区，或也成为多年来江苏一任浙皖两省大兴高铁土木而夺路先行，却无动于衷的"盲目乐观"，更是看不到自身"短难痛"的一种"认识盲区"②。不要说上述"网景"观点发表的2014和2018年，就是在中央发布《规划纲要》之后的这两三年时间中，"三苏壁垒"以及由之而形成的"皖苏壁垒"都是显性的且严峻的。一言以蔽之，在高铁建设上属于未开垦的荒地的苏北和苏中广大地区，多年来竟硬生生地被涂层化了。

（二）长三角一向走在前列的发展成绩反成"三苏壁垒"最厚重的"盖头"

据2022年1月17日国务院新闻办新闻发布会报道，初步核算，2021年全年国内生产总值（GDP）逾114万亿元，而长三角一市三省全年GDP总量为27.7万亿元。可见，这块仅占全国国土面积4%、人口不到10%的区域，却创造出占全国1/4强的经济总量。长期以来，长三角一直是我国开放程度最高、创新能力最强、经济发展最活跃的区域。正因为如此，江苏经济社会发展的"国情面相""苏北（苏中）之相"才难以进入人们的视线，更遑论"国情面相""苏北（苏中）之相"之后隐藏的深层次根源——"三苏壁垒"了。其实任何事物都不可能是一好百好的，事物的光鲜一面再引人注目，也是有

---

① 于秋阳：《高铁加速长三角旅游一体化研究》，上海社会科学院出版社2018年版，第4—10页。

② 其实江苏省委省政府"九个有没有"所指"盲目乐观""认识盲区"的焦点，便是"对历史遗留问题能拖则拖，不愿正视问题、不敢解决问题"，具体表征为多年以来一向规避"三苏壁垒"或搁置"跨江融合"。"行为短视""依赖心理""视野局限"等首先剑指多年来规避"三苏壁垒"或搁置"跨江融合"的倾向。江苏省委省政府这种"自揭伤疤"的问题意识，是对新时代我们党的自我革命精神的典型诠释。

其需要改进和变革的另一面的。这应是基本的唯物主义态度和辩证视域。

（三）江苏已逾 12 万亿节点的 GDP 等建设成就不自觉地涂抹了"三苏壁垒"

"不自觉地涂抹"，指的是尽管主观上并非故意，但客观上已成"三苏壁垒"美丽的"盖头"和"涂层"。众所周知，广东在经济体量上是排在第一位的，其次便是江苏，且江苏作为老二，已逾 12 万亿节点的 GDP 大有赶超广东之势。不仅经济发展，在社会发展层面，江苏也是走在前列的，闪亮提出的一系列振奋人心的发展战略和设想在促进经济社会发展走在前列方面厥功至伟。正因此，习近平总书记对江苏寄予"强富美高"殷殷厚望。不仅如此，除高铁和普铁以外的交通基础设施建设，如水运空运陆运等，也是较为先进的。再如倚仗京沪高铁多年的苏南同城化的高质量发展，网络、能源等基础设施一体化的曙光乍现等。总之，江苏践行新发展理念的成就是举世瞩目的。或正是因为江苏经济社会发展成就和治理体系、治理能力现代化的步伐一向走在全国前列，人们才对并不怎么困难的跨越长江天堑①的南北通连"这事儿"却总是畏难在先、搁置在次、一拖再拖？这成了自觉可以轻轻松松走在前列的"盲目乐观"。显而易见，高大上的发展成就在客观上成了"三苏壁垒"的美丽"盖头"和厚重"涂层"。因此可以认为，看不到"三苏壁垒"，尤其是"三苏壁垒"之于江苏"省内全域一体化"和长三角交通一体化的最大梗阻性质，其实是因为"移植"事实，在"泛化"事实。如果不是长三角区域一体化发展上升为国家战略的要求和催化，恐怕江苏令人瞩目的建设

---

① 必须强调，江苏没有理由拿长江天堑作辩词。只要看看已通车 14 年且比长江上建桥长度多 7 倍的杭州湾跨海大桥，桥面宽度达 48 米的武汉第 11 座跨江大桥——青山长江大桥即知：江苏的天堑变通途，不该这般晚也不该这么慢。况且苏北、苏中地处国家黄金地段的江淮平原，可谓一马平川，江苏经济体量在一市三省中稳居老大。鉴此，可以断定的基本事实是：以江苏的经济体量和各方面有利条件来看，江苏能够实现"跨江融合"的长江大桥，的确少了。

成就还将继续涂抹着如此严峻的"三苏壁垒"。

（四）"九个有没有"等考问实现对"三苏壁垒"的"盖头"的强力掀揭

"九个有没有""发展三问"是江苏省委在全省"不忘初心、牢记使命"主题教育动员大会上提出的。① 在谈到对新思想"理解不深入、行动跟不上、落实缺乏创造性"的问题时，他接连提出了"有没有因为过去发展中形成一定的先发优势，就认为可以轻轻松松走在前列的盲目乐观？"等"九个有没有"；并提出"发展的初心是什么？"等"发展三问"，触发了广泛而深刻的思想震撼，2020 年 1 月 12 日《光明日报》头版头条还以《一次大"统考"背后的发展理念之变》为题报道了"九个有没有""三问"所产生的深刻影响。②

"九个有没有"有关盲目、盲区、依赖、侥幸、短视、局限、恐慌、形式主义等对诸多认知倾向的"考问"以及"发展三问"关于初心、规律、核心任务等灵魂追问的实质，就在于考问和追问江苏治理体系和治理能力现代化走在前列的一切成就究竟该不该成为掩饰进一步发展的问题和矛盾的"盖头"或"涂层"。这一问题的清晰答案，从各地、市书记们的"深感震撼"能够得到。各地、市书记一致认为，"九个有没有"振聋发聩，所指出的问题"客观摆在那里""多多少少都存在""点准了问题的'穴位'""一针见血地指出了当前发展中存在的短板和弱项"。③ 那么这个"短板""弱项"的焦点，即"三苏壁垒"。对"苏北高铁短板"的揭示，其实就是"九个有没有"的哲学本体论依据，是在事实判断上的客观冷静、实事求是的科学态度，成为对"九个有没有"最集中、最根本的回答。

---

① 郁芬、倪方方：《用新思想解放思想统一思想》，《新华日报》2019 年 6 月 29 日第 1 版。

② 本报记者苏雁、郑晋鸣：《一次大"统考"背后的发展理念之变》，《光明日报》2020 年 1 月 12 日第 1 版。

③ 郁芬、倪方方：《用新思想解放思想统一思想》，《新华日报》2019 年 6 月 29 日第 1 版。

不仅如此,《江苏省委书记首提"省内全域一体化"有何深意?》①等报道,还指出了"交通短板是制约苏北融入长三角一体化发展的主因之一"的共识,揭示了苏北与浙江原本很有戏的合作竟活生生地被四个半小时的车程给"搅黄"了的事实,指出了根除"三苏壁垒"而融入苏南发展的"必经之路",把"跨江融合"推到了江苏空间生产的"必答题""先答题"和"抢答题"的位次。由此,江苏人已经抛却"不愿意承认"的态度,显著增强了直面问题和灵魂追问的勇气。

当"三苏壁垒"的盖头和涂层被全面掀揭之时,"三苏同城"空间变革便闪亮出场了。

四 "三苏同城":消除"三苏壁垒" 实现区域一体化的决胜之举

"三苏同城"空间生产指的是苏南、苏中、苏北即"三苏"的交通一体化、空间一体化和经济、社会生活的同城化。"三苏同城"是因应新时代国家区域发展战略、高铁时空压缩效应、同城化语境②以及空间批判理论成为时代显学而催生的概念,与"三苏壁垒"同为本书的核心标识性概念。"三苏同城"空间变革积极响应江苏"省内全域一体化"决策,旨在去除江苏多年来十分顽固的空间权利黏性,以强力消除"三苏壁垒",实现"三苏一体""三苏归一"。"三苏同城"将为"省内全域一体化"奠定最根本的交通一体化支撑平台,在长三角交通一体化和区域高质量一体化发展道路上奠立起一座具有鲜明拐点意义的里程碑。

---

① 参见腾讯网《江苏省委书记首提"省内全域一体化"有什么深意?》(https://new.qq.com/omn/20190802/20190802A08YIO00.html),2022年7月23日。

② 参见王兴平、朱秋诗《高铁驱动的区域同城化与城市空间重组》,东南大学出版社2017年版,第5—7页。

（一）长三角区域一体化发展上升为国家战略呼唤"三苏同城"

"三苏同城"是上升为国家战略的长三角区域一体化发展的题中应有之义，是一个无论如何也绕不开的"话题"。中央印发的《规划纲要》进一步明确了长三角"一极三区一高地"的战略定位，即"全国发展强劲活跃增长极""全国高质量发展样板区""率先基本实现现代化引领区""区域一体化发展示范区""新时代改革开放新高地"。如此意义重大的长三角区域一体化发展如何能够听任"三苏壁垒"继续存续下去？中央有关"坚持问题导向，抓住重点和关键""要树立'一体化'意识和'一盘棋'思想，深入推进重点领域一体化建设"①等指示精神，具有鲜明的针对性："坚持问题导向"首先就应该坚持以"三苏壁垒"这一空间生产上"最短""最难""最痛"的问题为导向；"重点领域"首先就应该是变"三苏壁垒"为高铁驱动的"'三苏'交通一体化"即"三苏同城"空间生产格局；"重点和关键"主要就是以"三苏同城"为基础的皖苏交通一体化以至皖苏融合发展，即以消除"三苏壁垒"而走向"三苏同城"，进而消除"皖苏壁垒"实现"皖苏一体"式的发展；而"高质量""一体化"两个关键词的指向，首先就是"三苏同城"空间生产美好愿景，即交通基础设施的一体化发展。由之，"三苏同城"这一概念便成为躁动于母腹中快要出生的"婴儿"，长三角区域一体化发展这一国家战略在呼唤着她的降生。

（二）当代空间批判理论支撑和呼唤"三苏同城"

在哈维、苏贾、列斐伏尔等当代空间批判理论家看来，人们的社会实践与社会时空关联密切。社会时空的本质其实就是一种社会性的实践活动，它由社会实践活动而"生成"；同时社会时空对社会实践又具有规制作用，即特定的社会时空意味着特定的挑战和发展机遇，

---

① 《中共中央政治局召开会议　研究部署在全党开展"不忘初心、牢记使命"主题教育工作　审议〈长江三角洲区域一体化发展规划纲要〉》，《光明日报》2019年5月14日第1版。

一定的社会时空往往上升为人们在面临和应对现实问题时能否取得成效或取得多少成效的主要因素，成为衡量人们实践活动水平的尺规，乃至严格地画定了人们的实践界域。他们强调，社会时空在根本层面制约着人类社会实践的范围、规模和水平，"压缩时间""突破空间"是人们用来不断取得社会发展和进步的重要手段，并决定着社会实践的路向和手段。① 鉴此，在谋求较好较快的经济社会发展战略和政策时，人们就应该把考虑时间压缩和空间结构优化的最佳或根本性措施作为工作的主要着力点。鉴此，"三苏同城"的呱呱坠地，显然少不了当代空间批判理论的呼唤。对于"三苏壁垒"这一最大梗阻来说，唯有突出反映和表征"压缩时间""突破空间"这一决定一体化发展的现实路向和手段的"三苏同城"空间生产形式才是消除之道，才能在更快捷、更全面的意义上补上长三角交通一体化以至区域整体一体化"最短的短板"，才能在更根本、更高质量的意义上响应和对接长三角区域一体化的国家战略，从而彰明"三苏同城"作为"不二选择"的空间生产形式在践行国家战略的"高质量""一体化"要求上的时代价值。

（三）《规划纲要》各省市实施方案或计划对接的"节点"剑指"三苏同城"

中央《规划纲要》发布后，长三角一市三省制定了各自的实施方案或计划。从4份方案或计划在各自交通一体化的发展方向上看，未来"三苏同城"空间生产目标，恰成一市三省实施方案或计划对接的"节点"。可见，唯有高铁驱动的"三苏同城"空间变革而非机场、网络、能源等一体建设，才是对江苏实施方案"站位高、视野宽、举措实"要求的最彻底贯彻；才是对江苏省委"先手棋"的历史使命、"一体化"的核心内涵、"高质量"的目标取向、"一盘

---

① 参见［美］爱德华·W.苏贾《后现代地理学——重申批判社会理论中的空间》，王文斌译，商务印书馆2004年版；［美］大卫·哈维《希望的空间》，胡大平译，南京大学出版社2006年版。

棋"的实践要求的最切实把握；才是对"格局要大"（就是围绕习近平总书记要求、长三角定位、江苏发展全局来考虑"融合"的思路和举措），"胸怀要宽"（就是主动加强对接，深化一市三省区域合作机制，做到共商、共建、共享、共赢），"节奏要快"（就是从最紧迫的、最重要的、最需要立即解决的问题做起，迅速制定江苏牵头的诸多实施清单：如先行改革举措清单、重大任务清单、重大项目清单）等要求的最根本遵循。换言之，江苏融入长三角区域一体化的战略自觉，首先指向了变"三苏壁垒"为"三苏同城"。安徽实施计划中的"全方位对标对接""全面等高对接"也并非"一厢之思"，而必须"你情我愿"，要与未来的"三苏同城"空间形式实行对接：即不论是轨道、公路、航空、港航、能源、信息"六网"的一体布局，"一圈五区"发展新格局建设催生皖苏省际"飞地"如特别合作区、示范区、自贸区的建立，还是建设皖北6市"东向发展"和通过苏北、苏中南向发展的高标准市场体系，包括建设皖苏一体互动的、由"空间干预"而转向"空间中性"[1]市场机制，都需要在高铁驱动的"三苏同城"空间平台基础上才能最大限度地激活皖北、皖中"高铁全覆盖"的效能，继而使皖苏一体化发展具有实质性的内容和成效[2]。不言而喻，江苏全域对接沪浙实施方案，同样要以"三苏同城"为"先手棋"。而沪、浙、皖对接江苏，其实对接的只能是"三苏同城"空间生产形式。岂能对接"三苏壁垒"或只是对接苏南呢？

（四）宁淮直线所在高铁线路引领"三苏同城"

目前，苏北同城化高铁网已初具雏形。未来这一同城化高铁网应

---

① 参见许涛、张学良、刘乃全《2018—2019 中国区域经济发展报告：长三角高质量一体化发展》，人民出版社 2019 年版，第 95—97 页。

② 这里并非避开沪、浙来谈论《长江三角洲区域一体化发展规划纲要》实施计划，因从整体上看，目前只有"三苏壁垒"以及因"三苏壁垒"而生成的占长三角全域 1/3 地理面积的"皖苏壁垒"才构成长三角区域整体一体化"最短的短板"。

以"苏北区位第一优势特大城市"的淮安为极核区,通过宁淮直线所在高铁线路带动苏北全境实现与省会南京40分钟的时空通连,以及与苏南和上海1.5至2小时的"一日交流圈"①通连。这要比"高铁绕圈"的连淮扬镇高铁车程缩短1倍的时空距离,由此凸显未来宁淮直线高铁超短时空距离的震撼力。问题的实质并非仅在40分钟超短时空距离上,试想,占江苏1/2地理面积的广大苏北地区通过苏北极核区的淮安与省会南京实现1小时为界的"一日通勤圈"即"同城化核心区"性质的生产和生活,这是一种多么巨大的时空位移。居于苏北地理中心的淮安一旦切实发挥其苏北都市圈"极核区"的统摄、辐射作用,那么在南京和北京之间又将多了一座"特大城市"。而若没有宁淮直线所在高铁线路,淮安想发挥极核区的集聚和辐射作用,周边的宿迁、连云港、盐城等城市乃至鲁南的一些城市也是不会"买账"的。由此可见,只有发挥宁淮直线高铁及其所在高铁线路特有的龙头引领作用②,才能充分发挥"三苏同城"空间变革"增强中心城市辐射带动力,形成高质量发展的重要助推力"③的作用。

(五)南北三线网络化高铁走廊终将托起"三苏同城"

"三苏同城"空间平台,表征为以宁淮直线高铁所在新(新沂)淮宁苏高铁或徐宿淮宁苏高铁为主线的南北三线(另两线为沿海的连盐通苏高铁、居于中线的连淮扬苏高铁)网络化高铁走廊。这一网络化高铁走廊将在最根本的意义上成就"三苏同城"空间变革平台。目前连淮扬苏高铁线路已经通车,连盐通苏高铁线路通车在望,唯有既能发挥龙头带动作用而又能通连省会南京的新淮宁苏高铁或徐宿淮宁苏高铁线路让人翘首以待。由此,足见上述"跨江融合""重点在

---

① "一日交流圈"即同城化影响区。以3小时为界的"一日交流圈"是发挥同城化潜在效应的时空距离门槛。而以1小时为界则叫"一日通勤圈",即同城化核心区。

② 这种龙头引领作用,是由淮安在苏北的地理中心位置和作为未来苏北同城化极核区的淮安距离南京的超短时空距离所决定的。这与苏南毗邻上海是同样的道理,具有同样的"毗邻"效应。

③ 《中央经济工作会议在北京举行》,《光明日报》2018年12月22日第1版。

跨江"等高层指示的把脉精准和下药对症。

江苏省委之所以强调要以更大手笔、实质性地通过省内都市圈和经济区等所在中心城市建设带动周边融合发展，以此推动省内全域一体化，其主旨就是要从"空间叙事"上见证苏北同城化、苏中同城化与同城化的苏南都市圈的融合与联动，即切实做好习近平总书记所期盼的"区域互补、跨江融合、南北联动"这篇大文章。而皖苏一体融合发展从空间变革上来看，也必然表征为早已实现高铁驱动的皖北同城化、皖中同城化以至皖南同城化与"三苏同城"空间生产图景的全面对接。这一切，都要以南北三线网络化高铁走廊为基本支撑平台。[①]

五 倚仗"三苏同城"充分发挥基本
经济制度理论创新效能

党的十九届四中全会把社会主义市场经济体制上升为基本经济制度，这是以制度创新促进治理体系和治理能力现代化的重大理论创新。新时代以"三苏同城"空间生产形式补上"苏北高铁短板"，消除"三苏壁垒""皖苏壁垒"，继而推进长三角区域一体化发展的过程，必须在社会主义市场经济体制这一基本经济制度的创新理论指导下，体现为苏皖两省各地尤其是苏北、苏中与皖北、皖中之间既内生于市场机制的同质化融合，又外生于政府调控的差异化协调的过程。因为不论是江苏"省内全域一体化"，还是皖苏一体化以至长三角区域一体化的发展，市场的一体化都是前提和基础[②]。否则，长三角区

---

① 南北三线中的"西线"即徐宿淮宁苏高铁线路，因宁淮直线高铁身居其间而成为"三苏同城"的龙头线路。这条线路不仅为长三角区域一体化和"一带一路"交汇点的高质量发展等国家战略奠基，同时也将强力提升国家中部崛起战略的实施境界和品位。与其说是江苏域内的"西线"，不若说是皖苏一体化的"中线"和生命线，安徽将以其"高铁全覆盖"在徐宿淮宁苏高铁线路的引领之下，快捷对接"三苏同城"。

② 市场的一体化这个"前提和基础"还有其自身的"前提和基础"，就是交通通连上的一体化，这里当然主要指"三苏同城"。

域一体化便难以形成适应融合发展的科学合理的制度体制、运行机制和调节机制，一体化发展中的资源配置就难以达到最优。依托"三苏同城"空间平台探索实现市场在长三角一体化融合发展中起决定性作用的政策，将成为"三苏"之间"拥江融合"以至安徽16年的东向发展战略得以切实落地，继而推进"皖苏一体"融合发展的重要遵循，成为长三角探索打破"行政区经济""看不见的边界"以开拓区域共同市场和区域经济开放新格局的不二选项。尤其是在"十四五"时期"聚焦地区落差的区域协调发展""加快推进城市群空间结构优化""实现区域经济开放新格局"等区域发展理论研究前瞻①的启示下，依托"三苏同城"空间平台探索实现市场在长三角区域一体化融合发展中起决定性作用的体制机制因素，具有较为鲜明的针对性意义。

以充分发挥社会主义市场经济体制基本经济制度理论创新效能来谋划体制机制创新的过程，在制度层面一般要经历从以观念或理想为载体的制度文化创建、到把这种制度文化对象化为制度文明即现实制度体系和运行机制的过程。第一步，注重制度文化意识的建立。即在充分学习宣传中央《规划纲要》和一市三省实施方案或计划的基础上，促使人们建立起以"三苏同城"空间变革促江苏省内全域一体化继而实现长三角区域一体化发展的制度文化意识。第二步，把制度文化意识对象化为制度文明，建立起切实可行的制度体系。即对接"三苏同城"空间生产平台，按照注重服务型政府调控作用和充分发挥市场决定性作用的理念，建立以"产业创新一体化""基础设施一体化""区域市场一体化""绿色发展一体化""公共服务一体化"鼎托江苏"省内全域一体化"发展的制度体系；建立省（市）际一体化的市场运行平台和机制，如体现一市三省利益协调和分享制度的生态区、奉献区的利益补偿制度，皖苏省

---

① 刘秉镰、朱俊丰、周玉龙：《中国区域经济理论演进与未来展望》，《管理世界》2020年第2期。

际"飞地"如特别合作区、示范区、自贸区的体制；皖北、皖中东向发展并通过苏北、苏中南向发展的高标准市场体系和一体互动的"空间中性"市场机制等。

六　研究警示和结语

多年来，学界对长三角这一国家层面居于"第一位"的经济区给予广泛关注，恰如梁启超所说："名人著述，鸿篇巨制，贡献于学界者，固自不少。"[①] 作为实践先导的理论研究在长三角区域一体化发展方面呈现出丰富、厚重、深邃、多姿状态。但随着时代的发展尤其是高铁时代的迎面而来，学界至今在"三苏壁垒""三苏同城""国情面相""皖苏壁垒"等标识性概念的供给上竟是完全无涉的，凸显多年来空间生产研究中对具体性、隐秘性、敏感性、无奈性话题的规避。有效概念的供给，是作为时代显学的空间批判理论运用于空间生产研究的关键一环。应尽快改变作为实践先导的空间批判理论尤其是标识性概念或范畴因其运用于实际研究的怠慢而失之于褊狭或成盲区和真空的状态，以具有追赶时代脚步的标识性概念的提出和论证为引领，强力促进长三角空间生产的科学性顶层设计和整体性推进。

而指认"三苏壁垒"为最大梗阻，这首先是针对长三角区域一体化国家战略的"贯彻落实"来说的，并非在否认江苏的发展成就，也否认不了江苏的成就；江苏再大的成就也不应该成为"三苏壁垒"的美丽"盖头"。这是两个方面的问题，容不得混淆。否则，对问题的把握就不可能做到客观和实事求是，对"三苏壁垒"的遮掩和覆盖还将会继续，涂层化叙事还将被延续下去，于是"三苏同城"空间生产和变革也将被继续搁置下去。同理，江苏省委省政府

---

① 梁启超：《进化论革命者颉德之学说》，《新民丛报》1902 年 10 月 28 日（第 18 号）。就是在该文中，梁启超称马克思为"社会主义之泰斗"。

有关"江苏始终是长三角区域一体化发展的积极倡导者、有力推动者、坚决执行者"①的决心和使命意识，与因时代发展条件如主体认知程度等因素而导致对历史遗留问题的"怠慢""搁置"，也是两个方面的问题，同样不该混淆。在江苏十三届六次全会决议和《规划纲要》江苏实施方案中，人们清晰地看到了江苏作为"三苏同城"空间变革"第一责任主体"强烈的历史自觉性和历史主动性。

---

① 任松筠、倪方方：《牢记习总书记重托　推动更高质量发展》，《新华日报》2018年6月13日第1版。

附录2 京津冀协同发展：演进、现状与对策

该附录为中国社会科学院学部委员程恩富教授与"民生共享战略中加快苏北融入长三角经济区的现实路径研究"课题组王新建教授合作撰写的成果，发表于《管理学刊》2015年第1期第1—9页，中国人民大学复印报刊资料《马克思主义文摘》2015年第4期摘录1/3。把《京津冀协同发展：演进、现状与对策》作为附录，一曰"筚路蓝缕，以启山林"：即为了突出"三苏同城"空间生产研究所倚仗和依据的国家实施区域发展战略这一宏大实践叙事的背景；再曰"他山之石，可以攻玉"：即期冀从京津冀协同发展近十年的前后对比中，能够读到对于上升为国家战略并如火如荼实施的长三角区域一体化发展具有借鉴意义的因素。本书在前文中已对该附录的内容和观点作出多方面关联性阐释，附上该部分内容，对于读者方家把握"三苏同城"空间生产愿景之于长三角区域一体化发展的重大意义定会有所帮助。

内容提要：京津冀区域经济概念的提出已有近30年的历史，其区域协调发展的理想几度提及又几度沉寂。目前这一具有国家战略意义的"第三极"，依然表现出诸多与自身地位和作用极不相称的尴尬，存在着诸如"大树底下不长草"与"虹吸"现象，行政区划级差效应对城镇化进程的迟滞，环境污染严重和交通基础设施建设滞后，缺乏科学、权威而有效的协同管理机制等区域

协同发展所亟须破解的难题。要以解放思想改变观念为先导，彻底打破固守自己"一亩三分地"的区划分割和利益分配观念，以积极探索京津冀协同发展的体制机制创新为统领，以大力促进城市群建设为核心，以治理环境污染和交通基础设施建设为突破口，打开京津冀协同发展的新局面。

关键词：京津冀协同发展；体制机制创新；城市群

自 2014 年 2 月 26 日习近平总书记就推进京津冀协同发展提出"加强顶层设计""着力加大对协同发展的推动""着力构建现代化交通网络系统，把交通一体化作为先行领域"等"7 点要求"① 以来，京津冀区域这一领跑中国经济的"第三极"，又一次成为热议的话题。正所谓一石激起千层浪：三地加快了推动协同发展的步伐，学界尤经济学界也掀起了又一轮区域发展讨论的热潮。

昨天，是什么让我们对京津冀区域屡次点起希望之火？今天，又是什么促使我们对京津冀协同发展的认识上升到"国家战略"层面？明天，京津冀协同发展步伐是否能遂国人的心愿，在国家改革开放和现代化进程中发挥其本该有的领跑作用？这一切，需要我们辨识以往的足迹，思忖当下的路向，为京津冀协同发展作出符合区域地位和时代发展要求的理性选择。

一　概念的演进

京津冀区域位于华北平原北部，包括北京、天津两个直辖市以及河北省全境，面积 21.6 万平方公里。2013 年，区域内总人口 10861 万，占全国总人口的 7.98%，国内生产总值 62172.16 亿元，占全国国内生产总值的 10.93%。② 京津冀区域因河北环抱京津两地的独特区位结构

① 《习近平在听取京津冀协同发展专题汇报时强调　优势互补互利共赢扎实推进　努力实现京津冀一体化发展》，《光明日报》2014 年 2 月 28 日第 1 版。

② 数据来源：根据北京市、天津市、河北省统计局网站数据计算而来。

而使区域内部各地市在地理空间上毗邻，具有地域的完整性和较强的经济、人文等亲缘性，长期的经济活动和社会交往使其客观上形成了一个不可分割的经济统一体，成为中国北方对外开放的前沿。

如果从 1986 年算起，京津冀区域经济概念的提出已有近 30 年历史。其间，无论关于京津冀区域发展的概念怎样演变，京津冀协同发展的梦想都包含在每一个概念中。尽管人们在"协同发展"的内涵理解上因所处的时代和地域等限制而有所不同，但不论是"区域经济""经济集团"，还是"经济一体化""经济圈""都市圈"等，都反映出国人对区域经济共同发展和抱团前进的殷殷期盼，可谓"三十年磨一剑"。

早在 1985 年，时任中国科学院地理所副所长的李文彦教授首次提出大渤海地区概念，1986 年"环渤海经济圈"的概念应运而生。进入 20 世纪 90 年代，环渤海地区以发展成为具有现代化水平的能源原材料重要基地和外向型经济复合基地为总体定位，"八五"期间，环渤海经济圈作为全国最大的工业密集区被广泛看好。但由于合作机制等原因，人们并未对环渤海经济圈绘出精彩的蓝图。

2001 年，两院院士、清华大学吴良镛教授主持的"京津冀北城乡空间发展规划研究"提出了"京津冀一体化"发展的构想，将京津冀区域一体化看作是推动环渤海区域一体化发展的重要内容。随后"京津冀经济一体化""京津冀经济圈""京津冀都市圈""首都经济圈"等概念和相关课题研究迅速成为学界热点。

2004 年 2 月，国家发展和改革委员会召集京津冀发改委等部门负责人在河北省廊坊市召开京津冀区域经济发展战略研讨会，经充分协商，达成旨在推进京津冀地区实质性合作发展的《廊坊共识》，正式确定了"京津冀经济一体化"发展思路。同年 11 月，国家发展和改革委员会决定正式启动京津冀都市圈区域规划的编制工作。

2010 年 11 月，北京市、河北省分别披露了加速建设"首都圈"的具体规划，"环首都经济圈"（又称"首都圈"）正式从概念设想进入规划实施阶段，之后又把"环首都经济圈"概念修正为"环首都绿色经济圈"概念。

2012年3月，首部京津冀蓝皮书《京津冀区域一体化发展报告》发布。蓝皮书探讨了京津冀三地区域一体化发展的热点事件，展望了2012年京津冀三地空间结构、人口、资源等发展趋势，并指出京津冀区域一体化已迈入实质性操作阶段。

2012年7月，《中国社会科学报》发表署名文章，提出"大北京经济圈"构想。认为北京行政区划的腹地较小，优势资源及产业转移和辐射受到行政壁垒的束缚，提出构建"立足京津冀，携手陕晋蒙，辐射鲁豫辽"的横跨9省区的大北京经济圈理念，以使北京成为惠及全国、面向世界的"大北京"。

综上所述，京津冀区域经济合作发展作为加快地区和国家改革开放步伐的重大步骤，几度提及又几度沉寂，区域协调发展和区域规划经历了一个"启动—徘徊—沉寂—重提—蹒跚—倒逼而催生复兴"的复杂演进过程。国际上诸如巴黎、伦敦、东京等都市圈区域发展的经验表明，谋求和注重区域内部行政区划之间的一体化协调发展，成为决定区域竞争力的关键。不可否认，多年来京津冀一体化积累了丰厚的思想和理论准备，区域经济合作实践不断深入，区域竞争力也是不断提高的。但也不可讳言，由于种种掣肘因素的存在，京津冀区域内部在经济合作、空间整合、区域治理等方面的体制性和结构性障碍还比较明显，许多规划和设想在这种体制性和结构性障碍面前呈"转圈"状，区域经济一体化进程和协调发展的进程十分缓慢，前进步伐蹒跚而踟蹰。京津冀这一环渤海的核心地区，自己难以隆起，遑论对环渤海乃至整个北方的带动力和影响力？京津冀区域经济协同发展的梦想，这个被人们怀揣和描绘了近30年的蓝图，目前表现出的依然是诸多与自身地位和作用极不相称的尴尬。

二　比较视域下的京津冀区域发展现状

（一）发展难题

提及京津冀区域发展，我们很自然地想到在改革开放中逐渐形成的长三角、珠三角等经济圈①。尽管京津冀区域与长三角、珠三角两个经济圈并称为我国三大人口与社会经济活动的密集区域和最重要的经济增长极，但从多年发展的历程来看，无论是在经济总量、市场化程度、经济外向度方面，还是在区域共同富裕水平方面，作为第一极的长三角和作为第二极的珠三角所取得的令人瞩目的成绩，都是京津冀区域所不可比拟的。尤其在区域协调发展方面，京津冀区域整体协调发展更是明显地逊色于长三角、珠三角两个经济圈，存在着诸多亟须破解的难题。

1. 京津"双核"的龙头和辐射作用未能真正发挥，"大树底下不长草"与"虹吸"现象并存

京津作为京津冀经济圈的双核心城市，两者之间的关系定位比较模糊，没有形成紧密的分工协作关系，对区域经济的辐射带动作用尚未明显地、实质性地表现出来，不能成为像长三角的上海和珠三角的广州、深圳（甚至也包括香港）那样的具有强大辐射作用的"龙头"——经济中心。上海交通大学城市科学研究院和社会科学文献出版社联合发布的城市群蓝皮书《中国城市群发展指数报告2013》认为，在三大城市群（或经济圈）综合指数排名中，珠三角位列第一，长三角居次席，京津冀垫底。② 也就是说，目前的京津冀经济圈已是当下中国经济落差最大的一个"圈"，正所谓"先进的城市、落后的地区"：一方面，京津两市现代化都市发展成就斐然；另一方面，圈内各城市之间经济差距较大，中小城市的发展严重滞后，城镇建设、基础设施和基础产业等发展所需的资金严重短缺，并进一步地加剧了发展的不平衡。由亚洲开发银行公布的《河北省经济发展战略研究》指出：环京津地区目前存在大规模的贫困带。这个贫困带甚至与西部

---

① 或称"都市圈"。但从京津冀区域发育和发展现状来看，称"京津冀经济圈"或"京津冀都市圈"，均显得勉强。

② 应该指出，这一结论中，"珠三角位列第一，长三角居次席"与学界多年来的认识（长三角为第一增长极，珠三角为第二增长极）相左，但大家对京津冀"垫底"地位的认识，却是一致的。

地区最贫困的"三西地区"（定西、陇西、西海固）处于同一发展水平，有些指标甚至比"三西"地区还要低。改革开放之初，环京津地区与京津二市的远郊县基本处于同等的发展水平，但 30 多年后的今天，二者之间形成了巨大的经济落差。2001 年，环京津贫困带 24 县的农民人均纯收入、人均 GDP、县均地方财政收入仅分别为京津远郊区县的 1/3、1/4 和 1/10。这也正是京津辐射和带动作用不强的反映。2012 年 3 月，由首都经济贸易大学文魁、祝尔娟两位学者主编的首部京津冀蓝皮书——《京津冀区域一体化发展报告（2012）》指出，"环首都贫困带"不仅未能缩小与北京周边郊县的贫富差距，反而愈加落后。不但如此，京津"双核"不但起不到辐射和带动作用，反倒凭借其优越的资源配置地位，至今还在"虹吸"周边地区的资源与产业。资料显示，2005 年至 2010 年，河北省进京人员逐年增加，2010 年达到 155.9 万人，占北京常住外来人口的 22.1%。众所周知，珠三角的发展一定与广州、深圳和香港有关，而长三角的发展也一定和上海密切关联，但京津冀周边的发展却并非如此，甚至有学者认为，至少在完成工业化的进程中，与北京的关系不是很大。反倒是江浙两省与上海接壤的区县，以及江浙地区的经济社会发展水平，几乎与上海市区比肩，甚至还高于上海部分郊县。

2. 行政区划的级差效应，对京津冀城镇化的进程产生迟滞作用

政治上的因素要大于和重于经济上的因素，这是京津冀经济圈与长三角、珠三角两个经济圈最突出的区别。京津是直辖市，河北省属于省级行政区域，从表面上看，京、津、冀是等级行政区域，而实质上则是"三块四方"——第四方即三块之上的中央政府，这样客观上便造成了作为直辖市的北京这一块的超级或至上权威。这种各块之间客观上"身份"的不平等，显然模糊了京津冀三块之间的界限。比如北京在区域规划方面的主导地位和决策者的身份，就是天津和河北所必须尊重的，"优先考虑北京"对于天津和河北来说，成为一种义务和责任。而在优先考虑北京和天津方面，河北多年来作出了巨大牺牲，成为最"弱势"的行政区划也就"理所当然"，因为这是"国家

全局"问题。官员和学者调侃的一句话，道出了京津冀区域的这一特点：心脏的位置是北京，出海口是天津，河北便只能是"没心没肺"了。显然，这与上海只是经济中心而在行政职能上与长三角诸多城市间的平等互惠关系有巨大区别。从20世纪90年代开始，长三角经济圈各行政区划之间的合作是由"市场"这只手自发和自然催生的，多年来长三角秉承的是互惠联合的"游戏规则"，江苏和浙江两省诸多城市从浦东开发开放伊始就是主动融入其间的。目前来看，京津冀区域这种因行政区划的级差和固有利益格局的限制，已经在不同程度上对京津冀城镇化的进程产生了明显的迟滞效应。习近平总书记"打破'一亩三分地'实现京津冀协同发展"的要求，盖因之而提出。可见，京津冀经济圈内3个独立而又平等的省级行政区划与北京作为首都的特殊地位和特殊作用之间存在着一个明显的反差：一方面是三地之间在经济社会发展目标上的差异、目标之间的冲突和局限，以及与圈内一体化步伐的掣肘；一方面又是国家利益的至上性所必需。显然，这必须用习近平总书记所强调的"着力加强顶层设计，抓紧编制首都经济圈一体化发展的相关规划"来破题。

3. 区域内缺乏科学、权威而又有效的协同发展管理机制

在区域协同发展的进程中，诸多层面将不可避免地会遇到需要跨越行政区划进行统一规划和管理的问题，如区域内环境污染的治理、水资源的利用与污染防治，区域内产业的错位发展和整合，跨区域基本公共设施如城际地铁和公交线路的建设等。但京津冀目前"三块四方"的区域行政管理体制，导致各地政府（尤其是京津地方政府）总是以自身利益的最大化而非以区域整体可持续协同发展为出发点来进行决策，区域内没有一个能够科学、权威而又有效地统一协调的公共管理组织。多年来，人们并非没有意识到建立这方面协调组织的重要性，实践中也有一些协调发展的会议和决议，但这些认识和实践多因行政区划的分割而虎头蛇尾，不了了之。目前我们看到的是，京津冀区域内公共资源的管理总是难以开展，区域内某一城市的自身利益总是难以与区域整体利益实现协调和统一，"诸侯经济"的分割和掣

肘，大大限制了区域协同发展的脚步。从上述亟须破解的几道难题也能够看出，不论是解决"大树底下不长草"的问题，即京津的极化、虹吸和难以辐射的问题，还是解决行政区划的级差效应如城镇化进程的迟滞等问题，大气和环境污染问题，城际交通等基本服务设施均等化问题，哪一个能离开区域协同发展管理机制而独"善"其身呢？

4. 环境污染、交通基础设施建设滞后等问题因非协同的"诸侯"意识而产生，同时又严重地制约着协同发展

先说环境污染。2014 年，全国排名前十的污染城市，七个在河北。除了承德、张家口、秦皇岛等地，河北的大多数城市均处于极为严重的大气污染之中。只要看看媒体上"很火"的关于河北大气污染的报道，便知京津冀地区大气和环境污染的严重程度。从总体上看，京津冀的经济指数在快速增长，但整体生态环境质量指数却在下降。以城市为核心区的环境呈逐步恶化的趋势，大气污染尤为严重，地表水污染普遍，流经城市的河段大多有机物污染严重，湖泊的富营养化问题突出，地下水受到点状或面状污染，水位持续下降，水资源供需矛盾异常尖锐。京津冀区域生态的破坏程度呈上升和加剧趋势。

首先，京津冀环境问题的严峻和难以治理，多因不能够协同发展的"诸侯"意识而产生。比如，在京津冀地区的产业结构和产业布局上，往往仅看重规模经济带来的生产成本的降低，而缺乏对负外部性治理的意识，以致一些工业聚集区域的环境污染事件频发，地区结构性的环境污染十分严重。可见，低端的产业结构和不合理的产业布局，是京津冀城市雾霾最直接的根由。而这种"低端"和"不合理"的长期存续，正是经济发展上的诸侯意识所致。尽管环境污染有地区生态环境脆弱的客观原因，但在更大程度上却是主观因素如决策机制掣肘所致。由于京津冀三地在生态系统引导控制方面缺乏有效与主动的合作，采取的一些措施仅有行政命令的一时之效，故而难以真正调动起各级政府、企业及广大群众保护生态环境的积极性等。如在对环京津的潮白河流域、拒马河流域、滦河流域、永定河流域以及坝上内陆河流域的治理上，目前的环京津地区隶属于河北省的承德、张家口两个地级市和24个县（区），加之众多的生态工程实行省、市、县分散管理的方式，再考虑到国家投入与国家行动，如此众多的治理层次和方式，使流域性整体生态建设和整治的统一决策、统一行动难以协调，效果也可想而知。又如京津"双核"基础设施完善，市场规模大，就业机会多，对要素资源和人力资本均具有"虹吸"效应，从而导致京津城市人口爆棚，生活排放和交通尾气排放随之加剧。河北省唐山、石家庄等区域二线城市亦是如此。人口的爆棚与PM2.5的爆表，因果相关。这种发展上的不平衡，同样是协同发展意识缺失的表现。另外，在城市化进程中由于缺乏土地城市化与人口城市化的协同发展意识和机制，"城镇化就是房地产化"的怪圈在京津乃至当下传言中的"副中心"——保定频频上演，建筑工地的扬尘污染增多，严重恶化了空气质量。在这方面，已有学者提出了京津冀协同发展要防止房地产先行的忠告。综上可知，区域内顽固的"诸侯"意识及协同运作的缺位，包括反哺和拉动机制的匮乏，是导致京津冀区域整体环境污染严重且难以治理的主要原因。

其次，大气和环境污染问题又进一步制约着协同发展。没有良好的生态环境，就谈不上京津冀三地的深度融合和协同发展。对于京津"双核"而言，不论是北京转移一些非首都功能的产业，还是京津疏解一部分行政事业的职能，都必须在充分尊重生态环境的高标准要求的基础上，大力帮助和带动承接地区积极主动地治理环境，改善生态，并从自身做起坚决淘汰而非"转嫁"污染严重的产业。据报道，河北省廊坊市市长冯韶慧受访时说出了"北京不要的低端污染产业，廊坊也不能要"① 的话，这种既坚定地做到"不能输入"，同时也具有"不能输出"的环保理念和诉求，应该成为京津冀协同发展所恪守的底线。河北省应该利用三地协同发展的历史机遇，认真检视以往粗放的发展方式，正视多年以来积重难返的污染状况，切实推进产业

① 《京津冀协同发展环境治理要先行》 （http://www.hebg.cdy.com/2014/120-3/93087.html），2014年3月11日。

转型升级。只有以"壮士断腕"的决心下大气力改善自身环境，才能顺利地承接京津两市功能的疏解。这样看来，京津冀三地居民的生产和生活，因雾霾而比以往更加"紧密"地连在了一起。

再说交通基础设施建设滞后的问题。尽管有京津之间半小时的城市轨道交通，且一小时城市圈①也已基本建成，但就区域整体交通设施现状来看，尤其是从极化的北京与河北全省、广袤的环渤海经济带的联系来看，京津冀交通基础设施都是相当落后的，欠账太多且极不平衡，更难以与长三角和珠三角"轨道上的城市群"同日而语。既然是"抱团"协同发展，岂能以京津两地城轨尤其是北京城内城铁来"遮百丑"？京津冀大多重要城市之间以及重要交通枢纽之间的联系至今十分不便，尤其是京津到冀南、冀东、冀东南地区的交通设施仍远远滞后于其经济关联度的要求。比如北京至石家庄、邢台、邯郸，北京至唐山、秦皇岛，北京至沧州、衡水等地的城际高速铁路项目至今仍未落实，影响了京津（尤其是北京）的专业技术人才和其他生产要素向河北的流动，这也是制约京津等发达地区发挥对落后地区的辐射带动作用的关节点。其他如区域整体内产业同质竞争难以改观的局面，也是因为交通的制约。可见，交通基础设施建设的滞后，直接制约着京津冀区域一体化的进程和协调发展的步伐。

况且，京津冀区域目前铁路与公路网络均以核心城市为中心向外放射，以致关内外的交流（如东北、内蒙古与黄河、长江流域以及东南沿海的客货交流）必经北京或天津的枢纽，这样大量穿过"双核"的过境运输，严重影响了京津城市交通的流畅。可见，"要想富先修路"的理念，至今好像还没有影响到环抱京津的河北广大地区。而在港口建设方面，京津冀区域也出现了一些不合理的现象，如过度竞争等。

（二）发展前瞻

京津冀地区是因首都北京的所在地而被国人视为政治、经济、文

---

①　有学者认为，这是京津"双核"的城市圈，而非京津冀区域整体的城市圈。

化与科技的多位中心，也是我国北方最大的都市经济区和建设新型创新国家的重要支撑区域，是我国参与全球竞争和率先实现现代化的国际城市群建设区域。这些"帽子"可谓光鲜硕大，但要真正戴正戴稳并发挥其作为首都所在地本该具有的引领作用，尚需在区域协同发展方面抓住难得的机缘，迈出坚实的步伐。在经济全球化和区域经济一体化加速推进的时代背景下，经济的竞争绝不再是区域范围内各地区之间的内部竞争（即所谓的"诸侯"混战），而愈发彰显出作为一个更为广大的区域经济实体，在更为广阔的开放式空间范围内参与的全球竞争。尤其是北京，在全面深化改革的大背景下，其作为首都的诸多优势尚在"极化"之中，不但未能发挥好"辐射"作用和"外溢"效应，而且其进一步的发展和首都功能的提升，越发受制于不断加剧的交通拥堵（即所谓的首"堵"），飞涨的房价地价，日趋严峻的水资源、土地资源和能源供应状况，以及城市环境污染等"大城市病"的困扰。由此可见，长期以来城市单中心摊大饼的发展模式以及首都职能在单中心空间里过度集中，亟待疏导、扩展和再配置、再整合。因此，依托一个具有明显地域优势和强劲发展活力的"腹地"作为北京提升首都职能、更好地发挥其"辐射"作用和"外溢"效应的空间基础，并谋求和筹划区域整体的协同发展，已是刻不容缓的国家课题。

正是在这样的"发展前瞻"考量之下，新一届党中央审时度势，为首都北京、为京津冀区域发展提出了宏阔思路。2013 年 5 月，习近平总书记在天津调研时提出，要谱写新时期社会主义现代化的京津"双城记"；8 月，习近平总书记在北戴河主持研究河北发展问题的会议时，明确提出要推动京津冀协同发展，此后还多次就京津冀协同发展作出重要指示，强调要解决好北京发展问题，必须把北京纳入京津冀和环渤海经济区的战略空间加以考量，以打通发展的大动脉，更有力地彰显北京优势，更广泛地激活北京的要素资源。2014 年 2 月 26 日，习近平总书记主持召开座谈会，专题听取京津冀协同发展工作汇报，强调实现京津冀协同发展是面向未来打造新的首都经济圈、推进区域发展体制机制创新的需要，是探索完善城市群布局和形态、为优化开发区域发展提供示范和样板的需要，是探索生态文明建设有效路径、促进人口、经济、资源、环境相协调的需要，是实现京津冀优势互补、促进环渤海经济区发展、带动北方腹地发展的需要，是一个重大国家战略，要坚持优势互补、互利共赢、扎实推进，加快走出一条科学持续的协同发展路子来。就是在这次座谈会上，习近平总书记就推进京津冀协同发展提出了"七个着力"的要求（即"7点要求"）①。

所谓协同，百度百科解释为：协调两个或者两个以上的不同资源或者个体，和谐一致地完成某一目标的过程。现代汉语词典解释为：各方相互配合或甲方协助乙方做某件事。习近平总书记所说的"协同发展"相对于我们平时所说的"协调发展"，一个"同"字的改变，便抓住了京津冀区域发展的肯綮，凸显了时代内涵和要求。综合各界研究成果，审视时代发展要求，我们认为，"协同发展"这一概念应该具有以下内涵：人口、资源与环境的和谐；居民生活水平的差距趋向缩小，公共产品共享水平较高，如均等化的基本公共服务；地区发展水平相当，区际分工协作的发育水平较高；主体功能定位清晰和各区块之间经济社会良性互动，协调共进。显然，"协同发展"突出了在协调发展基础之上的一个"同"字，即更加注重同步、共同、均等等内涵。

由此，我们对京津冀协同发展的理性思考，便有了针对上述发展难题的几点对策和建议。

三　京津冀协同发展的理性思考和对策建议

（一）以解放思想转变观念为先导，打破"一亩三分地"的思维定式，奠定京津冀协同发展的思想基础

为什么要打破"一亩三分地"的思维定式？习近平总书记关于

---

① 《习近平在听取京津冀协同发展专题汇报时强调　优势互补互利共赢扎实推进　努力实现京津冀一体化发展》，《光明日报》2014 年 2 月 28 日第 1 版。

要着力加大对协同发展的推动，自觉打破自家"一亩三分地"的思维定式，抱成团朝着顶层设计的目标一起做，充分发挥环渤海地区经济合作发展协调机制的作用等讲话精神，说的再明白不过了，这就是：唯有打破"一亩三分地"的观念和做派，才能实现京津冀协同发展。这正是抓住了京津冀协同发展的关键。多年来，北京作为首都，是全国的政治中心；天津作为直辖市政治色彩浓厚，又曾是河北的省会，两市的发展可以说是一路高歌。而环抱京津"双核"的河北，在为"双核"的发展做出巨大贡献的同时，自己却在体制性和结构性的窠臼里裹足不前。或者说两市在"虹吸"河北诸多资源之后，却没有给予多少反哺措施。眼下北京的发展极化现象凸显，目前到了其进一步的发展必须也只能依托河北而消除极化现象的地步了。换句话说，是到了没有河北的快速发展、没有河北的现代化就没有北京的进一步发展这一节点上了。即只有首先解决了"大树底下不长草"的问题，让"大树底下的草"长得茂盛起来，才能解决首都人口资源环境等方面不堪重负的大城市病问题，从而也才能实现北京"世界城市"的发展愿景，才能实现京津冀区域打造世界级城市群的发展愿景，才能最终谈得上京津冀三地协同发展，并把这种协同发展作为更大的国家试验田，创造出全国区域发展的可复制、可推广的经验。因此，要打破"一亩三分地"的思维惯性，就必然要求京津这一"双核"跳出京津发展京津，以发展河北而推动发展京津，以优先提升河北的发展能力和发展水平为抓手，继而实现京津"双核"的可持续发展。一如习近平总书记所指出的："强调解决好北京发展问题，必须纳入京津冀和环渤海经济区的战略空间加以考量，以打通发展的大动脉，更有力地彰显北京优势，更广泛地激活北京要素资源，同时天津、河北要实现更好发展也需要连同北京发展一起来考虑。"[1]

---

① 《习近平在听取京津冀协同发展专题汇报时强调　优势互补互利共赢扎实推进　努力实现京津冀一体化发展》，《光明日报》2014 年 2 月 28 日第 1 版。

　　而问题的关节点在于怎样打破"一亩三分地"的思维定式？笔者认为，习近平总书记的"双重调节作用的经济发展战略思想"[1] 同样是谋求观念转变、探求京津冀协同发展路向的思想基础。即必须反对那种在打破"一亩三分地"实现协同发展路径选择上的"纯市场路向"，坚定政府和市场双重调节的发展取向。尽管我们同意京津冀地区市场化程度低于长三角和珠三角区域的看法，我们也赞同京津冀要仿效长三角和珠三角坚定不移地走以经济合作为共同内容、以相互开放市场为共同基础的开放、整合和互利的市场经济发展[2]之路，因为这是京津冀区域经济积极融入世界经济一体化发展道路的必然，是区域经济乃至中国经济参与全球竞争的必然。但这里必须强调的是，那种在京津冀协同发展的路径设计上从一开始就一切以市场为抓手的理念[3]，是有待商榷的。

　　道理十分简单明了：多年来京津的"双核"同时伴随着河北"不长草"的尴尬这种"悖论"局面的形成，并非纯"市场"的手段所致，而要改变目前区域内发展极不平衡的局面，自然也不能用纯"市场"的手段。一直以来，河北对京津"双核"只能是服务和服从，"被动和从属"的紧箍把河北牢牢地拴在"后花园、菜篮子、米袋子、肉案子"之上，可服务换来的关照、依托换来的施舍、服从换来的恩赐不但不是用市场的规则"换来"（我们承认这大多是属于国家整体利益的考量），而且从质和量上来看，也是微乎其微的。这是多年来京津冀区域发展的一个缩影。那么，在河北不能快速和长足发展而京津就难以继续发展的境况下，难道还要坐视河北按照市场规则与京津竞争，坐视河北以一己"弱势"而赶超京津"双核"？倘若如此，显然有些过河拆桥、唯我独尊、撒手不管的意味。从以前的非市场化做法，就反推出在继续发展道路上必须实行唯市场化的做法，是

---

①　程恩富：《习近平的十大经济战略思想》，《人民论坛》2013 年第 34 期。

②　程恩富：《构建"环中国经济圈"的战略》，《探索与争鸣》1994 年第 4 期。

③　朱迅：《让市场决定京津冀经济圈副中心》，《中国高新技术产业导报》2014 年 6 月 30 日第 A03 版。

没有道理的，甚至是不讲道理的。对京津冀多年来"弱市场强政府"的描画和概括尽管是客观的，但据此推出在今后的协同发展中要实行"强市场弱政府"甚或完全市场化的发展观念，则是形而上学的。至于机械套用长三角和珠三角的市场发展做法，硬是要把京津冀国有经济的发展优势予以"销蚀"的种种所谓对策，也是不顾客观现实和自身特色的一味效仿，甚或效尤。

一言以蔽之，在河北的发展和赶超上，京津"双核"负有极其巨大的"反哺"和支持责任，不仅义不容辞，而且要争先恐后。只有首先用特别的思路来实现特别的大树底下"快长草"和"草茂盛"的问题，或者说只有在这同时，才能谈得上市场路向的问题。这个"特别"，说白了就是以极其倾斜的政策和极其巨大的力度，让环首都的河北地区尽快地享受到基本公共服务的均等化，让河北地区尽快地发展和富裕起来。唯有如此，即只有在这个前提之下，才能谈得上京津冀真正意义上的协同发展。可见，这里所说的"政府主导作用和市场决定作用相结合"的双重调节作用的发挥，"先反哺后市场""反哺与市场并重"的理念，与习近平总书记"7点要求"的第7点，即"着力加快推进市场一体化进程，下决心破除限制资本、技术、产权、人才、劳动力等生产要素自由流动和优化配置的各种体制机制障碍，推动各种要素按照市场规律在区域内自由流动和优化配置"的要求，不仅不矛盾，而且是相互支撑的。质言之，在京津冀区域协同发展的观念转变上，在打破"一亩三分地"的路径选择上，京津"双核"有责任有义务对赖以生活其间的广大的河北贫困带——这也是京津冀城市群的空间基础——采用类似在"虹吸"和"极化"过程中的"政府行为"，既大力度地授之以鱼，又不间断地授之以渔。在某种意义上可以说，这不是河北省发展之必需，而首先是京津"双核"所必需。京津冀协同发展，已不能再忘却邓小平提出的一部分人先富起来之后要先富带后富的这个"带"字，甚或历史已不再留给我们忘却这个"带"字的时间和空间。

（二）以积极探索京津冀协同发展的体制和机制、扩展体制和机制创新路向为统领

习近平总书记指出，一定要增强推进京津冀协同发展的自觉性、主动性、创造性，增强通过全面深化改革形成新的体制机制的勇气。尤其是他提出的推进京津冀协同发展的"7 点要求"，大多也是关于通过全面深化改革以促进形成新的体制机制的要求。针对前文对京津冀协同发展现状的解剖，我们认为在探索京津冀协同发展的体制机制创新路向上，尤其要注重以下几点。

1. 建立富有权威的强有力的京津冀协同发展区域协调管理机构

建立京津冀协同发展区域协调管理机构，是针对京津冀"三块四方"的行政区划特点而作出的"顶层设计"。长三角区域是"一主（沪）两副（杭宁）"的行政区划和空间结构，三大城市圈融合发展；珠三角尽管也有广深"双核"，但在广东省统一协调之下，与京津"双核"且三个省级并列区域的性质迥异，较少有体制管理方面的难题。可见谋求京津冀协同发展，加快推进区域一体化进程，必须打破行政区划的制约，真正做到区域一体化的体制和机制协作。

建立京津冀协同发展区域协调管理机构，既有多年来区域协调发展经验教训的启示，更有习近平总书记在听取京津冀协同发展专题汇报时的重要讲话精神的指引和推动。基于多年来经验教训的启示，学界和相关政府机构大多提出了在国务院或国家发展和改革委员会等层面设立高层协调领导小组[①]，以协调三方政府共同行动，并以其牵头组建京津冀区域合作研究院，站在宏观和第三方视角研究和探索区域协同发展的体制机制及其运行规律。习近平总书记关于"京津冀协同发展意义重大，对这个问题的认识要上升到国家战略层面"的指示，预示着作为"国家战略"的京津冀协同发展不会再允许出现前述几度提及又几度沉寂的尴尬境遇，而将开启实质性地推进京津冀乃至国

---

① 最好由一位副总理级别的领导作为协调领导小组的组长。

家整体层面区域协同发展的崭新局面，而作为统领和指挥京津冀区域协同发展的协调管理机构，已是呼之欲出。有学者主张，可以考虑把现在的河北省"一分为三"，即所属地区分别划入北京市、天津市和新成立的一个直辖市——石家庄市。这一建言看似属于针对病因的把脉，但在致力于疏解北京非首都功能①和破解"大树底下不长草"局面的今天，是不合时宜的，也是难以实现的。

2. 明确协调管理机构的主要作用和功能定位

要"打破一亩三分地"的思维定势，以京津冀整体的协同发展为根本价值取向确立协调管理机构的主要作用和功能。这一协调管理机构的主要作用和功能包括：统一制定和实施前文所强调的放眼京津冀整个区域消除北京极化现象的措施和步骤（包括区域整体基本公共服务一体化、亟须反哺环北京贫困带的时间表和路线图等问题）；组织规划和实施跨行政区划的重大基础设施建设、重大战略资源的开发、生态环境的保护和建设、生产要素的流动；统一制定符合区域可持续发展的经济社会发展规划，制定统一的市场竞争规则和方针政策，如京津冀生态环境补偿机制的建立、京津冀区域利益分享机制的创新、京津冀人口服务对接机制的创新、交通基础设施一体化的投入和管理机制的建立、首都功能的辐射和疏离分担机制等；指导和协调行政区划的局部性规划与区域整体规划的有效衔接；负责与上述诸方面规划相应的法律制度的制定和监督执行等。

3. 把制定和监督执行区域协同发展的法律法规作为协调管理机构的经常性工作，做到有法必依，换届不换法

这既是基于多年来规划频出而屡难执行的经验教训，又是现代市场经济作为法治经济的必然要求。规划作为谋划区域发展的必要举措等理念已为国人所接受，但是由于没有相应法律体系的保障，

---

① 参见《习近平主持召开中央财经领导小组第九次会议强调　真抓实干主动作为形成合力　确保中央重大经济决策落地见效》，《光明日报》2015 年 2 月 11 日第 1 版。

多年来"规"出多门，"划"出多层，然却有"规"不依，有"划"不从。目前我国有关城市规划的法律只有 1989 年公布的《中华人民共和国城市规划法》，而关于区域规划的相关法律法规尚未出台。随着城市群、都市圈经济的发展，制定相应的区域规划法律法规制度，通过法律法规来保障区域规划的严肃性和权威性，已成为区域经济社会持续健康发展的客观要求。有学者建议，可制定和出台类似《区域协作政策程序条例》《经济圈（或城市群）区域整备法》等相关法律制度。① 如京津冀区域整备法的立法计划及主要内容一般应包含：明确制定该法律的目的是合理利用京津冀区域各项自然空间与人文经济资源，有序进行区域可持续协同发展，促进区域整体发展水平提升，实现区域协同发展带来的"三地四方"主体利益和社会（包括国际）形象的提升，逐步将区域发展中需要协同合作的事项及运行机制纳入法治化轨道，如由人大立法以确保跨行政区划执行与跨任期执行。就像英国伦敦旁边的米尔顿·凯恩斯新城，从 20 世纪 40 年代开始兴建，至今尚在建设完善之中，尽管 70 多年间换了很多届市长，但都是按照开始的规划和法规来建设。而我国现行的换届政策，官员轮换频繁，很容易导致规划执行上的改弦易辙。另外，协同发展法律法规的重要内涵，就是要给予协调管理机构以明确而权威的行政地位，如隶属于国务院或以副总理人选兼任机构首长等，并给予区域协调管理机构一定的财政转移支付和区域协同发展基金的支配权等。

（三）以京津冀城市群建设为核心，奠定区域协同发展的空间和主体基础

习近平总书记指出，城市群建设是区域协同发展的载体。规划，首先是城市群的规划，其实质就是区域协同发展的"顶层设计"。习近平总书记"7 点要求"中的第 1 点，就是"要着力加强顶层设计，

---

① 王德利：《首都经济圈发展战略研究》，中国经济出版社 2013 年版，第 341 页。

抓紧编制首都经济圈一体化发展的相关规划"。从本文第一部分对概念演进的叙述中可以清晰地看到,京津冀区域经济概念在提出后近30年间几度沉浮,始终没有一个科学而可行的首都经济圈一体化发展的城市群规划,这正是目前京津冀区域诸多反协同发展现象的一个主要原因。在这方面,巴黎都市圈以区域规划促城市群建设的做法①值得借鉴。20世纪巴黎地区的历次区域规划,从世纪初控制郊区蔓延,到50年代末谋求区域均衡发展,到60年代中期以发展为主题的区域规划,再到90年代致力于建设"所有人的城市""欧洲中心""世界城市"等,都是面向解决巴黎城市发展问题的实际需求,通过区域城市化来缓解单一中心过度城市化造成的区域不平衡发展,从而使城市群建设得到不断优化。这样,区域发展的视域从最初的城市聚集区逐步扩大到巴黎地区和巴黎盆地,扩大了城市发展的空间储备,拓展了解决城市问题的途径,确保了区域城市发展的灵活性和持久性。

我国"十二五"规划纲要明确提出要打造"首都经济圈",推动京津冀一体化发展。北京已经确立了"世界城市"的发展目标,然而也正面临着严峻的人口、资源、环境、城市功能错位和疏解难等方面的压力。巴黎等城市群的建设经验表明,世界城市是在与周边城市相互协调、分工合作、良性互动中发展起来的,是一个"群建设"的过程。伦敦、巴黎、东京等都市圈,不但是各自国家的政治或经济中心,也是国际经济、金融、商务、文化及信息交流的中心。北京要建设世界城市,同样是一个"群建设"的过程,需要一个城市群的整体支撑。从目前北京的辐射带动情况及天津、河北各市的发展状况看,它们正处于城市发展理念中的成型期向成熟期过渡,即由单向辐射向多向辐射转型阶段,亦即进入城市群建设阶段。比如京津"双核"各自的辐射范围已难以厘清,唐山、保定等区域二三级城市的辐

---

① 参见王德利《首都经济圈发展战略研究》,中国经济出版社2013年版,第41—47页;又见刘健《巴黎地区区域规划研究》,《北京规划建设》2002年第1期。

射范围已被京津涵盖，于是"京津唐"便"见风使舵"或"与时俱进"地突然间改称为"京津冀"。长三角、珠三角打造世界级城市群的步伐，也在"催促"着京津冀"一省两市"区域城市群加快建设步伐。完全可以说，中国即将迎来一个"群"时代（城市群时代）。京津冀城市群的规划和建设，将是北京（乃至天津）成为世界城市赖以其上的空间基础，也将为区域协同发展奠定良好的空间生产基础以及坚实而有力的主体基础。

（四）以治理环境污染和加快交通基础设施建设为突破口，打开京津冀区域协同发展新局面

习近平总书记"7点要求"中的第5和第6点，就是对京津冀协同发展中生态环境保护合作和交通一体化建设所作出的方向性指导意见。一个"已经启动大气污染防治协作机制"，一个"把交通一体化作为先行领域"并"着力构建"和"加快构建"，凸显了治理环境污染和加快交通基础设施建设在打开京津冀区域协同发展新局面中的先行和突破地位，正所谓"杀出一条血路"。

如前所述，京津冀环境污染问题多因不能够协同发展的"诸侯"意识而产生，同时环境污染问题又进一步地制约着协同发展。既然如此，以环境污染的治理为突破口来打开京津冀区域协同发展的新局面，便是顺理成章的了。逻辑上顺理成章，事实上更是黑云压城、呕不可"怠"。严重的雾霾天气给人们上了一堂刻骨铭心的课，从"坚决向污染宣战"催生出"京津冀等六省区欲打破行政区划共同治理雾霾"① 等报道来看，京津冀协同发展所最先呈现出的一个愈加清晰的线路图，就是首先向雾霾宣战。即京津冀三地都必须毫不他顾地将环境治理，特别是治霾当作协同发展的首要一步和重中之重。"抱团"发展，现在已经体现在抱团治霾上了。再也不能让"新一轮"

---

① 《六省区欲打破行政区划共同治理雾霾》（http://news.xinhuanet.com/politics/2014-03/11/c_119711705.htm），2014年3月11日。

的京津冀一体化重走以往"污染—转移—扩散—再治理"的老路，否则协同发展从一开始就会堕入一个低起点的窠臼之中。

以交通基础设施建设为先导和突破口打开协同发展新局面，是时代发展催生的理念。我们清晰地看到，长三角都市圈和珠三角都市圈的半小时或一小时生活圈的建成，轨道上矗立的城市群形象，为劳动力要素的频繁流动，为产业的转移和随之而动的资本要素的流动性，为地区之间人才和技术等要素的交流与合作，为信息资源的通畅流动和共享奠定了物质基础。人们惊呼，同城化时代到来了。人们也有理由预见区域经济大格局的到来，区域一体化的到来。与长三角都市圈和珠三角都市圈半小时或一小时生活圈相比，目前京津冀区域仅有京津"双核"之间的半小时高速铁路线，北京至环抱北京的河北各县市的半小时或一小时生活圈的建设还有很长的路要走。

以交通基础设施建设为突破口打开协同发展新局面，也是国际都市圈建设经验的启示。20世纪60年代，刚成立的巴黎地区政府就认识到，主要交通线路的布局决定了城市化地区的形态发展，规划者们将这种认识自觉地运用到地区规划实践之中，通过先行建设区域交通基础设施引导区域城市协同发展，通过构筑区域交通网络来调控区域内城市、人口、产业、社会生活等空间布局。在之后的数十年里，交通设施建设始终是巴黎地区城市政策的重点，从高速铁路、高速公路、城市地铁，直至步行道路和各种交通转换枢纽等一应俱全，使巴黎地区形成了四通八达的交通网络，极大地提高了人口、物资的可流动性，巴黎地区也在欧洲中心和世界城市的激烈竞争中占得优势，同时也成为巴黎地区推进城市化进程和促进区域整体协同发展的坚实基础。[1] 比照巴黎地区的交通网络建设，京津冀交通基础设施建设应在以下几个方面实现突破：第一，整合城际公路交通和城市、城际轨道交通，大力推进

---

① 参见王德利《首都经济圈发展战略研究》，中国经济出版社2013年版，第41—47页。

大运量的城际快速轨道交通线路建设，这样便为"极化"的北京等核心城市的疏导辐射或新的集中创造了前提条件；第二，以加强沿海经济带交通联系为目标，加紧建设和形成纵贯南北的综合交通体系，扩大与全国其他地区的联系；第三，加强区域内完善的航空港、港口交通体系建设等。

参考文献

一　经典著作

［1］《马克思恩格斯全集》第 3 卷，人民出版社 2002 年版。

［2］《马克思恩格斯全集》第 20 卷，人民出版社 1971 年版。

［3］《马克思恩格斯文集》第 1 卷，人民出版社 2009 年版。

［4］《马克思恩格斯文集》第 2 卷，人民出版社 2009 年版。

［5］《马克思恩格斯文集》第 3 卷，人民出版社 2009 年版。

［6］《马克思恩格斯文集》第 4 卷，人民出版社 2009 年版。

［7］《马克思恩格斯文集》第 5 卷，人民出版社 2009 年版。

［8］《马克思恩格斯文集》第 8 卷，人民出版社 2009 年版。

［9］《马克思恩格斯文集》第 9 卷，人民出版社 2009 年版。

［10］《马克思恩格斯文集》第 10 卷，人民出版社 2009 年版。

［11］列宁：《哲学笔记》，人民出版社 1993 年版。

［12］《列宁专题文集·论辩证唯物主义和历史唯物主义》，人民出版社 2009 年版。

［13］《列宁专题文集·论马克思主义》，人民出版社 2009 年版。

二　党的文献和一市三省文件

［1］《习近平关于实现中华民族伟大复兴的中国梦论述摘编》，中央文献出版社 2013 年版。

［2］《习近平谈治国理政》第 1 卷，外文出版社 2018 年版。

［3］《习近平谈治国理政》第 2 卷，外文出版社 2017 年版。

［4］《习近平谈治国理政》第 3 卷，外文出版社 2020 年版。

［5］《习近平谈治国理政》第 4 卷，外文出版社 2022 年版。

［6］习近平：《论党的宣传思想工作》，中央文献出版社 2020 年版。

［7］习近平：《在纪念马克思诞辰 200 周年大会上的讲话》，《人民日报》2018 年 5 月 5 日。

［8］习近平：《在哲学社会科学工作座谈会上的讲话》，《光明日报》2016 年 5 月 19 日。

［9］《习近平在江苏调研时强调　主动把握和积极适应经济发展新常态推动改革开放和现代化建设迈上新台阶》，《光明日报》2014 年 12 月 15 日。

［10］习近平：《关于〈中共中央关于党的百年奋斗重大成就和历史经验的决议〉的说明》，《光明日报》2021 年 11 月 17 日。

［11］《中共中央关于党的百年奋斗重大成就和历史经验的决议（2021 年 11 月 11 日中国共产党第十九届中央委员会第六次全体会议通过）》，《光明日报》2021 年 11 月 17 日。

［12］《习近平总书记重要讲话文章选编》，中央文献出版社、党建读物出版社 2016 年版。

［13］《十八大以来重要文献选编》（上），中央文献出版社 2014 年版。

［14］《十八大以来重要文献选编》（中），中央文献出版社 2016 年版。

［15］《十八大以来重要文献选编》（下），中央文献出版社 2018 年版。

［16］《十九大以来重要文献选编》（上），中央文献出版社 2019 年版。

［17］《长江三角洲区域一体化发展规划纲要》，《光明日报》2019 年 12 月 2 日。

［18］《中共中央、国务院印发〈长江三角洲区域一体化发展规划纲

要〉》,《光明日报》2019 年 12 月 2 日。

[19]《中共中央政治局召开会议　研究部署在全党开展"不忘初心、牢记使命"主题教育工作　审议〈长江三角洲区域一体化发展规划纲要〉》,《光明日报》2019 年 5 月 14 日。

[20]《中央经济工作会议在北京举行》,《光明日报》2018 年 12 月 22 日。

[21] 中国共产党江苏省第十三届委员会:《中国共产党江苏省第十三届委员会第六次全体会议决议》,《新华日报》2019 年 7 月 24 日。

[22] 推动长三角一体化发展领导小组:《长江三角洲区域一体化发展规划纲要百篇解读》,推动长三角一体化发展领导小组 2020 年编印。

[23]《上海市贯彻〈长江三角洲区域一体化发展规划纲要〉实施方案》,参见 http://fgw.sh.gov.cn/ggwbhwgwj/20210111/db3bdf37486c4ecf92f09f219097abf2.html。

[24] 江苏省人民代表大会常务委员会网站:《江苏省国民经济和社会发展第十三个五年规划纲要》,参见 http://www.jsrd.gov.cn/huizzl/qgrdh/20181301/sycy/080-2/t20180227_491059.shtml。

[25]《〈长江三角洲区域一体化发展规划纲要〉江苏实施方案》,"潮涌长三角,澎湃新时代"特别策划,参见 http://news.anhuinews.com/system/2020/04/04/008393057.shtml。

[26]《〈长江三角洲区域一体化发展规划纲要〉浙江实施方案》,参见长三角品牌经济网 https://www.csjbrand.cn/news/index?category_id=449428066001&detailId=449428066061。

[27]《安徽省实施长江三角洲区域一体化发展规划纲要行动计划》,"潮涌长三角,澎湃新时代"特别策划,参见 http://ah.anhuinews.com/system/2020/01/15/008318092.shtml。

[28]《省政府关于落实省人大常委会审议推动长三角地区更高质量一体化发展情况报告意见的报告（摘要）》,《安徽日报》2019 年 11 月 24 日。

［29］娄勤俭：《为推动高质量发展走在前列共同奋斗》，《新华日报》2019 年 1 月 14 日。

［30］娄勤俭：《努力做到知其然、知其所以然、知其所以必然》，《人民日报》2020 年 11 月 27 日。

三 现代空间生产批判理论（国内文献以拼音字母排序）

［1］陈立新：《空间生产的历史唯物主义解读》，《武汉大学学报》（人文科学版）2014 年第 6 期。

［2］陈忠：《关于"涂层"叙事的哲学批判》，《哲学研究》2021 年第 5 期。

［3］陈忠：《空间生产的权利粘性及其综合调适》，《哲学研究》2018 年第 10 期。

［4］陈忠：《涂层式城市化：问题与应对——形式主义空间生产的行为哲学反思》，《天津社会科学》2019 年第 3 期。

［5］陈忠：《现代性的涂层危机：对形式主义的一种空间与城市哲学批判》，《东南学术》2019 年第 5 期。

［6］程晓：《资本的时空界限及其历史意义》，复旦大学出版社 2018 年版。

［7］冯雷：《理解空间——20 世纪空间观念的激变》，中央编译出版社 2017 年版。

［8］郝胤舟：《大卫·哈维对马克思主义哲学的三个新贡献》，北京理工大学出版社 2017 年版。

［9］胡大平：《从时间转向空间》，《中国社会科学报》2013 年 8 月 26 日。

［10］胡大平：《地理学想象力和空间生产的知识——空间转向之理论和政治意味》，《天津社会科学》2014 年第 4 期。

［11］胡大平：《哈维的空间概念与历史地理唯物主义》，《社会科学辑刊》2017 年第 6 期。

［12］胡大平：《空间问题与马克思主义理论的创新》，《中国社科

学报》2012 年 3 月 28 日。

[13] 胡大平：《空间生产：当代人文社会科学新的理论生长点》，《中国社会科学报》2009 年 9 月 1 日。

[14] 胡大平：《马克思主义与空间理论》，《哲学动态》2011 年第 11 期。

[15] 胡大平：《社会批判理论之空间转向与历史唯物主义的空间化》，《江海学刊》2007 年第 2 期。

[16] 胡大平：《通向伦理的空间》，《道德与文明》2019 年第 2 期。

[17] 胡大平：《为什么以及如何通过空间来探寻希望？——哈维〈希望的空间〉感言》，《中国图书评论》2007 年第 5 期。

[18] 李春敏：《大卫·哈维的空间批判理论研究》，中国社会科学出版社 2019 年版。

[19] 刘怀玉：《历史唯物主义的"空间化"概念探源》，《河北学刊》2021 年第 1 期。

[20] 刘丽：《大卫·哈维的思想原像：空间批判与地理学想象》，人民出版社 2018 年版。

[21] 钱厚诚：《辩证的乌托邦理想——大卫·哈维空间理论的文本解读》，中国社会科学出版社 2016 年版。

[22] 强乃社：《城市空间化及空间正义化——一场围绕苏贾〈寻求空间正义〉争论的回顾与反思》，《学习与探索》2016 年第 11 期。

[23] 强乃社：《空间转向及其意义》，《学习与探索》2011 年第 3 期。

[24] 强乃社：《历史—地理唯物主义及其意义》，《现代哲学》2011 年第 3 期。

[25] 强乃社：《习近平国家空间治理思想发微》，《湖南工业大学学报》（社会科学版）2018 年第 1 期。

[26] 张佳：《大卫·哈维的历史—地理唯物主义理论研究》，人民出版社 2014 年版。

[27] [法] 亨利·列斐伏尔：《日常生活批判》（第 3 卷），叶齐茂、

倪晓辉译，社会科学文献出版社 2018 年版。

［28］［法］亨利·列斐伏尔：《空间与政治》（第 2 版），李春译，上海人民出版社 2015 年版。

［29］［美］爱德华·W. 苏贾：《后现代地理学——重申批判社会理论中的空间》，王文斌译，商务印书馆 2004 年版。

［30］［美］爱德华·W. 苏贾：《第三空间——去往洛杉矶和其他真实和想象地方的旅程》，陆扬、刘佳林、朱志荣、陆瑜译，上海教育出版社 2005 年版。

［31］［美］大卫·哈维：《马克思与〈资本论〉》，周大昕译，中信出版集团 2018 年版。

［32］［美］大卫·哈维：《世界的逻辑——如何让我们的生活世界更理性、更可控》，周大昕译，中信出版集团 2017 年版。

［33］［美］大卫·哈维：《跟大卫·哈维读〈资本论〉》，刘英译，上海译文出版社 2014 年版。

［34］［美］大卫·哈维：《希望的空间》，胡大平译，南京大学出版社 2006 年版。

［35］［美］戴维·哈维：《新帝国主义》，付克新译，中国人民大学出版社 2019 年版。

［36］［美］戴维·哈维：《叛逆的城市——从城市权利都城市革命》，叶齐茂、倪晓晖译，商务印书馆 2014 年版。

［37］［美］戴维·哈维：《正义、自然和差异地理学》，胡大平译，上海人民出版社 2015 年版。

［38］［英］大卫·哈维：《资本的限度》，张寅译，中信出版集团 2017 年版。

［39］［英］大卫·哈维：《地理学中的解释》，高泳源、刘立华、蔡运龙译，商务印书馆 1996 年版。

四 长三角区域发展与高铁建设文献（以拼音首字母排序）

［1］鲍筱兰：《长三角示范区：首个跨省域规划建设导则诞生》，《中

国经济导报》2021 年 10 月 12 日。

[2]《跨江融合，建设推动长三角一体化发展标杆城市》，《南通日报》2021 年 10 月 10 日。

[3]《奏响长三角一体化发展的徐州乐章》，《徐州日报》2021 年 10 月 21 日。

[4] 曹灿明、陈建军：《高速铁路客运服务质量、旅客满意度与忠诚度分析》，《铁道学报》2012 年第 1 期。

[5] 岑锦豪：《高铁对区域经济一体化的影响研究》，硕士学位论文，吉林大学，2020 年。

[6] 常河、马荣瑞：《"高铁全覆盖"将为皖北带来什么》，《光明日报》2019 年 11 月 26 日。

[7]《长三角一体化发展规划纲要发布》，《城市轨道交通研究》2019 年第 12 期。

[8]《长三角一体化发展规划纲要通过审议并印发》，《统计科学与实践》2019 年第 7 期。

[9]《长三角现代化交通规划纲要出台》，《中国物流与采购联合会会员通讯》2005 年刊。

[10] 陈国权、李院林：《论长江三角洲一体化进程中的地方政府间关系》，《江海学刊》2004 年第 5 期。

[11] 陈浩、朱洪兴：《高速铁路通车与长三角地区经济增长——来自高铁通行的准自然实验》，《经济研究导刊》2019 年第 28 期。

[12] 陈民恳：《加快长三角产业一体化发展的探索与建议》，《宁波经济（三江论坛）》2021 年第 10 期。

[13] 陈柳：《从〈规划纲要〉看对长三角发展的新要求》，《社会科学报》2020 年 1 月 16 日。

[14] 陈抒怡：《一体化深入，长三角经济展现更强韧性》，《解放日报》2021 年 10 月 20 日。

[15] 陈万隆、冯友建：《基于铁路客运视角的长三角区域网络结构研究》，《浙江大学学报》（理学版）2021 年第 5 期。

［16］陈雯、孙伟、刘崇刚、刘伟：《长三角区域一体化与高质量发展》，《经济地理》2021 年第 10 期。

［17］陈宪：《都市圈同城化正推进长三角一体化发展》，《每日经济新闻》2021 年 7 月 13 日。

［18］崔功豪：《长江三角洲城市发展的新趋势》，《城市规划》2006 年第 12 期。

［19］《地铁通上海　催动长三角"同城化"提速》，《苏州日报》2013 年 10 月 21 日。

［20］丁锋：《长三角一体化标准体系构建的探讨》，《第十八届中国标准化论坛论文集》，中国标准化协会，2021 年。

［21］丁三青、高保全：《长三角交通一体化对徐州在区域经济发展中地位的影响——〈长江三角洲地区现代化公路水路交通规划纲要〉解读》，《生产力研究》2006 年第 12 期。

［22］段进、殷铭：《长三角地区高铁站点空间换乘便捷度研究》，《中国科学：技术科学》2013 年第 2 期。

［23］段楠：《长三角地区高铁对经济增长的贡献评价》，《中共山西省直机关党校学报》2014 年第 3 期。

［24］方大春、孙明月：《高铁时代下长三角城市群空间结构重构——基于社会网络分析》，《经济地理》2015 年第 10 期。

［25］方大春、杨义武：《高铁时代长三角城市群交通网络空间结构分形特征研究》，《地域研究与开发》2013 年第 2 期。

［26］方佳伟：《奋力推进长三角更高质量一体化发展》，《合肥晚报》2021 年 9 月 15 日。

［27］方佳伟：《轨道上的长三角让合肥与沪苏浙更近》，《合肥晚报》2021 年 9 月 28 日。

［28］方书生：《生产与流通的空间：近代长三角地区经济发展的再考察》，《史学月刊》2010 年第 9 期。

［29］冯英杰、吴小根、刘泽华；《高速铁路对城市居民出游行为的影响研究——以南京市为例》，《区域研究与开发》2014 年第 4 期。

［30］高劲、马赛：《交通基础设施建设对长三角一体化的影响》，
　　　《现代企业》2021 年第 9 期。

［31］耿联：《切实扛起长三角一体化发展的重大责任》，《新华日报》
　　　2018 年 12 月 7 日。

［32］巩慧琴：《高铁时代下旅客交通工具选择行为研究》，硕士学位
　　　论文，辽宁师范大学，2012 年。

［33］何希敬：《苏北铁路纪实》，江苏人民出版社 2000 年版。

［34］何玥：《高铁时代长三角城市群空间联系格局研究》，硕士学位
　　　论文，重庆交通大学，2020 年。

［35］胡刚：《共同开发：城市重组的途径》，《现代经济探讨》2006
　　　年第 11 期。

［36］胡天军、申金升：《京沪高速铁路对沿线经济发展的影响分
　　　析》，《经济地理》1999 年第 5 期。

［37］胡晓东：《长三角区域行政发展思路的分析与评价》，《上海管
　　　理科学》2006 年第 5 期。

［38］胡晓东：《长三角区域行政一体化研究》，《中共宁波市委党校
　　　学报》2006 年第 4 期。

［39］胡晓东、刘祖云：《区域行政与长三角一体化》，《苏州科技学
　　　院学报》（社会科学版）2006 年第 3 期。

［40］《淮安：失之交臂的共和国首都》，参见 http：//www. xici.
　　　net/d220559594. htm.

［41］黄繁华、李浩：《推进长三角一体化对城乡收入差距的影响》，
　　　《苏州大学学报》（哲学社会科学版）2021 年第 5 期。

［42］黄群慧、石碧华：《长三角区域一体化发展战略研究——基于
　　　与京津冀地区比较视角》，社会科学文献出版社 2017 年版。

［43］黄世为：《长三角一体化背景下城市更新的投资机遇、挑战与
　　　路径》，《上海城市管理》2021 年第 5 期。

［44］黄征学：《奋力共绘长三角高质量一体化发展"工笔画"——〈长
　　　江三角洲区域一体化发展规划纲要〉解读》，《旗帜》2020 年第 1 期。

［45］姬兆亮：《区域政府协同治理研究——以长三角为例》，博士学位论文，上海交通大学，2012 年。

［46］《加快推进苏浙皖毗邻区域长三角一体化合作区建设》，《前进论坛》2021 年第 10 期。

［47］贾远琨：《长三角高铁：一碗好饭随车行》，《中国食品工业》2021 年第 19 期。

［48］蒋海兵、徐建刚、祁毅：《京沪高铁对区域中心城市陆路可达性影响》，《地理学报》2010 年第 10 期。

［49］金叶子：《江苏城市将可直达上海浦东 长三角"大轨道"下一步怎么建》，《第一财经日报》2021 年 9 月 15 日。

［50］李成、叶梓涵、郭宏伟：《高速铁路对沿线经济发展影响——以京沪高速铁路为例》，《铁道经济研究》2016 年第 6 期。

［51］李光明：《从"相邻"到"相融"的嬗变》，《法治日报》2021 年 9 月 23 日。

［52］李景：《长三角奋进一体化》，《经济日报》2021 年 5 月 25 日。

［53］李京文：《京沪高速铁路建设对沿线地区经济发展的影响》，《中国铁路》1998 年第 10 期。

［54］李俊、王仲智：《长三角城市群网络结构及邻近性机理——基于快递业联系的视角》，《地域研究与开发》2021 年第 5 期。

［55］李磊、陆林、邓洪波：《高铁运行前后长三角都市圈可达性及经济联系的演变》，《安徽师范大学学报》（自然科学版）2017 年第 6 期。

［56］李仁涵：《我国大都市交通圈发展模式的研究——以上海大都市为例》，博士学位论文，同济大学，2007 年。

［57］林辰辉：《我国高铁枢纽站区开发的影响因素研究》，《国际城市规划》2011 年第 6 期。

［58］林元沁：《江苏省委书记首提"省内全域一体化"有何深意?》，参见 https：// news. sina. com. cn/o/2019-08-02/docihytcerm8021408. shtml，2019-08-02/2020-02-03。

[59] 刘坤:《画好长三角一体化发展的"工笔画"》,《光明日报》 2019年12月7日。

[60] 刘洪愧:《长三角参与"一带一路"建设的实践和建议》,《经济体制改革》2021年第5期。

[61] 刘军、陈亚欣:《市场一体化能否推动区域经济高质量发展?——基于长三角城市群的空间计量分析》,《金融与经济》 2021年第10期。

[62] 刘伟奇、吴新纪:《长三角一体化背景下区域次中心城市发展研究——以江苏省东台市为例》,《面向高质量发展的空间治理——2021中国城市规划年会论文集(20总体规划)》,中国建筑工业出版社2021年版。

[63] 刘修岩、马宁、陈露:《长三角城市群一体化、多中心与区域协调发展研究——兼与京津冀、珠三角城市群的对比分析》,《新金融》2021年第9期。

[64] 刘洋:《苏浙沪一体化的核心问题未解决》,《江苏经济报》 2006年12月8日。

[65] 刘瑜、单亮、叶小力:《宁徐连三地被列为国家级综合运输枢纽》,《新华日报》2004年8月27日。

[66] 陆文军:《长三角"同城化"渐成现实》,《中国信息报》2011年5月25日。

[67] 马汉武、姚相宜:《宁镇扬同城化对南京在长三角城市群的地位的影响》,《城市问题》2017年第11期。

[68] 毛臻:《首个长三角交通规划纲要出台》,《中国经济时报》 2005年3月28日。

[69] 孟歆迪、曹继军、苏雁、陆健、曾毅、常河、刘已粲、马荣瑞:《长三角一体化凯歌高奏》,《光明日报》2021年11月2日。

[70] 任松筠、倪方方:《牢记习总书记重托 推动更高质量发展》,《新华日报》2018年6月13日。

[71] 任晓红、周靖祥:《高铁联网背景下的双城互动及多点联动效

应分析——以长三角城市群为例》，《经济问题》2016 年第 7 期。

［72］《2012 中国区域经济发展报告——同城化趋势下长三角城市群
区域协调发展》，上海财经大学出版社 2012 年版。

［73］宋广玉：《深度同城化是长三角一体化发展动力源》，《南京日
报》2019 年 12 月 25 日。

［74］宋林飞：《当前长三角发展面临的十大理论与实践问题》，《学
海》2006 年第 3 期。

［75］宋薇萍：《"轨道上的长三角"建设加速推进》，《上海证券报》
2021 年 9 月 13 日。

［76］宋欣、孙伟、王磊：《长三角高铁网络时空演化格局及区域经
济影响测度研究》，《长江流域资源与环境》2020 年第 2 期。

［77］宋阳：《上海核心领跑长三角》，《中国经济导报》2007 年 11
月 1 日。

［78］唐步龙、段文扬：《乘高铁时代东风　深度融入长三角》，《淮
安日报》2015 年 12 月 8 日。

［79］唐启国：《关于宁镇扬同城化示范区提升为国家战略的思考》，
《城市》2012 年第 12 期。

［80］童彤：《长三角聚焦生态绿色一体化发展》，《中国经济时报》
2021 年 10 月 12 日。

［81］王兰：《高速铁路对城市空间影响的研究框架及实证》，《规划
师》2011 年第 7 期。

［82］王梦哲、王新建：《论倚仗宁淮直线高铁的淮安农村开放发展
新路》，《淮阴工学院学报》2019 年第 2 期。

［83］王梦哲：《以标识性概念引领泛长三角空间生产研究》，《淮北
职业技术学院学报》2019 年第 2 期。

［84］王新建、牛俊友：《宁淮直线高铁：淮安加快融入泛长三角经
济区的首要抓手》，《淮阴师范学院学报》（哲学社会科学版）2018
年第 6 期。

［85］王新建、王梦哲：《从连云港到苏州与"三苏"同城——当代

空间批判理论视域下江苏空间结构的变革》，《淮海工学院学报》
（人文社会科学版）2019 年第 1 期。

［86］王新建、王梦哲：《高铁驱动的苏北同城化和"三苏同城"前
瞻——以哈维空间生产理论为支撑》，《中国矿业大学学报》（社会
科学版）2019 年第 2 期。

［87］王新建、王梦哲：《权利粘性、"三苏同城"与"强富美
高"——泛长三角区域内江苏空间生产权利审视》，《常熟理工学
院学报》2019 年第 3 期。

［88］王兴平、朱秋诗：《高铁驱动的区域同城化与城市空间重组》，
东南大学出版社 2017 年版。

［89］王亚飞、廖甍、王亚菲：《高铁开通促进了农业全要素生产率
增长吗？——来自长三角地区准自然实验的经验证据》，《统计研
究》2020 年第 5 期。

［90］王雅婧：《立体交通"串"起长三角》，《中国纪检监察报》
2021 年 10 月 25 日。

［91］王泱：《高铁网络与长三角城市群空间联系格局》，《规划 60
年：成就与挑战——2016 中国城市规划年会论文集（05 城市交通
规划）》，中国建筑工业出版社 2016 年版。

［92］王运宝：《风口上的长三角结成同城化"朋友圈"》，《决策》
2016 年第 10 期。

［93］王振：《长三角地区的同城化趋势及其对上海的影响》，《科学
发展》2010 年第 4 期。

［94］王振：《2018 长三角地区经济发展报告》，上海社会科学院出
版社 2018 年版。

［95］王振：《2012 泛长三角地区经济发展报告》，上海人民出版社
2012 年版。

［96］王振：《2016 长三角地区经济发展报告》，上海社会科学院出
版社 2016 年版。

［97］王振：《泛长三角地区经济发展报告：2010—2011》，上海人民

出版社 2011 年版。

［98］王振、樊福卓：《同城化驱动长三角区域协调发展》，《中国社会科学报》2012 年 6 月 6 日。

［99］韦胜：《复杂适应性视角下高铁网络演化和站点地区空间发展模式研究——以长三角地区为例》，硕士学位论文，南京大学，2020 年

［100］韦胜、徐建刚、马海涛：《长三角高铁网络结构特征及形成机制》，《长江流域资源与环境》2019 年第 4 期。

［101］武宝利：《长三角区域规划纲要将出》，《中华新闻报》2007 年 4 月 13 日。

［102］吴斯洁：《长三角一体化"新"境界》，《国际金融报》2021 年 10 月 25 日。

［103］吴婷、阮奇：《长三角区域规划纲要将出台》，《上海证券报》2010 年 1 月 7 日。

［104］吴学彬：《高铁建设背景下的同城化现象研究》，硕士学位论文，西南交通大学，2011 年。

［105］吴越：《长三角一体化：从战略到行动》，《建筑实践》2019 年第 10 期。

［106］吴越：《长三角紧锣密鼓促"开局"》，《文汇报》2006 年 11 月 27 日。

［107］喜来：《长三角——中国高铁建设主战场》，《交通与运输》2017 年第 2 期。

［108］肖金成：《长三角城市群一体化与高铁网络体系建设》，《发展研究》2014 年第 5 期。

［109］晓宇：《国家发展改革委员会正编制长三角区域一体化发展规划纲要》，《经济研究参考》2018 年第 72 期。

［110］谢露露、孙海霞：《长三角城市群协同发展机制的演变》，《上海经济》2021 年第 5 期。

［111］谢泗薪、杨明娜：《高铁服务创新模式与策略研究》，《铁路采

购与物流》2010 年第 3 期。

［112］谢志强、郭进利、张婧：《基于复杂网络的长三角地区高铁网络可靠性分析》，《软件导刊》2021 年第 7 期。

［113］谢宗惠：《〈长三角现代化公路水路交通规划纲要〉出台》，《中国水运》2005 年第 4 期。

［114］许国平：《高铁服务质量"提速"的思考》，《江苏商论》2012 年第 2 期。

［115］许涛、张学良、刘乃全：《2018—2019 中国区域经济发展报告：长三角高质量一体化发展》，人民出版社 2019 年版。

［116］姚兆钊、曹卫东、岳洋、张大鹏、任亚文：《高铁对泛长三角地区可达性格局影响》，《长江流域资源与环境》2018 年第 10 期。

［117］伊力扎提·艾热提、林晓言：《高铁时空收敛视角下长三角经济联系的变化》，《技术经济》2020 年第 4 期。

［118］郁芬、倪方方：《用新思想解放思想统一思想》，《新华日报》2019 年 6 月 29 日。

［119］余佼佼：《"轨道上的长三角"动力强劲》，《合肥晚报》2021 年 10 月 30 日。

［120］于秋阳：《长三角高铁旅游特征与区域合作联盟构建》，《上海经济》2015 年第 7 期。

［121］于秋阳：《高铁加速长三角旅游一体化研究》，上海社会科学院出版社 2018 年版。

［122］于秋阳：《基于 SEM 的高铁时代出游行为机理测度模型研究》，《华东师范大学学报》（哲学社会科学版）2012 年第 3 期。

［123］于秋阳、杨斯涵：《高速铁路对节点城市旅游业发展的影响研究》，《人文地理》2014 年第 5 期。

［124］袁羽钧：《走进长江三角洲：探析区域一体化发展路径》，社会科学文献出版社 2020 年版。

［125］张冬鸣：《中国高速铁路网建设对沿线经济发展的影响分析》，《中国外资》2013 年第 4 期。

［126］张颢瀚、沙勇：《"十三五"江苏区域发展新布局研究》，中国
社会科学出版社 2014 年版。

［127］张明：《高速铁路对我国旅游业的预期影响与对策思考》，《价
值工程》2010 年第 11 期。

［128］张天弛：《占比 24.5%，长三角对全国经济贡献更大了》，
《文汇报》2021 年 10 月 26 日。

［129］张文新、刘欣欣、杨春志等：《城际高速铁路对城市旅游客流
的影响——以南京市为例》，《经济地理》2013 年第 7 期。

［130］张学良、聂清凯：《高速铁路建设与中国区域经济一体化发
展》，《现代城市研究》2010 年第 6 期。

［131］张学良、聂清凯：《高铁时代城市与区域发展——高速铁路建
设与中国区域经济一体化发展》，《现代城市研究》2010 年第 6 期。

［132］张学良、王薇：《"同城化趋势下长三角城市群区域协调发展"
系列学术研讨会简讯》，《探索与争鸣》2012 年第 6 期。

［133］张忠、李泓冰、王伟健、巨云鹏：《"推动长三角一体化发展
不断取得成效"》，《人民日报》2021 年 10 月 23 日。

［134］张艺帅、于佩冉、范佳慧：《高铁网络组织下的长三角区域空
间结构重塑——特征分析与案例对比》，《共享与品质——2018 中
国城市规划年会论文集（16 区域规划与城市经济）》，中国建筑工
业出版社 2018 年版。

［135］张智勇：《"1 + 3"功能区战略构想重塑江苏新版图》，《中国
改革报》2017 年 9 月 25 日。

［136］《长三角：携手打造世界级产业集群》，《浙江经济》2021 年
第 9 期。

［137］郑莉：《区域协调发展，长三角行稳致远》，《安徽日报》2019
年 12 月 3 日。

［138］周勇、孙瑞：《推进长三角产业一体化发展的安徽担当》，《安
徽科技》2021 年第 9 期。

［139］朱舜、高丽娜：《泛长三角区域合作背景下的江苏经济创新发

展研究》,西南财经大学出版社 2014 年版。

[140] 朱舜、高丽娜:《泛长三角经济区空间结构研究(修订本)》,西南财经大学出版社 2014 年版。

[141] 朱舜等:《促进长三角及其经济腹地协调发展的理论与对策研究》,经济科学出版社 2011 年版。

[142] 朱志伟:《迈向包容性协同:长三角公共服务一体化的范式选择与发展趋向》,《苏州大学学报》(哲学社会科学版)2021 年第 5 期。

[143] 卓翔、陈丽娟:《新时代推进长三角一体化发展的着力点》,《中国井冈山干部学院学报》2021 年第 5 期。

[144] 宗翮:《"一核六带" 长三角冲破行政壁垒提高区域一体化水平》,《江南论坛》2006 年第 12 期。

[145] 宗迅:《首个长三角交通规划纲要出台 上海国际航运中心苏浙为翼》,《中国信息报》2005 年 3 月 29 日。

[146] 左学金:《长江三角洲城市群发展研究》,学林出版社 2006 年版。

五 其他论著(以拼音首字母排序)

[1] 程恩富、王新建:《京津冀协同发展:演进、现状与对策》,《管理学刊》2015 年第 1 期;又见人大复印资料《马克思主义文摘》2015 年第 4 期。

[2] 崔唯航:《中国话语体系建设必须实现"中国化"》,《人民论坛》2018 年第 34 期。

[3] 李玉:《城市经济圈同城化效应的国内比较及启示》,《特区经济》2010 年第 3 期。

[4] 李炳炎、王新建:《以共享发展促进共同富裕现实进程——再论对中国特色社会主义经济制度的丰富完善》,《中国经济规律研究报告(2016)》,经济科学出版社 2017 年版。

[5] 刘秉镰、朱俊丰、周玉龙:《中国区域经济理论演进与未来展

望》,《管理世界》2020 年第 2 期。

［6］刘国光、王佳宁：《中国经济体制改革的方向、目标和核心议题》,《改革》2018 年第 1 期。

［7］彭漪涟：《概念论——辩证逻辑的概念理论》,学林出版社 1991 年版。

［8］任平：《脱域与重构：反思现代性的中国问题与哲学视域》,《现代哲学》2010 年第 5 期。

［9］《建设可持续发展的全球先锋城市——深圳 2030 城市发展策略》,中国建筑工业出版社 2007 年版。

［10］田光锋、王梦哲、李霞：《包容性绿色发展：人类命运共同体的经济共赢之路》,《宁夏社会科学》2020 年第 6 期。

［11］王海峰：《打造当代中国马克思主义哲学的标识性概念——基于新中国成立以来学术史的考察》,《哲学动态》2020 年第 4 期。

［12］王新建、池忠军：《马克思主义整体性思维：习近平新时代中国特色社会主义思想的鲜明底色》,《社会主义研究》2020 年第 2 期。

［13］熊友华：《弱势群体的政治经济学分析》,中国社会科学出版社 2008 年版。

［14］赵坤：《论马克思共同体思想研究的三重视域》,《马克思主义理论学科研究》2021 年第 4 期。

［15］［德］黑格尔：《精神现象学》（上册）,贺麟、王久兴译,商务印书馆 1979 年版。

［16］［美］约翰·罗尔斯：《正义论》（修订版）,何怀宏、何包钢、廖申白译,中国社会科学出版社 2009 年版。

索　　引

说明：本索引主要针对本书最具创新性的方面——遵照习近平总书记"以标识性概念引领学术研究"的号召，提出并借重若干能够标示问题意识或研究主题的重要概念，以之引领整个研究过程——作出概念或词组索引，分两部分。第一部分是标识性概念索引，第二部分为一体化发展中其他重要概念或词组索引。

后　记

在本书结稿之际，长三角区域一体化发展又迈出了可喜的步伐。《光明日报》2021 年 11 月 5 日第 1 版刊发"以习近平同志为核心的党中央谋划推动长三角一体化发展纪实"的新闻稿，其中对长三角一体化发展在"十四五"开局之年所表现出的良好态势作出综述："高铁运营里程超 6000 公里，现代化综合交通运输体系基本建成；建成 5G 基站超 22 万个，新一代信息基础设施体系超前布局……"显然，《光明日报》的综述，是以在"一体化"发展中具有基础支撑作用的交通运输体系尤其是高铁建设开篇的。这就说明，本书以高铁建设为主要研究对象的"三苏同城"空间生产研究并非什么"高铁决定论"，但可叫做"高铁支撑论"。而且这种支撑，在高铁时空压缩效应扑面而来的中国新时代，既是基础性的，也是根本性的；既是快速和强力性的，也是绿色和持续性的，至少在目前的中国已成为区域一体化发展的"路径依赖"。

本书是基于由本人执笔的江苏省高校社会科学重点项目"民生共享战略中加快苏北融入长三角经济区的现实路径研究（2017ZDIXM029）"的结项报告，经对研究对象、研究内容的扩展和研究主题的提升（由苏北到长三角、由苏北融入长三角的路径阐释到长三角区域高质量一体化发展的肯綮指认），对结构、内容的调整和丰富、改写或重写，并较大幅度地增大篇幅之后而成稿的。习近平总书记要求聚焦重点领域、重点区域、重大项目、重大平台，把一体化发展这篇大文章做好。"三苏同城"空间变革在目前的长三角一体化发展中的地位，便属于这"四个重大"。因而，本书属于针对上升为国家战略的长三角一体化发展而进行的区域发展研究。

本书的写作、出版得到了多方的支持和鼓励。我国著名经济学家、在"分享经济""共享经济"方面已出版多部鸿篇巨制、长期思考以共享发展促进共同富裕时代课题的李炳炎教授，给予我多方面的研究启发，并欣然为本书作序；我的读博导师丁三青教授在研究内容、逻辑结构乃至语言表达等多方面给予全方位的指导，使书稿的学术性得以显著提升；研究中得到上海财经大学人文学院陈忠教授的悉心指导，重点参考了学界程恩富、陈立新、任平、胡大平、王兴平、张颢瀚、刘怀玉、朱舜、高丽娜、许涛、张学良、于秋阳、黄群慧、石碧华等学者的研究成果；课题组王新建教授、牛俊友博士、赵国付博士，分别提供了部分研究思路或建议，为本书的写作和主题的提升给予了多方面的指导，并创造各种条件、提供各种机会，放手让本人进行担纲研究，指导和督促本人全力投入研究工作，修正研究中的缺陷或不足；淮阴师范学院人事处的苗军老师，也在资料查找和相关比较研究上给予了帮助。尤需特别指出的是，导师丁三青教授建议以博士论文写作所倚仗的马克思主义事实观这一理论基础为该书内容铺陈的重要理论依据，显著地提升了本书的问题意识。在此一并表示由衷感谢！

限于本人学识和视野，本书存在的缺点和不足，期待学界方家批评斧正。

淮阴师范学院商学院　王梦哲
2023 年 5 月 20 日于淮师文华苑